普通高等学校土木工程专业新编系列教材

钢 结 构

赵占彪　主　编

朱　华　副主编

申向东　主　审

中国铁道出版社

2018年·北京

内 容 简 介

　　本书根据建设部、水利部土建类与水利类各专业钢结构课程（基本原理）的教学基本要求，以现行《钢结构设计规范》（GB 50017—2003），《冷弯薄壁型钢结构技术规范》（GB 50018—2002）和《水利水电工程钢闸门设计规范》（SL 74—95）为依据编写而成。主要内容有：钢结构的特点、应用、发展和计算方法；钢结构的材料；钢结构的连接（焊接、螺栓和铆钉连接），轴心受力构件，受弯构件以及拉弯和压弯构件和焊接钢屋架设计等基本内容。章后有思考题与习题，书末有附录。

　　内容注重工程实际，力求反映钢结构的最新发展，可作为普通高等学校本科土建类和水利类专业 46～60 学时钢结构课程的教材，也可供其他专业和广大工程技术人员阅读参考。

图书在版编目（CIP）数据

钢结构/赵占彪主编．—北京：中国铁道出版社，2006.8（2018.7重印）
（普通高等学校土木工程专业新编系列教材）
ISBN 978－7－113－07321－3

　Ⅰ．钢…　Ⅱ．赵…　Ⅲ．钢结构—高等学校—教材
Ⅳ．TU391

中国版本图书馆 CIP 数据核字（2006）第 081651 号

书　　名：钢结构
作　　者：赵占彪　主编　朱　华　副主编
出版发行：中国铁道出版社（100054，北京市西城区右安门西街8号）
责任编辑：刘红梅
封面设计：薛小卉
印　　刷：三河市兴达印务有限公司
开　　本：787×960　1/16　印张：16　字数：396 千
版　　本：2006 年 8 月第 1 版　　2018 年 7 月第 3 次印刷
印　　数：5 001～6 500 册
书　　号：ISBN 978－7－113－07321－3
定　　价：42.00 元

前言

　　为了贯彻落实教育部《关于进一步加强高等学校本科教学工作的若干意见》,加强普通高等学校土建类和水利类各专业对钢结构课程的教学需要,提高教学质量,按照有关部委的专业教学指导委员会制定的钢结构课程(设计基本原理)教学基本要求,我们在综合各普通高等学校土建类和水利类各专业的教学特点,总结多年来教学经验的基础上编写了这本《钢结构》教材。

　　本书共7章,包括:绪论(钢结构的特点、应用、发展和计算方法);钢结构的材料(钢结构对材料的要求,钢材的主要性能和破坏形式以及钢材的种类和规格);钢结构的连接(钢结构的连接方法,焊缝形式,直角角焊缝、对接焊缝的构造与计算,普通螺栓和高强度螺栓连接的计算);钢结构基本构件(轴心受力构件,受弯构件,拉弯和压弯构件)的计算方法、设计步骤和工作性能;焊接钢屋架设计和附录等内容。这些内容均符合土木工程专业和农业水利工程专业技术基础课的要求。"建筑钢结构设计"和"平面钢闸门设计"作为相应专业的专业选修课,各专业可根据本校的具体情况,使用时应另加专业课的内容。

　　在编写过程中紧紧围绕现行的《钢结构设计规范》(GB 50017—2003),《冷弯薄壁型钢结构技术规范》(GB 50018—2002)和《水利水电工程钢闸门设计规范》(SL 74—95)编写。

　　参加本书编写的人员有:内蒙古农业大学姚连胜(第1、2章),李昊(第3章),赵占彪(第4章和部分附录内容);内蒙古建筑职业技术学院张园(第5章);盐城工学院朱华(第6章)和内蒙古河套大学彭芳(第7章和部分附录内容)。本书由赵占彪担任主编,朱华担任副主编,内蒙古农业大学申向东教授担任主审。

　　在本书编写过程中得到了内蒙古农业大学水利与土木建筑工程学院和教务处各级领导的大力支持和帮助,在此深感谢意。

　　限于编者水平,本教材难免有错误和不妥之处,敬请读者批评指正。

编　者
2006 年 5 月

目　　录

1 绪　　论 ……………………………………………………………… 1
1.1 钢结构课程的性质和任务 …………………………………… 1
1.2 钢结构的特点 ………………………………………………… 1
1.3 钢结构的设计方法 …………………………………………… 3
1.4 钢结构的应用 ………………………………………………… 11
1.5 钢结构的发展 ………………………………………………… 12
思考题与习题 …………………………………………………… 14

2 钢结构的材料 ……………………………………………………… 15
2.1 钢结构对材料的要求 ………………………………………… 15
2.2 钢材的主要力学性能 ………………………………………… 16
2.3 钢材的可焊性、抗蚀性和防腐蚀措施 ……………………… 20
2.4 影响钢材力学性能的因素 …………………………………… 22
2.5 钢的种类和钢材规格 ………………………………………… 26
思考题与习题 …………………………………………………… 31

3 钢结构的连接 ……………………………………………………… 32
3.1 钢结构的连接方法 …………………………………………… 32
3.2 焊接方法和焊缝连接形式 …………………………………… 34
3.3 角焊缝的构造与计算 ………………………………………… 39
3.4 对接焊缝的构造与计算 ……………………………………… 57
3.5 螺栓连接 ……………………………………………………… 62
3.6 普通螺栓连接的工作性能和计算 …………………………… 64
3.7 高强度螺栓连接的工作性能和计算 ………………………… 77
思考题与习题 …………………………………………………… 88

4 轴心受力构件 ……………………………………………………… 91
4.1 概　　述 ……………………………………………………… 91
4.2 轴心受力构件的强度和刚度 ………………………………… 94
4.3 轴心受压构件的稳定 ………………………………………… 97
4.4 轴心受压实腹构件的局部稳定 ……………………………… 105
4.5 轴心受压实腹柱的截面设计 ………………………………… 109
4.6 轴心受压格构式构件 ………………………………………… 115
4.7 柱头和柱脚 …………………………………………………… 126

思考题与习题 ·· 135

5 受弯构件 ·· 137

5.1 受弯构件的形式和应用 ·· 137

5.2 受弯构件的强度和刚度的计算 ··· 140

5.3 梁的稳定设计 ··· 149

5.4 梁的局部稳定和腹板加劲肋设计 ···································· 153

5.5 考虑腹板屈曲后强度的梁设计 ·· 162

5.6 型钢梁与组合梁的设计 ·· 166

思考题与习题 ·· 173

6 拉弯和压弯构件 ·· 176

6.1 拉弯和压弯构件的应用及其破坏形式 ····························· 176

6.2 拉弯和压弯构件的强度计算 ·· 177

6.3 压弯构件平面内、外的稳定计算 ······································ 179

6.4 压弯构件的计算长度 ·· 187

6.5 实腹式压弯构件的局部稳定计算 ···································· 190

6.6 格构式压弯构件的计算 ·· 192

6.7 单层和多层框架的梁柱连接 ·· 195

6.8 偏心受压柱的柱脚设计 ·· 200

思考题与习题 ·· 204

7 课程设计例题——焊接钢屋架设计 ··· 206

7.1 设计资料 ··· 206

7.2 荷载计算 ··· 206

7.3 内力计算 ··· 207

7.4 杆件截面选择 ··· 208

7.5 节点设计 ··· 211

思考题与习题 ·· 218

附 录 ·· 219

附录1 钢材和连接的强度设计值 ·· 219

附录2 受弯构件的容许挠度 ·· 222

附录3 梁的整体稳定系数 ··· 223

附录4 轴心受压构件的稳定系数 ·· 226

附录5 柱的计算长度系数 ··· 230

附录6 型 钢 表 ··· 232

附录7 螺栓和锚栓规格 ·· 247

参考文献 ·· 248

1 绪 论

1.1 钢结构课程的性质和任务

钢结构是用型钢或钢板制成基本构件,根据使用要求,通过焊接或螺栓连接等方法,按照一定的规律组成的承载结构。钢结构在工程建设中应用较广,如工业厂房中的钢屋顶、道路工程中的钢桥、水工建筑中的钢闸门、加油站的钢顶棚等。钢结构是结构工程中按使用材料划分出来的一门专业课程。

本课程的性质属于技术基础课,是在建筑材料、理论力学、材料力学、结构力学及工程实践知识的基础上,按照结构物使用的目的,研究与计算在预计各种荷载的作用下,在预定的使用期间内,不致使结构失效的用型钢或钢板制成基本构件的结构构造形式的一门学科。因此,在进行钢结构设计时,必须考虑具体的材料性能,综合运用上述的力学知识,研究结构在使用环境各种荷载作用下工作状况,设计出既安全适用,又经济合理的结构。

本课程的任务是论述常用的结构钢材的工作性能、钢结构的连接方式的设计、钢结构各类基本构件的设计原理,工程建设中各类钢结构以及水利工程的平面钢闸门或弧形钢闸门的设计原理和方法。通过对本课程的学习,具备钢结构的基本知识,掌握正确的设计原理和方法,能够对构件的连接、轴心受力构件、受弯构件、偏心受力构件、钢桁架及钢屋架等基本构件以及水利工程的平面闸门进行设计。并为设计其他类型的钢结构打下基础。

1.2 钢结构的特点

钢结构与钢筋混凝土结构、木质结构和砖石结构以及混合结构相比具有如下特点:

1. 钢结构自重较轻

虽然钢的容重很大($\gamma = 76.93 \text{ kN/m}^3$ 或 $\gamma = 7.85 \text{ t/m}^3$),但由于强度高,构件所需的截面积较小,故结构比较轻。结构的轻质性可以用材料的质量密度 ρ 和强度 f 的比值 α 来衡量,α 值越小,结构相对越轻。建筑钢材的 α 值等于 $1.7 \times 10^{-4} \sim 3.7 \times 10^{-4}$/m;木材为 5.4×10^{-4}/m;钢筋混凝土约为 18×10^{-4}/m。同跨度同荷载,钢屋架的重量约为钢

筋混凝土屋架的 1/3～1/4,冷弯薄壁型钢屋架甚至接近 1/10。

重量轻,可减轻基础负荷,降低基础造价,同时便于运输和吊装。特别适用于大跨度和高耸结构,也更适用于活动结构,以减少驱动力,如水利工程中的钢闸门。

2. 钢结构连接、装配速度快,工期短

大型钢结构建筑的构件一般由工厂加工制作,加工精度较高,单件质量轻,易起吊,施工组装速度快;小量钢结构和轻型钢结构可以在现场下料制作,用螺栓或焊接安装迅速,施工工期短。部件便于更换,并且易于加固、改建和拆除。

3. 钢材的强度高、塑性、韧性好

强度高、塑性和韧性好是钢材的特有性能,也是钢结构的主要特性,符合轻型结构和现代工业化建筑的发展超势。强度高,适用于大跨度、高度高和承载重的建筑结构,如工业厂房、桥梁等大型重型建筑物。塑性好,结构在超载后发生的变形易于被发现,不会突然断裂。有一点微小的变形,受力重新分配,使应力变化趋于平缓。韧性好,抗振性和抗冲击性较高,再加上自重轻,引起的振动惯性也小,适用于在动荷载作用下工作,抗地震能力较强。

4. 材料均质,各向力学性能相同

钢材的内部结构组织均匀,物理力学性质接近各向同性,弹性模量较大($E = 206 \times 10^3 \text{ N/mm}^2$),具有较大的抵抗变形的能力,是理想的弹—塑性体。符合力学计算中的基本假设,钢结构的实际受力情况与计算结果比较符合工程实际,所以计算结果比较可靠,结构的安全程度比较明确。

5. 钢结构的密封性能较好

钢材通过焊接后,焊缝密实,水密性和气密性较好。可用钢板做成管道、油箱、水箱和气罐等。

6. 钢结构耐腐蚀性差

钢材很容易锈蚀,为了防止生锈,通常采用涂油漆或渡锌措施。特别是薄壁构件或常期处于潮湿条件下的钢结构更要特别注意,油漆质量和涂层厚度要符合要求。尤其是水工钢结构,一定要定期检查维护。处于较强腐蚀性介质内的建筑物不易采用钢结构。

7. 钢结构的耐火性差

钢材在 200 ℃以内屈服点和弹性模量下降较小,强度变化不大。当温度高于300 ℃时,不仅强度明显下降,而且出现徐变现象。当温度达到 500 ℃以上时,钢材进入塑性状态,失去承载能力。因此,设计规定钢材表面温度超过 150 ℃后要加以隔热保护措施。如在构件外面包石棉、混凝土等。对有防火要求的结构,更需按相应规范采取隔热保护措施。

8. 钢材在低温下显脆性

钢结构在极端低温下显现脆性,在没有预兆的情况下可能发生脆性断裂,这一点要特别注意。

1.3　钢结构的设计方法

1.3.1　概　述

结构计算的目的在于保证所设计的结构和结构构件在施工和工作过程中能满足预期的安全性和使用性要求。因此,结构设计准则应满足:结构由各种荷载所产生的效应(内力和变形)不大于结构(包括连接)由材料性能和几何因素等所决定的抗力或规定限值。假如影响结构功能的各种因素,如荷载大小、材料强度的高低、截面尺寸、计算模式、施工质量等等都是确定性的,则按上述准则进行结构计算,应该说是非常容易的。但是,不幸的是上述影响结构功能的诸因素都具有不定性,是随机变量(或随机过程),因此,荷载效应可能大于设计抗力,结构不可能百分之百的可靠,而只能对其作出一定的概率保证。在设计中如何解决上述问题就出现了不同的设计方法。

如果将影响结构设计的诸因素取为定值,而用一个凭经验判定的安全系数来考虑设计诸因素变异的影响,衡量结构的安全度,这种方法称为定值法,它包括容许应力法和最大荷载法。钢结构采用容许应力法,其设计式为:

$$\sigma \leqslant [\sigma] \tag{1.1}$$

式中　σ——由标准荷载(荷载规范所规定的荷载值)与构件截面公称尺寸(设计尺寸)所计算的应力;

$[\sigma]$——容许应力,其值为

$$[\sigma] = f_k / K$$

其中　f_k——材料的标准强度,对钢材为屈服点,

K——大于 1 的安全系数,用以考虑各种不定性,凭工程经验取值。

容许应力法计算简单,但不能从定量上度量结构的可靠性,更不能使各类结构的安全度达到同一水准。一些设计人员往往从定值概念出发,将结构的安全度与安全系数等同起来,误认为采用了某一给定的安全系数,结构就能百分之百的可靠或认为安全系数大结构安全度就高,没有与抗力及作用力的变异性联系起来。例如砖石结构的安全系数最大,但不能说明砖石结构比其他结构更安全。所以定值法对结构可靠度的研究还处于以经验为基础的定性分析阶段。

随着工程技术的发展,建筑结构的设计方法也开始由长期采用的定值法转向概率设计法。在概率设计法的研究进程中,首先考虑荷载和材料强度的不定性,用概率方法确定它们的取值。根据经验确定分项安全系数,但仍然没有将结构可靠与概率联系起来,故称为半概率法。1957 年我国采用的前苏联的《钢结构设计规范》(HHTY 121—55)和我国 1974 年修订的《钢结构设计规范》(TJ 17—74)中钢结构设计方法都是半概率法。

材料强度和荷载的概率取值用下列公式计算:

$$f_k = \mu_f - \alpha_f \sigma_f \qquad (1.2)$$

$$Q_K = \mu_Q + \alpha_Q \sigma_Q \qquad (1.3)$$

式中　f_k、Q_k——材料强度和荷载的标准值；

μ_f、μ_Q——材料强度和荷载的平均值；

σ_f、σ_Q——材料强度和荷载的标准差；

α_f、α_Q——材料强度和荷载取值的保证系数,当保证率为 95% 时, $\alpha = 1.645$；当保证率为 97.7% 时, $\alpha = 2$；当保证率为 99.9% 时, $\alpha = 3$。

半概率的设计表达式仍可采用容许应力法的设计式,我国《钢结构设计规范》(TJ 17—74)的设计式就是这样规定的,但安全系数由多系数分析决定,如下式所示：

$$\sigma \leqslant \frac{f_{yk}}{K_1 K_2 K_3} = \frac{f_{yk}}{K} = [\sigma] \qquad (1.4)$$

式中　f_{yk}——钢材屈服点的标准值；

K_1——荷载系数；

K_2——材料系数；

K_3——调整系数。

概率设计法的研究,在 20 世纪 60 年代末期有了重大突破,这使得概率设计法应用于规范成为可能。这个重大突破就是提出了一次二阶矩法,该法既有确定的极限状态,又可给出不超过该极限状态的概率(可靠度),因而是一种较为完善的概率极限状态设计方法,把结构可靠度的研究由以经验为基础的定性分析阶段推进到以概率和数理统计为基础的定量分析阶段。

一次二阶矩法虽然已经是一种概率设计法,但由于在分析中忽略或简化了基础变量随时间变化的关系,确定基本变量的分布时有一定的近似性,且为了简化计算而将一些复杂关系进行了线性化,所以还只能算是一种近似的概率设计法。完全的、真正的全概率法,有待今后继续深入和完善,还将经历一个较长的发展过程。

1.3.2　概率极限状态设计方法

按极限状态进行结构设计时,首先应明确极限状态的概念。当结构或其组成部分超过某一特定状态就不能满足设计规定的某一功能要求时,此特定状态就称为该功能的极限状态。

结构的极限状态可以分为下列两类：

(1)承载能力极限状态。即结构或结构构件达到最大承载能力或是出现不适于继续承载的变形,包括倾覆、强度破坏、疲劳破坏、丧失稳定、结构变为机动体系或出现过度的塑性变形。

(2)正常使用极限状态。即结构或结构构件达到正常使用或耐久性能的某项规定限值,包括出现影响正常使用或影响外观的变形,出现影响正常使用或耐久性能的局部损坏以及影响正常使用的振动。

结构的工作性能可用结构的功能函数来描述。若结构设计时需要考虑影响结构可靠性的随机变量有 n 个,即 $x_1,x_2,\cdots,x_n$,则在这 n 个随机变量间通常可建立函数关系:

$$Z = g(x_1,x_2,\cdots,x_n) \tag{1.5}$$

即称为结构的功能函数。

为了简化起见,只以结构构件的荷载效应 S 和抗力 R 这两个基本随机变量来表达结构的功能函数,则:

$$Z = g(R,S) = R - S \tag{1.6}$$

式中,R 和 S 是随机变量,其函数 Z 也是一个随机变量。在实际工程中,可能出现下列3 种情况:

$Z > 0$ 时,结构处于可靠状态;

$Z = 0$ 时,结构达到临界状态,即极限状态;

$Z < 0$ 时,结构处于失效状态。

定值设计法认为 R 和 S 都是确定性的,结构只要按 $Z \geqslant 0$ 设计,并赋予一定的安全系数,结构就是绝对安全的。事实并不是这样,结构失效的事例仍时有所闻。这是由于基本变量的不定性,说明作用在结构上的荷载潜伏着出现高值的可能,材料性能也潜伏着出现低值的可能;即使设计者采用了相当保守的设计方案,但在结构投入使用后,谁也不能保证它绝对可靠,因而对所设计的结构的功能只能作出一定概率的保证。这和进行其他有风险的工作一样,只要可靠的概率足够大,或者说,失效概率足够小,便可认为所设计的结构是安全的。

按照概率极限状态设计方法,结构的可靠度可定义为:结构在规定的时间内,在规定的条件下,完成预定功能的概率。这里所说"完成预定功能"就是对于规定的某种功能来说结构不失效($Z \geqslant 0$)。这样若以 P_s 表示结构的可靠性,则上述定义可表达为:

$$P_s = P(Z \geqslant 0) \tag{1.7}$$

结构的失效概率以 P_f 表示,则:

$$P_f = P(Z < 0) \tag{1.8}$$

由于事件($Z < 0$)与事件($Z \geqslant 0$)是对立的,所以结构可靠度 P_s 与结构的失效概率 P_f 符合下式:

$$P_s + P_f = 1 \tag{1.9}$$

或

$$P_s = 1 - P_f \tag{1.10}$$

因此,结构可靠度的计算可以转换为结构失效概率的计算。可靠的结构设计指的是使失效概率小到人们可以接受的程度。绝对可靠的结构（$P_s = 1$ 即失效概率 $P_f = 0$）是没有的。

为了计算结构的失效概率 P_f，最好是求得功能函数 Z 的分布。图1.1所示 Z 的概率密度 $f_Z(Z)$ 曲线，图中纵坐标处 $Z = 0$，结构处于极限状态；纵坐标以左 $Z < 0$，结构处于失效状态；纵坐标以右 $Z > 0$，结构处于可靠状态。图中阴影面积表示事件（$Z < 0$）的概率，就是失效概率，可用积分求得：

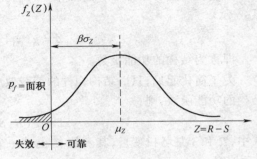

$$P_f = P(Z < 0) = \int_{-\infty}^{0} f_Z(Z)\mathrm{d}Z \tag{1.11}$$

图1.1　Z 的概率密度 $f_Z(Z)$ 曲线

但一般来说，Z 的分布很难求出。因此失效概率的计算仅仅在理论上可以解决，实际上很难求出，这使得概率设计法一直不能付诸实用。20世纪60年代末期，美国学者康奈尔（Cornell C.A.）提出比较系统的一次二阶矩的设计方法，才使得概率设计法进入了实用阶段。

一次二阶矩法不直接计算结构的失效概率 P_f，而是将图1.1中 Z 的平均值 μ_Z 用 Z 的标准差 σ_Z 来度量，得出值 β，有：

$$\mu_Z = \beta\sigma_Z \tag{1.12}$$

由此得

$$\beta = \frac{\mu_Z}{\sigma_Z} \tag{1.13}$$

式中，β 为可靠指标或安全指标，显然，只要分布一定，β 与 P_f 就有一一对应的关系，而且 β 增大，P_f 减少；β 减少，P_f 增大。

如 Z 的分布为正态，则 β 与 P_f 的关系式为：

$$\beta = \Phi^{-1}(1 - P_f) \tag{1.14}$$

$$P_f = \Phi(-\beta) \tag{1.15}$$

式中　$\Phi(\cdot)$——标准正态分布函数；

$\Phi^{-1}(\cdot)$——标准正态分布的反函数。

如为非正态分布，可用当量正态化方法转化为正态。正态分布时，β 与 P_f 的对应关系如表1.1所示。

表1.1　正态分布时 β 与 P_f 的对应值

可靠指标 β	4.5	4.2	4.0	3.7	3.5	3.2	3.0	2.7	2.5	2.0
失效概率 P_f	3.4×10^{-6}	1.34×10^{-5}	3.17×10^{-5}	1.08×10^{-4}	2.33×10^{-4}	6.87×10^{-4}	1.35×10^{-3}	3.47×10^{-3}	6.21×10^{-3}	2.28×10^{-2}

β 的计算避开了 Z 的全分布的推求,而只采用分布的特征值,即一阶原点矩(均值) μ_Z 和二阶中心矩(方差) σ_Z^2,而这两者对于任何分布皆可按下式求得:

$$\mu_Z = \mu_R - \mu_S \tag{1.16}$$

$$\sigma_Z^2 = \sigma_R^2 + \sigma_S^2 \text{(设 } R \text{ 和 } S \text{ 是统计独立的)} \tag{1.17}$$

式中 μ_R、μ_S——抗力 R 和荷载效应 S 的平均值;

σ_R^2、σ_S^2——抗力 R 和荷载效应 S 的方差。

只要经过测试取得足够的数据,便可由统计分析求得 R 和 S 的均值 μ 和方差 σ^2,如果 Z 为非线性函数,可将此函数展为泰勒级数而取其线性项,由下式计算均值和方差:

$$Z = g(x_1, x_2, \cdots, x_n) \tag{1.18}$$

$$\mu_Z \approx g(\mu_{x1}, \mu_{x2}, \cdots, \mu_{xn}) \tag{1.19}$$

$$\sigma_Z^2 \approx \sum_{i=1}^{n} \left(\frac{\partial g}{\partial x_i} \Big|_\mu \right)^2 \mu_{x_i}^2 \tag{1.20}$$

式中,μ_{xi} 为随机变量 x_i 的均值;$(\cdot|_\mu)$ 表示计算偏导数时变量均用各自的平均值赋值。由此得

$$\beta = \frac{\mu_Z}{\sigma_Z} = \frac{\mu_R - \mu_S}{\sqrt{\sigma_R^2 + \sigma_S^2}} = \frac{K_0 - 1}{\sqrt{K_0^2 \delta_R^2 + \delta_S^2}} \tag{1.21}$$

式中,$K_0 = \mu_R / \mu_S$ 为中心安全系数。对 β 值起影响的还有变异系数 δ_R 和 δ_S。当 K_0 随 δ_R 和 δ_S 的比值而一定时,δ 变动将使 β 增减,故安全系数不能度量结构的安全度。

将式(1.21)稍加变换,写成设计式

$$\mu_R = \mu_S + \beta \sqrt{\sigma_R^2 + \sigma_S^2} \tag{1.22}$$

由于

$$\sqrt{\sigma_R^2 + \sigma_S^2} = \frac{\sigma_R^2 + \sigma_S^2}{\sqrt{\sigma_R^2 + \sigma_S^2}}$$

故得

$$\mu_R - \alpha_R \beta \sigma_R \geqslant \mu_S + \alpha_S \beta \sigma_S \tag{1.23}$$

式中

$$\alpha_R = \frac{\sigma_R}{\sqrt{\sigma_R^2 + \sigma_S^2}}, \alpha_S = \frac{\sigma_S}{\sqrt{\sigma_R^2 + \sigma_S^2}} \tag{1.24}$$

而式(1.23)左、右分别为 R 和 S 的设计验算点坐标 R^* 和 S^*,

$$R^* \geqslant S^* \tag{1.25}$$

这就是概率法的设计式。由于这种设计不考虑 Z 的全分布只考虑至二阶矩,对非线性函数用泰勒级数展开取线性项,故此法称为一次二阶矩法。

式(1.23)中可靠指标的取值可用校准法求得。所谓"校准法",就是对现有结构进行反演计算和综合分析,求得其平均可靠指标来确定今后设计时应采用的目标可靠指标。我国《建筑结构可靠度设计统一标准》按破坏类型(延性或脆性破坏)和安全等级(根据破坏后果和建筑物类型分为一、二、三级,级数越高,破坏后果越不严重)分别规定

了结构构件按承载能力极限状态设计时采用不同的 β 值。钢结构的各种构件,按钢结构设计规范(GB 50017—2003)设计,经校准分析,其 β 值在 3.2 左右,即 $\beta = 3.2$,属延性破坏,安全等级为二级。

1.3.3　设计表达式

现行钢结构设计规范除疲劳计算外,采用以概率理论为基础的极限状态设计方法,用分项系数的设计表达式进行计算。这是考虑到用概率法的设计式,设计人员不熟悉也不习惯,同时许多基本统计参数还不完善,不能列出,因此,建筑结构可靠度设计统一标准建议采用设计人员所熟悉的分项系数设计表达式。但这与以往的设计方法不同,分项系数不是凭经验确定,而是以指标 β 为基础用概率设计法求出,也就是将式(1.23)或(1.25)转化为等效的以基本变量标准值和分项系数形式表达的极限状态设计式。

现以简单的荷载情况为例,分项系数设计式可写成:

$$\frac{R_K}{\gamma_R} \ge \gamma_G S_{GK} + \gamma_Q S_{QK} \tag{1.26}$$

式中　　R_K——抗力标准值(由材料强度标准值和截面公称尺寸计算而得);

　　　　S_{GK}——按标准值计算的永久荷载(G)效应值;

　　　　S_{QK}——按标准值计算的可变荷载(Q)效应值;

　　　　γ——分项系数。

相应地,式(1.25)可写成:

$$R^* \ge S_G^* + S_Q^* \tag{1.27}$$

为使式(1.26)与式(1.27)等价,必须有:

$$\left.\begin{array}{l} \gamma_R = R_K / R^* \\ \gamma_G = S_G^* / S_{GK} \\ \gamma_Q = S_Q^* / S_{QK} \end{array}\right\} \tag{1.28}$$

由式(1.23)可知, R^* 、 S_G^* 、 S_Q^* 不仅与可靠指标 β 有关,而且与各基本变量的统计参数(平均值、标准值)有关。因此,对每一种构件,在给定 β 的情况下, γ 值将随荷载效应比值 $\rho = S_{QK} / S_{GK}$ 变动而为一系列的值,这对于设计显然不方便;如分别取 γ_G 、 γ_Q 为定值, γ_R 亦可按各种构件取不同的定值则所设计的结构构件的实际可靠指标就不可能与给定的可靠指标完全一致。为此,可用优化法求最佳的分项系数值,使两者 β 的差值最小,并考虑工程经验确定。

《建筑结构可靠度设计统一标准》经过计算和分析,规定在一般情况下荷载分项系数:

$$\gamma_G = 1.2, \qquad \gamma_Q = 1.4。$$

当永久荷载效应与可变荷载效应异号时,这时永久荷载对设计是有利的(如屋盖当

风的作用而掀起时),应取:

$$\gamma_G = 1.0, \qquad \gamma_Q = 1.4。$$

在荷载分项系数统一规定的条件下,现行钢结构设计规范对钢结构构件抗力分项系数进行分析,使所设计的结构构件的实际 β 值与预期的 β 值差值甚小,并结合工程经验规定出 Q235 钢的 $\gamma_R = 1.087$;对 Q345、Q390 和 Q420 钢的 $\gamma_R = 1.111$。

钢结构设计用应力表达,采用钢结构强度设计值,所谓"强度设计值"(用 f 表示),是钢的屈服点(f_y)除以抗力分项系数(γ_R)的商,如 Q235 钢抗拉强度设计值为 $f = f_y/1.087$;对于端面承压和连接则为极限强度(f_u)除以抗力分项系数 γ_{Ru},即 $f = f_u/\gamma_{Ru} = f_u/1.538$。

因此,对于承载能力极限状态荷载效应的基本组合按下列设计表达式中最不利值确定:

可变荷载效应控制的组合:$\gamma_0(\gamma_G \sigma_{GK} + \gamma_{Q1}\sigma_{Q1K} + \sum\limits_{i=2}^{n}\gamma_{Qi}\psi_{ci}\sigma_{QiK}) \leqslant f$ 　　(1.29)

永久荷载效应控制的组合:$\gamma_0(\gamma_G \sigma_{GK} + \sum\limits_{i=1}^{n}\gamma_{Qi}\psi_{ci}\sigma_{QiK}) \leqslant f$ 　　(1.30)

式中　γ_0——结构重要性系数,对安全等级为一级或设计使用年限为 100 年及以上的结构构件,不应小于 1.1;对安全等级为二级或设计使用年限为 50 年的结构构件,不应小于 1.0;对安全等级为三级或设计使用年限为 5 年的结构构件,不应小于 0.9;

　　　σ_{GK}——永久荷载标准值在结构构件截面或连接中产生的应力;

　　　σ_{Q1K}——起控制作用的第一个可变荷载标准值在结构构件截面或连接中产生的应力(该值使计算结果为最大);

　　　σ_{QiK}——其他第 i 个可变荷载标准值在结构构件截面中产生的应力;

　　　γ_G——永久荷载分项系数,当永久荷载效应对结构构件的承载能力不利时,取 1.2,但对式(1.30)则取 1.35。当永久荷载效应对结构构件的承载能力有利时,取为 1.0;验算结构倾覆、滑移和漂浮时取 0.9;

　$\gamma_{Q1}、\gamma_{Qi}$——第 1 个和其他第 i 个可变荷载分项系数,当可变荷载效应对结构构件的承载能力不利时,取 1.4(当楼面活荷载大于 4.0 kN/m² 时,取 1.3);有利时,取为 0;

　　　ψ_{ci}——第 i 个可变荷载的组合值系数,可按荷载规范的规定采用。

式(1.29)和式(1.30),除第一个可变荷载的组合值系数 $\psi_{c1} = 1.0$ 的楼盖(如仪器车间仓库、金工车间、轮胎厂准备车间、粮食加工车间等的楼盖)或屋盖(高炉附近的屋面积灰)由式(1.30)控制设计取 $\gamma_G = 1.35$ 外,其他只有大型混凝土屋面板的重型屋盖以及很特殊情况才有可能由式(1.30)控制设计。

对于一般排架、框架结构,可采用简化式计算:

由可变荷载效应控制的组合：

$$\gamma_0(\gamma_G\sigma_{GK} + \psi\sum_{i=1}^{n}\gamma_{Qi}\sigma_{QiK}) \leqslant f \tag{1.31}$$

式中 ψ——简化式中采用的荷载组合值系数，一般情况下可采用 0.9；当只有 1 个可变荷载时，取为 1.0。

由永久荷载效应控制的组合，仍按式(1.30)进行计算。

对于偶然组合，根据限状态设计表达式宜按下列原则确定：偶然作用的代表值不乘分项系数；与偶然作用同时出现的可变荷载，应根据观测资料和工程经验采用适当的代表值，具体的设计表达式及各种系数，应符合专门规范的规定。

对于正常使用极限状态，按建筑结构可靠度设计统一标准的规定要求分别采用荷载的标准组合、频遇组合和准永久组合进行设计，并使变形等设计不超过相应的规定限值。

钢结构只考虑荷载的标准组合，其设计式为：

$$\nu_{GK} + \nu_{Q1K} + \sum_{i=2}^{n}\psi_{ci}\nu_{QiK} \leqslant [\nu] \tag{1.32}$$

式中 ν_{GK}——永久荷载的标准值在结构或结构构件中产生的变形值；

ν_{Q1K}——起控制作用的第一个可变荷载的标准值在结构构件中产生的变形值（该值使计算结果为最大）；

ν_{QiK}——其他第 i 个可变荷载标准值在结构或结构构件中产生的变形值；

$[\nu]$——结构或结构构件的容许变形值。

1.3.4   水工钢结构按容许应力法计算

水工钢结构根据其不同的用途，设计时必须遵守各类专业规范。水电部 1995 年《水利水电工程钢闸门设计规范》(SL 74—95)和交通部《船闸设计规范》与《船坞设计规范》分别适用于水利水电工程钢闸门、船闸闸门和船坞闸门工程。

水工钢结构设计，由于所受荷载涉及水文、泥砂、波浪等自然条件比较复杂，统计资料不足。同时，经常处于水位变动或盐雾潮湿等容易腐蚀的环境，在计算中如何反映实际问题尚待解决。因此，水工钢结构的水下钢结构和结构构件目前还不具备采用概率极限状态法计算条件。在上述各专门规范中规定水工钢结构仍采用容许应力计算法。

即

$$\sum N_i \leqslant \frac{f_y S}{K_1 K_2 K_3} = \frac{f_y S}{K}$$

$$\sigma = \frac{\sum N_i}{S} \leqslant \frac{f_y}{K} = [\sigma]$$

式中 N_i——根据标准荷载求得的内力；

f_y——钢材的屈服点；

K_1——荷载安全系数；

K_2——钢材强度安全系数；

K_3——调整系数，用以考虑结构的重要性，荷载的特殊变异和受力复杂等因素；

S——构件的几何特性；

$[\sigma]$——钢材的容许应力(可查表求得)。

1.4　钢结构的应用

过去由于受钢材生产量的限制，钢结构在我国应用范围不大，近年来我国钢产量有了很大的发展，截止到 2005 年底我国钢产量达 3.4 亿 t，居世界首位。加之钢结构形式的改进，钢结构的应用也有了很大的发展。钢结构制造工艺严格，具备批量生产和高精度的特点，是目前工业化程度最高的一种结构。而且钢结构具有自重轻、强度高、塑性韧性好和施工速度快等优点，应用范围较广。

1.4.1　钢结构在工业与民用建筑中的应用

目前我国钢结构在工业与民用建筑的应用范围大致如下：

1.工业厂房

天车作业的工业厂房和操作加工车间，大多采用钢骨架。如冶金厂房的平炉、轧铁车间、铸钢车间、金工车间、锻造车间、石材加工车间和现代化温室等。

2.大跨度结构

一些跨度较大的建筑物顶棚大都采用网架、拱架和框架钢结构。如大型机械装配车间、大煤库、大会堂、体育馆、展览馆和贸易货站等。

3.高耸结构

塔架和桅杆全部采用钢结构制成。如电视塔、输电线塔、钻井架、地理坐标标志塔、起吊机塔架、广播、电视发射桅杆和无线电天线桅杆等。

4.板壳结构

如油库、油罐、油箱、煤气库、高炉、烟囱、水塔箱和各种管道等。

5.轻型钢结构

如管式桁架、温室大棚骨架、马路天桥、加油站顶棚、栅式大门和大门的门顶，这些结构用于荷载较轻或跨度较小的建筑。

6.方便拆卸或可移动的结构

一些临时和移动设施大都采用钢结构形式。如建筑工地的附属用房，临时展览展销市场、临时剧院，这些结构是可拆迁的。移动结构如塔式起重机、天车、龙门起重机等。

7.其他结构

如管道支承架、建筑工地的桅杆、临时工作平台等。

8.钢混组合结构

如钢与混凝土组合屋架、混凝土剪力柱等。

9.多层、高层建筑

随着我国国民经济的快速发展,我国综合国力的增强,多层、高层建筑正在全国大、中城市拔地而起。多层、高层建筑的骨架可采用钢结构,我国过去钢材比较短缺,多采用钢筋混凝土结构,近年来钢结构在此领域得到较快发展。

1.4.2 钢结构在水工建筑中的应用

根据钢结构的特点,并考虑水工建筑物的使用要求,钢结构在水利、水运、海洋采油等工程中应用范围也很广泛。

1.活动式结构

如钢闸门、阀门、拦污栅、船闸闸门、升船机和钢引桥等。对于这些有移动和转动要求的结构,可以充分利用钢结构自重轻的特点,不但降低成本造价,还可以减少启动运行的动力费用。

2.大跨度结构

许多跨度较大的钢栈桥采用了钢结构形式,充分发挥的钢结构自重轻、强度高的特性,减少了水下工程,降低了工程造价,如大连新港码头钢栈桥等。

3.海工钢结构

海洋工程中的钻井、采油平台全部采用钢结构,这些结构要承受平台上各种装置、机械设备的荷载以及风、浪和冰冻等动力荷载作用,可充分发挥钢结构的强度高、抗振性能好以及便于组装等特点。

4.管式结构

水工建筑中的压力输水管采用钢板焊制的钢管,密封性能好,抗压强度高。如三峡水利枢纽工程中的电厂进水压力钢管(内径达 12.4 m)。

5.拆装式结构

在水利工程中经常会遇到需要搬迁和周转使用的结构。如施工用的钢栈桥、钢模板、砂石料运输架等经常进行拆装。充分发挥了钢结构方便安装,运输与自重轻的特点。

1.5 钢结构的发展

随着我国经济建设的迅速发展和钢产量的不断提高,钢结构的应用也会更加发展。为了更有效地利用钢材和节约钢材,加强资源管理,提高资源的利用率,钢结构的发展大致要考虑下列几个方面：

1. 提高材料强度，减少材料用量

钢结构的发展，从所用的材料来看，先是铸铁、锻铁，后是钢，近些年出现了合金钢，所以钢结构可能要改称为金属结构。合金钢是冶炼时在碳素钢里加入少量的合金元素（合金元素总含量一般为 1% ~ 2%，最多不超过 5%），就可以得到强度高、综合机械性能好的普通低合金钢。此材料还具有抗蚀、耐磨和耐低温等性质。除工程上常用的 Q235 钢（3 号钢即原 A_3 钢）外，如屈服点为 345 N/mm² 的 Q345 钢（16 锰钢）和屈服点为 390 N/mm² 的 Q390 钢（15 锰钒钢）以及 Q420 钢均已列为《钢结构设计规范》（GB 50017—2003）推荐使用钢。Q390 钢（15 锰钒钢）是在冶炼 Q345 钢（16 锰钢）的基础上加入少量的钒铁合金而成的，已有 20 多年的使用经验，是我国低合金结构钢中综合性能比较好的材料，其经济效果比 Q235 钢节约材料 15% ~ 20%。今后，钢结构在各建筑领域应用将要更加广泛，所以提高材料强度，减少材料用量，是钢产业上一个非常重要的课题。

2. 优化结构形式，科学利用材料

不断创新、优化合理的结构形式，是节约钢材和充分利用其它建筑材料的有效途径，如在混凝土柱中加入十字钢板，可以提高混凝土柱的抗剪强度。再如在钢管内浇注混凝土作为受压构件，不仅混凝土受到钢管的约束而提高抗压强度，同时由于管内混凝土的填充也提高了钢管抗压的稳定性，具有良好的塑性和韧性，它与纯钢柱相比，可节约钢材 30% ~ 50%，同时也大大降低了工程造价。在屋架中也可以采用钢混结构形式，充分利用各种材料的特性，节约钢材。还有悬索结构、网架结构和超高层结构的进一步研究与应用。从结构力学的角度出发，研究设计出多种桁架结构和刚架结构形式。在此方面也大有研究前景。

3. 推广科学的连接方式，提高节点强度

从钢结构连接方式的发展看，在生铁和熟铁时代是销钉连接；19 世纪初采用铆钉连接；20 世纪初出现了焊接连接；现在发展了高强度螺栓连接。

节点是钢结构中的一个薄弱环节，推广科学的连接方式，提高节点强度，也是钢结构发展中一项很重要的工作，一方面要继续研究改进焊接工艺，提高焊接质量。采用二氧化碳气体保护焊、电渣焊，研究与高强度结构相匹配的高质量焊接材料等。另一方面继续推广高强度螺栓的连接方式，这种连接能够在板与板之间产生很大的磨阻力，并且具有较好的塑性和韧性，也避免了焊接中产生的焊接应力和焊接变形的缺点，同时具有组装速度快、承受动荷载性能好的优点。

4. 探索新的设计理论，充分发挥材料的性能

钢结构在设计计算上一直采用容许应力法，此种方法计算简便，易掌握，计算结果也能够满足正常的安全使用要求。但此方法的最大缺点是容许应力不能保证各构件具有比较一致的可靠程度，不能同时达到最大承载力。原因是通常将一个空间结构简化成若干平面结构（如梁、柱、桁架、刚架）进行计算的，此种计算方法没有考虑结构的整体

性,其计算结果不能准确反映结构的实际工作状况。现在在钢结构的计算上采用一次二阶矩概率为基础的概率极限状态设计法,这一方法是我国《建筑结构可靠度设计统一标准》(GB 50068—2001)颁布实施的方法,也是现行《钢结构设计规范》(GB 50017—2003)所采用的方法。这个方法的特点是不用经验的安全系数,而是用根据各种不定性分析所得的失效概率(或可靠指标)去度量结构的可靠性。但此方法还有待于研究发展,因为它所计算的可靠度只是构件或某一截面的可靠度,而不是整体结构的可靠度。同时也不适用于疲劳计算的反复荷载和动荷载作用下的结构。

5.提高结构水平,推广多型钢材

今后在钢结构制造工业的机械化水平方面还需要进一步加强,提高构件的制造精度,严格尺寸要求,减小组装应力;根据力学原理设计出多种结构形式。同时要提高钢材的质量,生产推广 H 形、正方形和矩形等多形钢材,以适应各种结构的需求。近年来轻型钢结构已广泛应用于仓库、办公室、工业厂房、展览馆和体育场馆中。

思考题与习题

1.1　钢结构的概念是什么？它需要掌握哪些知识与内容？

1.2　举例说明钢结构在土木建筑和水利工程中被广泛应用于何处？

1.3　钢结构具有哪些优缺点？

2 钢结构的材料

2.1 钢结构对材料的要求

2.1.1 钢结构对材料的要求

钢结构的原材料是钢,而钢的种类较多,其力学性能有很大的差异,钢结构是在承载、外力干扰的作用下处于稳定状态的结构,所以钢结构对钢材要有特殊的要求。多年的实践证明,符合钢结构要求的建筑钢材有碳素钢和低合金钢中的 Q235 钢、Q345 钢,可见适用于钢结构的钢只占钢材料的一小部分。用于钢结构的钢材必须具备下列条件:

(1)具有较高的强度。钢材的屈服点 f_y 是衡量钢结构承载能力的指标,f_y 越高承载能力越强,同时用材较少,减轻结构自重,降低工程造价。钢材的抗拉强度 f_u 是衡量钢材经过较大塑性变形后的抗拉能力,它是衡量钢材内部组织结构优劣的一个主要指标,f_u 越高结构的安全保障越高。

(2)具有较高的塑性和韧性。塑性是指结构在荷载的作用下具有足够的应变能力,当卸载后马上恢复原位,不至于发生突然性的脆性破坏;韧性是指结构在反复振动荷载的作用下表现出较强的反复应变能力,不至于发生折断破坏。

(3)具有较好的工艺性能。工艺性能是指钢材的冷加工、热加工和可焊性能,在加工焊接过程中不至于对钢材的强度、塑性和韧性造成大的破坏,以致局部承载能力降低,倒致结构的局部强度不够而破坏。

2.1.2 钢材的破坏形式

由于钢材所处的工作环境不同,会出现两种截然不同的破坏形式,即塑性破坏和脆性破坏。钢结构中所用的钢材虽然具有较高的塑性和韧性,但在特定的条件下亦可能出现脆性破坏。

塑性破坏是指结构在常温和静荷载的作用下,当应力达到抗拉强度 f_u 时,材料发生了较大的塑性变形,不能正常工作或产生断裂,它同钢筋的拉伸试验断裂完全相同,断口呈纤维状,色泽暗红。所以塑性破坏伴随着较大的塑性变形,塑性变形历时较长,很容易被发现,也容易采取加固等补救措施,一般不致于产生严重的后果。另外,结构中个别杆件发生微小的塑性变形不至于倒致结构的破坏,它能使结构的内力发生重新分配,使原来受力不等的构件应力趋于均匀,反而能提高结构的承载能力。

脆性破坏是指结构承载动荷载(冲击荷载或振动荷载)或处于复杂应力、低温等情况下所发生的断裂破坏,这种脆性破坏的应力常低于材料的屈服点 f_y,破坏前塑性变形很小,甚至没有塑性变形,也没有任何预兆,无法及时觉察和采取补救措施,往往会造成巨大的损失。破坏点一般在钢材的缺陷处或应力集中的连接处,这一点必须引起设计者的高度重视。

2.2 钢材的主要力学性能

2.2.1 抗拉、抗压和抗剪力学性能

1. 抗拉力学性能

Q235 低碳钢标准件在常温、静载的情况下,用拉伸机单向拉伸,可测得应力—应变曲线(图 2.1),随着荷载与应力的增加,看到钢材从开始受力到拉断全部过程可分为 4 个阶段,每个阶段表现出不同的性质。概括起来有下列性能:

(1)弹性性能:图 2.1 中 $\sigma-\varepsilon$ 曲线的 OP 段为直线变化,钢材完全属于弹性变形,当外力撤消后,变形完全消失,此阶段称为弹性阶段。此时的应力与应变的关系用材料的弹性模量定义,即 $\sigma = E\varepsilon$,$E = \tan\alpha$,符合虎克定理,P 点对应的应力 f_P 称为比例极限。

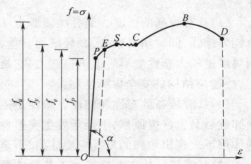

图 2.1 钢材一次单向拉伸 $\sigma-\varepsilon$ 曲线

PE 段为曲线变化的,材料仍然属于弹性变形,叫做非线性弹性阶段,当外力撤消后,变形也完全消失。此时的弹性模量用切线模量定义,$E_t = \mathrm{d}\sigma/\mathrm{d}\varepsilon$。此段 E 点的应力 f_e 称弹性极限。比例极限与弹性极限虽然意义不同,但在 $\sigma-\varepsilon$ 曲线上二者非常接近,在工程上一般不加严格区分,统称为弹性极限。

(2)塑性性能:当应力超过弹性极限 f_e 达到某一数值时,$\sigma-\varepsilon$ 曲线上出现 ES 阶段,表现为非弹性变形阶段,称塑性变形阶段,当外力撤消后,留下永久的残余变形。S 点称上屈服点。

随着荷载的增加,$\sigma-\varepsilon$ 曲线上出现 SC 阶段,此时变形进入塑性流动阶段,曲线波动较大,逐渐趋于平稳,曲线上出现近似水平的锯齿状线段,属于典型的塑性变形,C 点称为下屈服点。试验结果表明,材料的上屈服点 S 点受外界因素(加荷速度、试件形状、试件对中的准确性)影响较大,其数值不稳定。而下屈服点不受上述外界因素的影

响,所以将下屈服点 C 点所对应的应力 f_y 称为屈服强度,也称为屈服点,用 f_y 来表示。钢结构工作状态不允许出现较大的变形,它的破坏定义为塑性变形破坏,故将屈服强度作为钢筋设计强度标准的依据。

(3)强化性能:经过屈服阶段,材料又恢复了抵抗变形的能力,即进入 CB 阶段。这是由于材料在滑移到一定程度,晶格间因形状的改变产生了新的阻力而致。此时材料又重新获得了抵抗外力的能力,此阶段称为强化阶段,最高点 B 点对应的应力称抗拉强度。抗拉强度是材料发生拉伸断裂的依据。不作为钢结构设计的依据。强化阶段的变形绝大部分为塑性变形,此时整个试件的横向尺寸明显减小。

(4)局部变形性能:过了强化阶段,进入 BD 阶段,此时试件局部尺寸急剧变细,出现了缩颈现象,抗拉能力下降,$\sigma - \varepsilon$ 曲线出现下降趋势,直到 D 点处拉断。称这一阶段为局部变形阶段。

2.冷作硬化性能

如图 2.2 所示,当应力达到 F 点时,然后逐渐卸除拉力,应力与应变关系沿着 FF' 直线下降到 F' 点,直线 FF' 与 OP 段近似平行,此现象称卸载定律。$F'G$ 段为弹性变形,OF' 是残余下来的塑性变形段。在卸载后的短期内再加荷载,应力与应变关系沿着 FF' 直线上升到 F,然后继续沿着 $\sigma - \varepsilon$ 曲线变化,这表明第二次加载后,变形没有屈服流动阶段,材料的比例极限(弹性极限)提高了,塑性变形和延伸率降低了。这种现象称为冷作硬化。

在工程上常常利用冷作硬化来提高材料的强度,如预制楼板中的预应力冷拔钢筋等。

图 2.3 是理想的弹性、塑性体的应力与应变曲线。由于低碳钢和低合金钢的流幅相当长,当应力

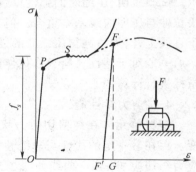

图 2.2 钢材单向受压 $\sigma - \varepsilon$ 曲线

达到屈服点后出现塑性流动时,钢材由理想的弹性体变为近似于理想的塑性体。在此阶段,应力与应变曲线基本上相同于弹性塑性体的应力与应变曲线。因此,这类钢材可认为是理想的弹性塑性体。

高强度钢材没有明显的屈服点和屈服台阶。这类钢材的屈服条件是根据实验分析结果而人为规定的,故称为条件屈服点(或屈服强度)。条件屈服点是以卸荷后试件中残余应变为 0.2% 时所对应的应力定义的,用 $f_{0.2}$ 表示,见图 2.4。由于这类钢材不具有明显的塑性平台,设计中不宜利用它的塑性。

超过屈服台阶,材料出现应变硬化,曲线上升,直至曲线最高处的 B 点,这点的应力 f_u 称为抗拉强度或极限强度。当应力达到 B 点时,试件发生颈缩现象,至 D 点而断裂,见图 2.1。当以屈服点的应力 f_y 作为强度限值时,抗拉强度 f_u 成为材料的强度储备。

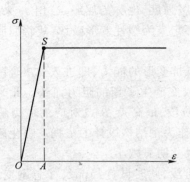

图 2.3　理想弹性、塑性体 $\sigma - \varepsilon$ 曲线

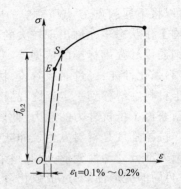

图 2.4　高强度钢的 $\sigma - \varepsilon$ 曲线

3.抗压力学性能

Q235 低碳钢试件在常温的情况下,用拉伸机单向压缩时,$\sigma - \varepsilon$ 曲线如图 2.4 所示。试验表明,压缩时的弹性模量、比例极限、流动极限等均与拉伸时基本相同,即此阶段拉伸与压缩曲线基本重合。但在屈服阶段以后,试件压扁,横截面变大,$\sigma - \varepsilon$ 曲线趋于直线上升,无法测得压缩时的强度极限。

一般对于塑性材料只作拉伸试验,受压的力学性能指标均采用拉伸时的力学性能指标进行计算的。

4.抗剪力学性能

钢材单元体在纯剪切应力状态下,正六面体将变成平行六面体,切应力 τ 与切应变 γ 存在着一定的线性与非线性关系。取薄壁圆筒作试件进行纯剪切试验,可得到切应力与切应变 $\tau - \gamma$ 曲线如图 2.5 所示。此图与受拉试验图很相似。

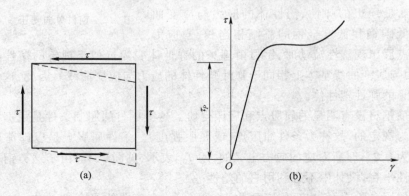

图 2.5　剪切应力与剪切应变关系 $\tau - \gamma$ 曲线

当切应力不超过剪切比例极限 τ_P 时,切应力与切应变存在着线性比例关系,即符合剪切虎克定理:$\tau = G\gamma$,式中 G 为剪变模量。总之,剪变模量 G、比例极限 τ_P、屈服强

度 τ_y 及抗剪强度均较抗拉时为低。

钢材和钢铸件的弹性模量 E、剪变模量 G、线性膨胀系数 α 和质量密度 ρ 见表2.1。

表 2.1 钢材和钢铸件的物理性能指标

弹性模量 E(N/mm²)	剪变模量 G(N/mm²)	线性膨胀系数 α(每℃计)	质量密度 ρ(kg/m³)
206×10^3	79×10^3	12×10^{-6}	7 850

2.2.2 延伸率和断面收缩率

延伸率和断面收缩率是衡量材料塑性的两个指标。良好的塑性有利于缓和钢构件的局部应力集中,避免结构在使用中发生突然性破坏,是提高钢结构安全可靠性的极其重要的保障。延伸率是试件拉断后残余变形与原长的比值称为延伸率,其计算公式为:

$$\delta = \frac{L_1 - L}{L} \times 100\% \tag{2.1}$$

式中 L_1——试件拉断后的长度;

L——试件原有长度。

断面收缩率是试件拉断后横截面尺寸的变化量与原尺寸之比,计算公式:

$$\psi = \frac{A - A_1}{A} \times 100\% \tag{2.2}$$

式中 A_1——试件拉断后断口处的断面面积;

A——试件原有断面面积。

δ 和 ψ 的大小是材料塑性的标志,其值越大表明材料的塑性越好。通常将 $\delta > 5\%$ 的材料称为塑性材料,如碳钢、黄铜、铝合金等;而将 $\delta < 5\%$ 材料称为脆性材料,如铸铁、混凝土、玻璃和陶瓷等。Q235 钢的延伸率和断面收缩率一般为 $\delta = 20\% \sim 30\%$,$\psi = 60\% \sim 70\%$。

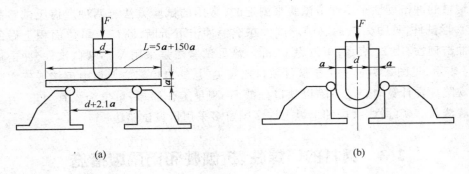

图 2.6 冷弯试验

(a)试验前;(b)试验后

2.2.3 冷弯性能

钢材的冷弯性能是通过冷弯试验测定的,如图 2.6 所示(本书尺寸单位除标明外,一律为 mm,将不在图中单独标注),按照规定的弯曲直径弯曲 180°,若外表不出现裂纹和分层即为合格。冷弯试验不仅能测定钢材塑性变形和冷弯曲加工的性能,还可以检测钢材在冶炼过程中内部颗粒组织均匀情况和非金属夹渣夹层的缺陷(如硫、磷偏析和硫化物与氧化物的掺杂等)。冷弯试验合格是衡量钢材塑性变形能力和钢材质量的一个综合性指标。所以一般对于重要结构和有弯曲成型的压力钢管、钢柱等所用的钢材要作弯曲合格试验。

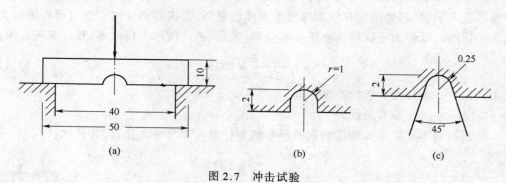

(a)   (b)   (c)

图 2.7   冲击试验

2.2.4 冲击韧性

韧性是钢材获得冲击能量后的一种塑性变形能力。前面讲的强度和塑性是钢材的静力性能,而韧性则是钢材的一种动力能力,其数值大小用 $\sigma - \varepsilon$ 曲线所围的面积表示。面积越大材料的韧性越高,它是强度和塑性的综合指标,强度越高韧性越低,材料表现脆性。它标明了材料抵抗冲击力是有局限性的。

钢材的冲击韧性是用冲击试验来测定的,常用的试验方法有两种。梅氏试验法是采用 U 形试件,见图 2.7(a)、(b)。试件在摆锤冲击下折断,断口上单位面积上做的功称为冲击韧性,用 a_k 表示,单位为 J/cm²。恰贝试验法是采用 V 形缺口试件,冲击韧性用 C_V 表示,见图 2.7(c)。由于试件缺口比较尖锐,缺口根部应力集中更接近于实际结构的缺陷。在计算时,C_V 不除以缺口处截面,测量工作简单,单位为焦耳(J)。由于恰贝试验法具有实际性,我国和世界上许多国家多采用恰贝试验法。

2.3   钢材的可焊性、抗蚀性和防腐蚀措施

2.3.1 钢材的可焊性

钢材的可焊性是指钢构件依靠焊接工艺获得符合质量要求的焊缝连接的性能。在

焊接过程中,钢材发生局部升温和快速冷却,焊接性能好的钢材其局部强度下降不太明显,而焊接性能差的钢材在焊接区容易出现脆性裂缝(热裂缝或冷裂缝),产生局部应力集中区,造成整体结构承载能力下降。

用焊接方法连接的结构,所用钢材必须具有良好的可焊性,或者采取特殊的焊接工艺,确保焊接的质量。焊接结构的破坏,往往是由于材料的可焊性能不良,而在低温或动荷载作用下发生脆性断裂。钢材的可焊性能除与钢材所含的化学成份有关外,还与材料的塑性及冲击韧性有着密切的关系,一般冲击性能好的钢材其可焊性能也好,容易保证焊接的质量。因此,钢材的可焊接性能还可直接用钢材的冲击韧性 a_k 来鉴定。工程上对于重要的承载结构不但要对其焊接性能进行质量鉴定,还要对焊接区的塑性和冲击韧性进行测定。

2.3.2　钢材的抗蚀性

钢材的抗蚀性能与所处具体环境的湿度、空气或水中含有侵蚀性介质的量度与活力、构件所处的部位以及钢材的质量等都有着很大的关系。长期处于室外的钢结构,受潮湿空气和雨水的作用,表面易产生锈蚀。特别是水工钢结构,由于长期处于水化学的作用,更容易发生腐蚀现象。一方面结构的表面普遍腐蚀,整体强度降低;另一方面局部表面出现蚀坑,易引起应力集中,产生脆性断裂破坏。

钢材腐蚀速度一般可按每年所腐蚀厚度(mm/年)或每年单位面积腐蚀减少的质量 $[g/(m^2 \cdot 年)]$ 来表示,它是研究钢材抗腐蚀性能的重要指标。国家冶金部门曾做过钢材的 5 年大气曝晒试验,结果表明,Q345 钢比 Q235 钢的腐蚀速度慢 20% ~ 30%。

2.3.3　钢材的防腐蚀措施

为提高钢结构的防腐蚀能力,无论在结构设计上还是运行管理上,要认真考虑结构的防腐措施,确保结构的安全运行。目前我国常用防腐措施有下列三个方面。

(1)涂料防护

目前在钢结构的防护中,涂料防护方法被普遍采用,此方法造价相对偏低,便于施工与再涂,保护周期大致在 35 年,最长可达 10 年左右。在刷涂料前首先对钢材表面用钢刷除锈,用毛巾擦去锈粉、油渍等污垢,一般先刷一层防锈漆打底,然后再刷涂料二次即可。目前,防腐材料品种繁多,要根据材料以及所处环境不同而具体选用。常用的有油膝类、环气树脂漆类、沥青类、氯化橡胶漆以及船体防锈漆 830 号(铝粉沥青船底漆)和 831 号(沥青船底漆)等。

(2)喷渡防护

常处于干湿交错或复杂环境中的钢结构,特别是水工钢结构,采用较为稳定的热喷渡锌法,重要的零部件用渡铬法。用所渡的锌或铬层将钢材表面与环境隔绝,不易脱落,防腐效果较好。此方法需专门的喷渡设备和专业技术人员来完成,造价偏高。保护周期一般在 10～15 年。

(3)电化学防护

长期处于水下的钢结构,若水中有较好的导电介质,将钢结构接到直流电源的负极,正极接在水中的锌板上,导电极化,以达到防腐蚀的目的,此方法对电能消耗量太大,常与涂料法联合使用。

2.4 影响钢材力学性能的因素

钢结构所用的材料一般情况具备强度高、塑性和韧性较好的特点。但是在实际运行中有很多因素直接影响着材料的力学性能,使结构达不到预期的工作目的,甚至发生脆性断裂。这些因素主要有钢材的化学成份、钢的冶炼和轧制工艺、钢材的时效硬化、复杂应力、应力集中及低温等。

2.4.1 化学成分的影响

钢材的主要组成元素是铁(Fe)和少量的碳(C),此外尚含有微量的锰(Mn)、硅(Si)等元素,还有在冶炼中留下的微量有害元素硫(S)、磷(P)、氮(N)、氧(O)等。在低合金钢中加入少量的(低于5%)合金元素,如钒(V)、钛(Ti)、硼(B)、铜(Cu)、铬(Cr)等。通常在碳素钢中铁(Fe)的含量占99%,其他元素只占有1%,这此微量元素虽然含量较少,但对于钢材的力学性能有很大的影响。在选用钢材时要特别注意其化学成分的组成与含量。

2.4.2 冶炼和轧制缺陷的影响

目前,建筑用钢常用的冶炼方法分碱性平顶炉冶炼法和氧气顶吹转炉冶炼法。两者所含主要微量元素碳、锰、硫、磷基本相通,力学性能和可焊性能也很相近。氧气顶吹转炉钢是近年来发展的新钢种,具有生产周期短和成本低的优点。

普通碳素钢按其浇注方法和脱氧程度分为沸腾钢和静定钢。沸腾钢是在出炉时,在钢液中加入锰作为脱氧剂。由于锰的脱氧不完全,钢液在锭模内产生碳氧反应(钢中的 C 和 FeO 起反应),不断有 CO_2 气体逸出,呈现沸腾状态,故称沸腾钢。其缺点是:沸腾钢冷却快、耗氧多,氮气体来不及逸出留在钢内,硫、磷有害杂质偏析(化学成分不一致和不均匀)较大,造成钢内组织和晶粒粗细不均匀。所以,沸腾钢的塑性、韧性和焊接能力较差,容易发生时效硬化和变脆。其优点是:沸腾钢冶炼时间短,所需脱氧剂少而且便宜,造价偏低。

镇静钢除采用锰脱氧外,还加入脱氧能力较强的硅,对有特殊要求的钢还要加入铝和钛进行补充脱氧。镇静钢的脱氧剂能够充分夺取钢液中的氧,脱氧完全(硅的脱氧能力是锰的 5 倍,铝的脱氧能力是锰的 90 倍)。由于脱氧还原过程产生很多热量,钢液冷却较慢,大量的气体可以逸出,浇注钢锭时钢液在钢模内平静上升,故称镇静钢。其优点是:钢内含氧、氮量和气孔极少,组织紧密晶粒均匀,屈服点、极限强度和冲击韧性比沸腾钢高,焊接能力与抗腐蚀性较好,不易发生冷脆现象。其缺点是:镇静钢冶炼时间较长,所用的脱氧剂较贵,钢的造价高。

低合金钢由于脱氧完全均为镇静钢。

总之,钢材的冶炼缺陷主要有偏析、非金属夹杂、气孔、裂纹和分层等。钢中硫、磷偏析对钢的质量影响非常严重。非金属夹杂是钢中含有硫化物和氧化物杂质,使钢的结构不严密、不均匀。气孔是炼钢时 CO_2 气体不能完全逸出所致。裂纹和分层主要是由于化学成分严重偏析和杂质集中存在,在轧制后的钢材中产生裂纹或分层。

2.4.3 钢材硬化的影响

钢材的硬化分冷作硬化和时效硬化。

1. 冷作硬化

在 2.2 节已讲,钢材在受拉超过流动阶段(下屈服点),产生了冷作硬化现象,工程上常利用这一特点来制作预应力构件。钢材在冲、钻、刨、弯剪等冷加工过程中也产生很大的塑性变形,引起冷作硬化现象。冷作硬化虽然能提高钢材的弹性范围,但降低了钢材的塑性的韧性,增加了出现脆性破坏的可能性,此现象对钢结构来讲是有害的。钢结构的破坏往往出现在冷加工过的位置。

2. 时效硬化

钢材随使用时间的延长逐渐变硬变脆的现象称时效硬化(老化)。表现为屈服点和极限强度提高,塑性和韧性降低,特别是冲击韧性急剧下降。其原因是:在高温时溶化于铁中的少量氮和碳,随着时间的延长逐渐从铁体中析出,并形成自由的碳化物和氮化物,分布在晶粒的滑动面上,阻碍铁体之间的滑移,对铁体的塑性变形起着遏制作用。

由上述可知,时效硬化是与冶炼工艺有着密切的关系。沸腾钢内含杂质较多,而且晶粒粗而不均匀,最容易发生时效硬化,镇静钢次之,用铝、钛脱氧的钢时效硬化现象不明显。另外在重复荷载和温度变化等情况下极易发生时效硬化。

2.4.4 温度的影响

钢材性能同温度有直接关系,总的变化趋势是:温度升高,钢材的塑性变大,强度降低。温度降低,韧性和塑性降低,钢材变脆,强度略有增加。见图 2.8。

温度升高,约在 200 ℃以内其性能没有明显变化;在 250 ℃左右,钢材表面氧化膜呈现出蓝色,钢材出现蓝脆现象。此时钢材的强度反而略有提高,同时有变脆的倾向,塑性和韧性下降;在 260 ℃ ~ 320 ℃时,在应力不变的情况下,钢材以很缓慢的速度继续变形,称为徐变现象;在 430 ℃ ~ 540 ℃时,强度急剧下降,塑性变形很大。在 600 ℃时,钢材变软,强度很低,不能承受荷载的作用。

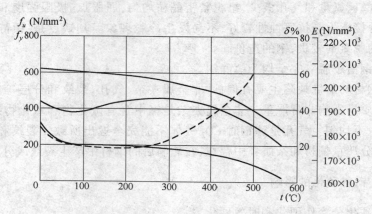

图 2.8　温度对钢材机械性能的影响

当温度从常温开始下降时,特别是在 0 ℃以下,如图 2.9 所示,钢材的冲击韧性随温度的变化是一条斜倾的波状曲线,根据钢材冲击断裂功 C_V 值的变化速度,可将曲线分为三个区,即塑性破坏区、转变过渡区和脆性破坏区。T_0 是曲线的反弯点,称转变温度。在大于 T_2 区,随着温度的降低,C_V 值变化缓慢,材料为塑性破坏;在 $T_2 \sim T_1$ 区,C_V 值急剧下降,称为冷脆温度转变区,材料的塑性破坏转变为脆性破坏是在此区间完成的;在小于 T_1 区,C_V 值变化又趋于平缓,此阶段材料逐渐变脆,表现为脆性破坏。

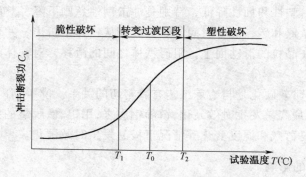

图 2.9　冲击韧性与温度的关系

在结构设计中,不允许出现完全脆性破坏,所以结构所处环境温度要求高于 T_1。T_0、T_1、T_2 是随着钢材的种类和品种的不同而变化的,需要大量的实验来测定。在设计中,常取冲击韧性降低到 $C_V \leqslant 30 \ \text{J/cm}^2$ 或取常温的冲击韧性值的 40% 时的相应温度作为冷脆转变温度。各类钢材的 T_1 取值大致为:平炉或氧气顶吹转炉镇静钢取 – 40 ℃;平炉沸腾钢取 – 30 ℃ ~ – 20 ℃;低合金钢取 – 60 ℃ ~ – 50 ℃。

在低温承受动荷载的结构,特别是焊接结构一定要区别情况慎重选用钢材,确保结构的安全,以防造成毁灭性事故。

2.4.5 复杂应力的影响

前面已述,钢材在单向应力的作用下,当 $\sigma \geqslant f_y$ 时,从弹性状态转入塑性状态,f_y 为钢材设计的强度条件。而钢材在复杂应力的作用下(图2.10),从弹性状态转入塑性状态的条件是按能量理论折算应力的。

(1)材料存在三向应力时:

$$\sigma_{red} = \sqrt{\sigma_x^2 + \sigma_y^2 + \sigma_z^2 - (\sigma_x\sigma_y + \sigma_y\sigma_z + \sigma_x\sigma_z) + 3(\tau_{xy}^2 + \tau_{yz}^2 + \tau_{xz}^2)} \qquad (2.3)$$

式中 σ_x、σ_y、σ_z——钢材三向拉应力;

τ_{xy}、τ_{yz}、τ_{xz}——截面切应力。

当 $\sigma_{red} < f_y$ 时,为弹性状态;当 $\sigma_{red} \geqslant f_y$ 时,为塑性状态。

(2)有一向厚度较小,厚度上的应力可忽略不计或有一项应力为零,变为平面应力状态时:

$$\sigma_{red} = \sqrt{\sigma_x^2 + \sigma_y^2 - \sigma_x\sigma_y + 3\tau_{xy}^2} \qquad (2.4)$$

(3)在一般梁中,只有正应力 σ 和剪应力 τ 时:

$$\sigma_{red} = \sqrt{\sigma^2 + 3\tau^2} \qquad (2.5)$$

(4)在一般梁中,当只有剪应力 τ 时:

$$\sigma_{red} = \sqrt{3\tau^2} = \sqrt{3}\,\tau = f_y \qquad (2.6)$$

$$\tau = \frac{f_y}{\sqrt{3}} = 0.58f_y \qquad (2.7)$$

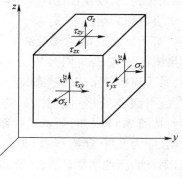

图2.10 复杂应力

上述情况当平面或立体应力均为拉应力时,材料处于脆性状态,破坏时没有明显的变形。

2.4.6 应力集中的影响

钢材的力学性能指标都是以轴心受拉杆件测定的,以应力沿截面均匀分布作为基础的。而实际上,一方面由于冶炼工艺所限,在钢材的内部不可避免地出现一些气孔、杂质夹层,致使结构不严密、组织不均匀;另一方面在构件上存在着孔洞、槽口、凹角、截面改变等。此时,杆件中的应力分布将不再保持均匀,而是在缺陷处出现高峰应力,见图2.11。高峰区的最大应力与净截面的平均应力之比称为应力集中系数。

对于承受静荷载的结构,一般上述缺陷只要处理得当不会引起严重的后果,因为结构用钢具有良好的塑性,当荷载加大到一定程度时,高峰应力区发生塑性变形,峰值应

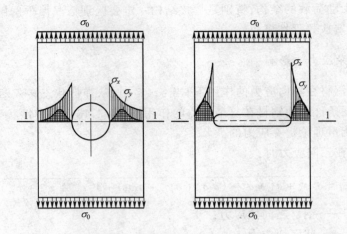

图 2.11　空洞及槽孔处的应力集中

力不再增加,截面应力趋于均匀,应力集中得以缓和。所以在设计计算中可以不考虑集中应力的影响。

　　对于低温或承受动荷载的结构,在应力集中区出现三向同号应力(σ_X、σ_Y、σ_Z)场,属于局部复杂应力状态,应力集中系数增大,引起该处钢材变脆,并有脆断的危险。从图 2.12 可知,随着试件截面突变的加剧,应力集中愈趋严重,伸长率急剧降低,钢材的脆性增加。因此,在设计中采取得当的措施避免或减少应力集中,同时要尽量选用优质钢材。

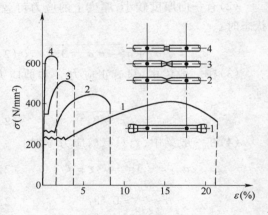

图 2.12　带缺口试件的拉伸曲线

2.5　钢的种类和钢材规格

2.5.1　钢的种类

　　钢按用途可分为结构钢、工具钢和特殊钢(如不锈钢等)。结构钢又分为建筑用钢和机械用钢。按冶炼方法钢可分为转炉钢和平炉钢(还有电炉钢,是特种合金钢,不用于建筑)。当前的转炉钢主要采用氧气吹转炉钢(侧吹(空气)转炉钢所含杂质多,使钢易脆,质量很低,且目前多数已改建成氧气转炉钢,故规范中已取消这种钢的使用)。平炉钢质量好,但冶炼时间长,成本高。氧气转炉钢与平炉钢相当而成本则较低。按脱氧方法,钢又可分为沸腾钢(代号为 F)、半镇静钢(代号为 b)、镇静钢(代号为 Z)和特殊镇静钢(代号为 TZ),镇静钢和特殊镇静钢的代号可以省去。镇静钢脱氧充分,沸腾钢脱氧较差,半镇静钢介于镇静钢和沸腾钢之间。一般采用镇静钢,尤其是轧制钢材的钢坯推广采用连续铸锭法生产,钢材必然为镇静钢。若采用沸腾钢,不但质量差、价格并不便宜,而且供货困难。按成型方法分类,钢又分为轧制钢(热轧、冷轧)、锻钢和铸钢。最后按化学成分分类,钢又分为碳素钢和合金钢。

在建筑工程中采用的是碳素结构钢、低合金高强度钢和优质碳素结构钢。

(1)对碳素结构钢,其国家标准(GB 700—88)是参照国际标准化组织 ISO 630《结构钢》制定的。按质量等级将钢分为 A、B、C、D 四级,A 级钢只保证抗拉强度、屈服点、伸长率,必要时尚可附加冷弯试验的要求,化学成分对碳、锰可以不作为交货条件。B、C、D 级钢均保证抗拉强度、屈服点、伸长率、冷弯和冲击韧性(分别为 + 20 ℃,0 ℃, - 20 ℃)等力学性能。化学成分对碳、硫、磷的极限含量比旧标准要求更加严格。

钢的牌号由代表屈服点的字母 Q、屈服点数值、质量等级符号(A、B、C、D)、脱氧方法符号等四个部分按顺序组成。

根据钢材厚度(或直径)≤ 16 mm 时的屈服点数值,分为 Q195、Q215、Q235、Q255、Q275,它们分别相当于旧标准中的 1 号、2 号、3 号、4 号和 5 号钢。钢结构一般仅用 Q235 钢,因此钢的牌号可根据需要可为 Q235—A;Q235—B;Q235—C;Q235—D 等。冶炼方法一般由供应方自行决定,设计者不再另行提出,如需求方有特殊要求时可在合同中加以注明。

(2)低合金高强度结构钢,国家标准(GB/T 1591—94)代替(GB 1591—88)于 1995 年 1 月 1 日实施。新标准不用钢的品种表示钢的牌号。采用与碳素结构钢相同的牌号表示方法,仍然根据钢材厚度(或直径)≤ 16 mm 时的屈服点大小,分为 Q295、Q345、Q390、Q420、Q460。它们与旧标准相应的钢的牌号见表 2.2。

表 2.2　新旧低合金高强度钢标准牌号对照表

GB/T 1591—94	GB 1591—88
Q295	09MnV、09MnNb、09MnZ、12Mn
Q345	12MnV、14MnNb、16MnRE、18Nb
Q390	15MnV、15MnTi、16MnNb
Q420	15MnVN、14MnVTiRE

这种钢的牌号仍有质量等级符号,除与碳素结构钢 A、B、C、D 四个等级相同外增加一个等级 E,主要是要求 - 40 ℃的冲击韧性。钢的牌号如 Q235—B、Q390—C 等等。低合金高强度结构钢一般为镇静钢,因此钢的牌号中不注明脱氧方法。冶炼方法也由供应方自行选择。

A 级钢应进行冷弯试验。其他钢质量级别如供应方能保证弯曲试验结果符合规定要求,可不作检查。Q460 和各牌号 D、E 级钢一般不供应型钢、钢棒。

(3)优质碳素结构钢以不热处理或热处理(退火、正火或高温回火)状态交货,要求热处理状态交货的应在合同中注明,未注明者,按不热处理交货,如用于高强度螺栓的Q345、Q390(45号)优质碳素结构钢需经热处理,强度较高,对塑性和韧性又无显著影响。

2.5.2　钢材的选择

1.选择原则

钢材的选择是钢结构设计中一项很重要的工作。不仅要合理选用钢种、钢号、炉种和浇注方法,而且根据结构特点,对某些机械性能指标和化学元素的极限含量提出保证。选择的目的是:在努力做到既能使结构安全可靠地满足使用要求,又要尽力节约钢材,降低造价。选择钢材时考虑的因素有:

(1)结构的类型及重要性。对重型工业建筑结构、大跨度结构、高层或超高层的民用建筑结构或构筑物等重要结构,应考虑选用质量好的钢材,对一般工业与民用建筑结构,可按工作性质分别选用普通质量的钢材。另外,按《建筑结构可靠度设计统一标准》规定的安全等级,把建筑物分为一级(重要的)、二级(一般的)和三级(次要的)。安全等级不同,要求的钢材质量也应不同。例如水工钢闸门是按水利工程的大小和闸门的工作性质而区分其类型和重要性的。与中小型工程的检修闸门相比,显然大型工程的工作闸门就较为重要。因此,应根据不同的情况,有区别地选用钢材,并对钢材提出不同的保证要求。

(2)结构所承受荷载特性。荷载可分为静态荷载和动态荷载两种。直接承受动荷载的结构和强烈地震区的结构,应选用综合性能好的钢材。如重级工作制吊车梁、深孔工作闸门、海洋钻井与采油工作平台等,需采用质量较高的Q235平炉镇静钢或低合金钢,并要求具有常温或低温冲击韧性的附加保证。对于一般承受静荷载结构,如屋架和检修闸门等,可选用一般质量价格较低的Q235沸腾钢。

(3)结构的连接方法。钢结构的连接方法有焊接和非焊接两种。由于在焊接过程中,会产生焊接变形、焊接应力及其他焊接缺陷,如咬肉、气孔、裂纹、夹渣等,又导致结构产生裂缝或脆性断裂的危险。因此,焊接构件对钢材的含碳量、机械性能和焊接性能要求应严格一些。例如,在化学成分方面,焊接结构必须严格控制碳、硫、磷的极限含量,而非焊接结构的含碳量可降低要求。

(4)结构所处的温度和环境。区别结构是在低温(- 20 ℃ ~ - 50 ℃)还是在常温(高于 - 20 ℃)情况下工作也是非常重要的。钢材处于低温时容易冷脆,因此在低温条件下工作的结构,尤其是焊接结构,应选用具有良好抗低温脆断性的镇静钢。此外,露天结构的钢材容易产生时效,有害介质作用的钢材容易腐蚀、疲劳和断裂,也应加以区别的选择不同的材质。水工钢结构大多数是浸没于水下或处于水上下循环状态,易腐蚀,宜选用抗蚀性较好的钢材,如16锰钢。

(5)钢材厚度。薄钢材辊轧次数多,轧制的压缩比大,厚度大的钢材压缩比小;所以厚度大的钢材不但强度较小,而且塑性、冲击韧性和焊接性能也较差。因此厚度大的焊接结构,应采用材质较好的钢材。

2.钢材选择的建议

对钢材质量的要求,一般地说,承重结构的钢材应保证抗拉强度、屈服点、伸长率和硫、磷的极限含量,对焊接结构尚应保证碳的极限含量(由于 Q235—A 钢的碳含量不作为交货条件,故一般不用于焊接结构)。

焊接承重结构以及重要的非焊接承重结构的钢材应具有冷弯试验的合格保证。

对于需要验算疲劳强度以及主要的受拉或受弯的焊接结构的钢材,应具有常温冲击韧性的合格保证。当结构工作温度等于或低于 0 ℃但高于 – 20 ℃时,Q235 钢和 Q345 钢应具有 0 ℃冲击韧性的合格保证;Q390 钢和 Q420 钢应具有 – 20 ℃冲击韧性的合格保证。当结构工作温度等于或低于 – 20 ℃时,对 Q235 钢和 Q345 钢应具有 – 20 ℃冲击韧性的合格保证;对 Q390 钢和 Q420 钢应具有 – 40 ℃冲击韧性的合格保证。

这里特别指出,Q235 沸腾钢不宜于下列情况:

(1)焊接结构:重级工作制吊车梁或类似结构;工作温度小于 – 20 ℃时的轻、中级工作制吊车梁或类似结构;大型工程的工作闸门、部分开启的工作闸门;低于 – 30 ℃的承重结构。

(2)非焊接结构:工作温度小于 – 20 ℃时的重级工作制吊车梁或类似结构。

Q345 钢是普通低合金钢号,它的强度高,屈服点比 Q235 钢高 46 % 以上,具有自重轻、抗腐性能好、节约材料等特点。因此,设计大跨度、重要结构时可优先考虑。例如大跨度的钢闸门和升船机的承船厢等水下活动结构。对于处于低温区(– 20 ℃以下)的大跨度重要焊接结构或承受动荷载的结构用上述材料,效果会更好。

2.5.3 钢材的规格和用途

钢结构采用的型材有热轧成型的钢板和型钢以及冷弯(或冷压)成型的薄壁型钢。如图 2.13。

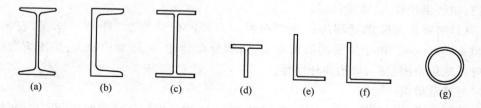

图 2.13 热轧型钢截面

1.热轧型钢

(1)热轧钢板。在符号"**—**"(表示钢板横断面)后加"宽度 × 厚度 × 长度",如

—600 mm × 10 mm × 1 200 mm,有厚钢板、薄钢板、扁钢三种。

厚钢板。厚度为 4.5 ~ 60 mm,宽度为 0.6 ~ 3.0 m,长度为 4 ~ 12 m,用途很广,主要用于结构面板、闸门板、桁架结点板等。

薄钢板。厚度为 0.2 ~ 4 m,用途很广,如 0.5 mm 以上可用于压制冷弯薄壁型钢。

扁钢。厚度为 4 ~ 60 mm,宽度为 30 ~ 200 mm,长度为 3 ~ 9 m,此钢板宽度较小,可作为梁的翼缘板等。

(2)角钢分等边和不等边两种。不等边角钢的表示方法为,在符号"L"后加"长边宽×短边宽×厚度",如 L100 mm × 80 mm × 8 mm;对于等边角钢则在符号"L"后加"边宽×厚度"表示,如 L100 mm × 8 mm,长度在 4 ~ 19 m。用途很广,可用作一对或两对角钢独立的受力构件,如桁架杆件、格构柱等,也可用作构件间的连接件。

(3)工字钢有普通工字钢、轻型工字钢和 H 形钢。

普通工字钢和轻型工字钢用号数表示,号数即为其截面高度的厘米数。20 号以上的工字钢,同一号数有三种腹板厚度分别为 a、b、c 三类。如 I 30a、I 30b、I 30c。由于 a 类腹板较薄,用作受弯构件较为经济;c 类腹板最厚。轻型工字钢的腹板和翼缘均较普通工字钢薄,因而在相同重量下其截面模量和回转半径均较大,力学性能较前者好。

H 形钢与普通工字钢相比,其翼缘内外两侧平行,便于与其他构件相连,回转半径大,能单独作为梁、柱构件。它可分为宽翼缘 H 形钢(代号 HW,翼缘宽度 B 与截面高度 H 相等)、中翼缘 H 形钢[代号 HM,$B = (1/2 ~ 2/3)H$]、窄翼缘 H 形钢[代号 HN,$B = (1/3 ~ 1/2)H$]。各种 H 形钢均可剖分为 T 形钢供应,代号分别为 TW、TM 和 TN。H 形钢和部分 T 形钢的规格标记均采用"高度 H × 宽度 B × 腹板厚度 t_1 × 翼缘厚度 t_2"表示。例如 HM340 mm × 250 mm × 9 mm × 14 mm,其剖分 T 形钢为 TM170 mm × 250 mm × 9 mm × 14 mm。用剖分的 T 形钢作桁架杆件比双角钢组合截面节省材料,国外最先使用,现在我国运用也比以前广泛。

(4)槽钢仅一侧伸出翼缘,且内表面坡度较平缓,易与其他构件相连接,但抗弯能力不如工字钢,常用于跨度和荷载较小的次梁。有普通槽钢和轻型槽钢两种,也以其截面高度的厘米数编号,如[30a。号码相同的轻型槽钢,其翼缘较普通槽钢宽而薄,腹板也较薄,回转半径较大,重量较轻。

(5)钢管有无缝钢管和焊接钢管两种,用符号"φ"后面加"外径×厚度"表示,如 φ400 mm × 6 mm。由于钢管的截面对称,面积分布合理,回转半径较大,抗压抗弯性能较好。应运范围很广,如桁架杆件等。

2.薄壁型钢

薄壁型钢是用薄钢板(一般采用 Q235 或 Q345 钢),经模压或弯曲冷制而成,根据工程要求可压成各种型样,如图 2.14。其壁厚一般为 1.5 ~ 5 mm,在国外薄壁型钢厚度有加大范围的趋势,用作轻型屋面及轻型钢结构等。

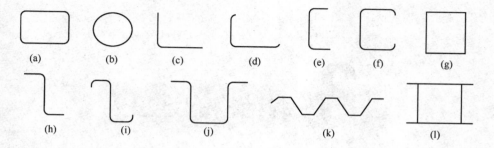

图 2.14　薄壁型钢截面

思考题与习题

2.1　结构用钢应符合哪些条件？

2.2　以 Q235 为例说明钢材的主要机械性能及衡量各种性能的指标概念是什么？

2.3　影响钢材力学性能的主要因素有哪些？其原因何在？

2.4　设计时，为什么要防止脆性破坏的产生？

2.5　在选择所使用的钢材时，应注意哪些问题？

2.6　轧制钢材常用型式有哪些？它们的表示符号及意义是什么？

3 钢结构的连接

3.1 钢结构的连接方法

钢结构是由若干构件组合而成的。连接的作用就是通过一定的手段将板材或型钢组合成构件,或将若干构件组合成整体结构,以保证其共同工作。因此,连接方式及其质量优劣直接影响钢结构的工作性能。钢结构的连接必须符合安全可靠、传力明确、构造简单、制造方便和节约钢材的原则。连接接头应有足够的强度要有适宜于施行连接手段的足够空间。

钢结构的连接方法可分为焊缝连接、铆钉连接和螺栓连接三种(图 3.1)。

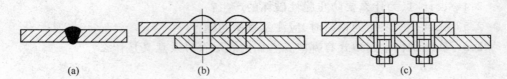

图 3.1　钢结构的连接方法
(a)焊缝连接;(b)铆钉连接;(c)螺栓连接

3.1.1　焊缝连接

焊缝连接是现代钢结构最主要的连接方法。其优点是:构造简单,任何形式的构件都可直接相连;用料经济,不削弱截面;制作加工方便,可实现自动化操作;连接的密闭性好,结构刚度大。其缺点是:在焊缝附近的热影响区内,钢材的金相组织发生改变,导致局部材质变脆;焊接残余应力和残余变形使受压构件承载力降低;焊接结构对裂纹很敏感,局部裂纹一旦发生,就容易扩展到整体,低温冷脆问题较为突出。

3.1.2　铆钉连接

铆钉连接由于构造复杂,费钢费工,现已很少采用。但是铆钉连接的塑性和韧性较好,传力可靠,质量易于检查,在一些重型和直接承受动力荷载的结构中,有时仍然采用。

3.1.3 螺栓连接

螺栓连接分普通螺栓连接和高强度螺栓连接两种。

1.普通螺栓连接

普通螺栓分为 A、B、C 三级。A 级与 B 级为精制螺栓,C 级为粗制螺栓。C 级螺栓材料性能等级为 4.6 级或 4.8 级。小数点前的数字表示螺栓成品的抗拉强度不小于 400 N/mm²,小数点及小数点以后数字表示其屈强比(屈服点与抗拉强度之比)为 0.6 或 0.8。A 级和 B 级螺栓性能等级则为 8.8 级,其抗拉强度不小于 800 N/mm²,屈强比为 0.8。

C 级螺栓由未经加工的圆钢压制而成。由于螺栓表面粗糙,一般采用在单个零件上一次冲成或不用钻模钻成设计孔径的孔(Ⅱ类孔)。螺栓孔的直径比螺栓杆的直径大 1.5~3 mm(详见表 3.1)。对于采用 C 级螺栓的连接,由于螺栓杆与螺栓孔之间有较大的间隙,受剪力作用时,将会产生较大的剪切滑移,连接的变形大。但安装方便,且能有效地传递拉力,故一般可用于沿螺栓杆轴受拉的连接中,以及次要结构的抗剪连接或安装时的临时固定。

A、B 级精制螺栓表面光滑,尺寸准确,螺杆直径与螺栓孔径相同,对成孔质量要求高。由于有较高的精度,因而受剪性能好。但制作和安装复杂,价格较高,已很少在钢结构中采用。

表 3.1　C 级螺栓孔径

螺杆公称直径(mm)	12	16	20	22	24	27	30
螺栓孔公称直径(mm)	13.5	17.5	22	24	26	30	33

2.高强度螺栓连接

高强度螺栓连接有两种类型:一种是只依靠摩擦阻力传力,并以剪力不超过接触面摩擦力作为设计准则,称为摩擦型连接;另一种是允许接触面滑移,以连接达到破坏的极限承载力作为设计准则,称为承压型连接。

高强度螺栓一般采用 45 号钢、40B 钢和 20MnTiB 钢加工而成,经热处理后,螺栓抗拉强度应分别不低于 800 N/mm² 和 1 000 N/mm²,即前者的性能等级为 8.8 级,后者的性能等级为 10.9 级。摩擦型连接高强度螺栓的孔径比螺栓公称直径 d 大 1.5~2.0 mm;承压型连接高强度螺栓的孔径比螺栓公称直径 d 大 0~1.5 mm。

摩擦型连接的剪切变形小,弹性性能好,施工较简单,可拆卸,耐疲劳,特别用于承受动力荷载的结构。承压型连接的承载力高于摩擦型,连接紧凑,但剪切变形大,故不得用于承受动力荷载的结构中。

3.2 焊接方法和焊缝连接形式

3.2.1 钢结构常用焊接方法

焊接方法很多,但在钢结构中通常采用电弧焊。电弧焊有手工电弧焊、埋弧焊(埋弧焊自动或半自动焊)以及气体保护焊等。

1. 手工电弧焊

这是最常用的一种焊接方法(如图 3.2)。通电后,在涂有药皮的焊条与焊件之间产生电弧。电弧的温度可高达 3 000 ℃。在高温作用下,电弧周围的金属变成液体,形成熔池。同时,焊条中的焊丝很快熔化,滴落入熔池中,与焊件的熔融金属相互结合,冷却后即形成焊缝。焊条药皮则在焊接过程中产生气体,保护电弧和熔化金属,并形成熔渣覆盖着焊缝,防止空气中的氧、氮等有害气体与熔化金属接触而形成易脆的化合物。

手工电弧焊的设备简单,操作灵活方便,适于任意空间位置的焊接,特别适于焊接短焊缝。但生产效率低,劳动强度大,焊接质量和焊工的精神状态与技术水平有很大关系。

手工电弧焊所有焊条应与焊件钢材(或称主体金属)相适应,一般为:对 Q235 钢采用 E43 型焊条(E4300—E4328);对 Q345 钢采用 E50 型焊条(E5000—E5048);对 Q390 钢和 Q420 钢采用 E55 型焊条(E5500—E5518)。焊条型号中,字母 E 表示焊条(Electrode),前两位数字为熔敷金属的最小抗拉强度(以 kgf/mm^2 计),第三、四位数字表示适用焊接位置、电流以及药皮类型等。不同钢种的钢材相焊接时,例如 Q235 钢与 Q345 钢相焊接,宜采用低组配方案,即宜采用与低强度钢材相适应的焊条。

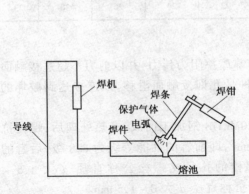

图 3.2 手工电弧焊

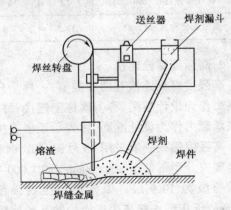

图 3.3 埋弧自动电弧焊

2. 埋弧焊(自动或半自动)

埋弧焊是电弧在焊剂层下燃烧的一种电弧焊方法。焊丝送进和电弧按焊接方向的移动有专门机构控制完成的称"埋弧自动电弧焊"(图 3.3);焊丝送进有专门机构,而弧按焊接方向的移动靠人手工操作完成的称"埋弧半自动电弧焊"。埋弧焊的焊丝不涂药皮,但施焊端为焊剂所覆盖,能对较细的焊丝采用大电流。电弧热量集中,熔深大,适于厚板的焊接,生产率高。由于采用了自动或半自动化操作,焊接时的工艺条件稳定,焊缝的化学成分均匀,故形成的焊缝质量好,焊件变形小。同时,高的焊速也减小了热影响区的范围。但埋弧对焊件边缘的装配精度(如间隙)要求比手工焊高。

埋弧焊所用焊丝和焊剂应与主体金属强度相适应,即要求焊缝与主体金属等强度。

3.气体保护焊

气体保护焊是利用二氧化碳气体或其他惰性气体作为保护介质的一种电弧熔焊方法。它直接依靠保护气体在是电弧周围造成局部的保护层,以防止有害气体的侵入并保证了焊接过程中的稳定性。

气体保护焊的焊缝熔化区没有熔渣,焊工能够清楚地看到焊缝成型的过程;由于保护气体是喷射的,有助于熔滴的过渡;又由于热量集中,焊接速度快,焊件熔深大,故所形成的焊缝强度比手工电弧焊高,塑性和抗腐蚀性好,适用于全位置的焊接。但不适用于在风较大的地方施焊。

3.2.2 焊缝连接形式及焊缝形式

1.焊缝连接形式

焊缝连接形式按被连接钢材的相互位置可分为对接、搭接、T形连接和角部连接4种(图3.4)。这些连接所采用的焊缝主要有对接焊缝和角焊缝。

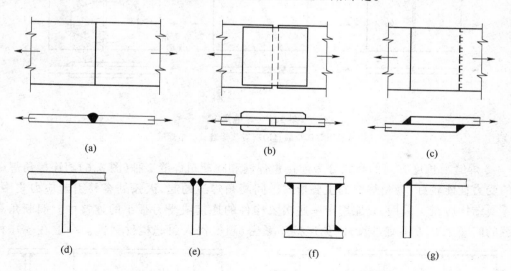

图 3.4　焊缝连接的形式

(a)对接连接;(b)用拼接盖板的对接连接;(c)搭接连接;
(d)、(e)T形连接;(f)、(g)角部连接

对接连接主要用于厚度相同或接近相同的两构件的相互连接。图 3.4(a)所示为采用对接焊缝的对接连接,由于相互连接的两种构件在同一平面内,因而传力均匀平缓,没有明显的应力集中,且用料经济,但是焊件边缘需要加工,连接两板的间隙和坡口尺寸有严格的要求。

图 3.4(b)所示为用双层盖板和角焊缝的对接连接,这种连接传力不均匀、费料,但施工简便,连接两板的间隙大小无需严格控制。

图 3.4(c)所示为用角焊缝的搭接连接,特别适用于不同厚度构件的连接。传力不均匀,材料较费,但构造简单,施工方便,目前还广泛应用。

T 形连接省工省料,常用于制作组合截面。当采用角焊缝连接时[图 3.4(d)],焊件间存在缝隙,截面突变,应力集中现象严重,疲劳强度较低,可用于不直接承受动力荷载结构的连接中。对于直接承受动力荷载的结构,如重级工作制吊车梁,其上翼缘与腹板的连接,应采用如图 3.4(e)所示的 K 形坡口焊缝进行连接。

角部连接[图 3.4(f)、(g)]主要用于制作箱形截面。

2.焊缝形式

焊缝形式有对接焊缝和角焊缝 2 种。对接焊缝按受力方向分为正对接焊缝[图 3.5(a)]和斜对接焊缝[图 3.5(b)]。角焊缝[图 3.5(c)]分为正面角焊缝、侧面角焊缝和斜焊缝。

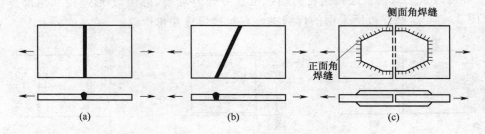

图 3.5 焊缝形式
(a)正对接焊缝;(b)斜对接焊缝;(c)角焊缝

焊缝沿长度方向的布置分为连接角焊缝和间断角焊缝 2 种(图 3.6)。连接角焊缝的受力性能较好,为角焊缝的主要形式。间断角焊缝的起、灭弧处容易引起应力集中,重要结构应避免采用,只能用于一些次要构件的连接或受力很小的连接中。间断角焊缝的间断距离 L 不宜过长,以免连接不紧密,潮气侵入引起构件锈蚀。一般在受压构

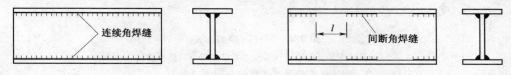

图 3.6 连续角焊缝和间断角焊缝

件中应满足 $L \le 15t$；在受拉构件中 $L \le 30t$（t 为较薄焊件的厚度）。

焊缝位置分为平焊、横焊、立焊及仰焊（图 3.7）。平焊（又称俯焊）施焊方便。立焊和横焊要求焊工的操作水平比平焊高一些。仰焊的操作条件最差，焊缝质量不易保证，因此应尽量避免采用仰焊。

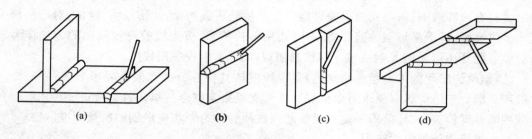

图 3.7 焊缝施焊位置
(a)平焊；(b)横焊；(c)立焊；(d)仰焊

3.2.3 焊缝缺陷及焊缝质量检验

1.焊缝缺陷

焊缝缺陷指焊接过程中产生于焊缝金属或附近热影响区钢材表面或内部的缺陷。常见的缺陷有裂纹、焊瘤、烧穿、弧坑、夹渣、咬边、未熔合、未焊透等（图 3.8）；以及焊缝尺寸不符合要求、焊缝成形不良等。裂纹是焊缝连接中最危险的缺陷。产生裂纹的原因很多，如钢材的化学成分不当，焊接工艺条件（如电流、电压、焊速、施焊次序等）选择不合适，焊件表面油污未清除干净等。

各种焊缝缺陷的存在，都会不同程度地削弱焊缝的受力面积，降低焊缝连接强度，特别是在缺陷处易出现应力集中，从而影响结构受力性能。

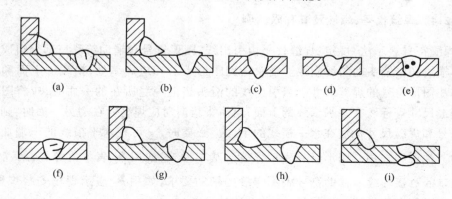

图 3.8 焊缝缺陷
(a)裂纹；(b)焊瘤；(c)烧穿；(d)弧坑；(e)气孔；(f)夹渣；(g)咬边；(h)未熔合；(i)未焊透

2.焊缝质量检验

焊缝缺陷的存在将削弱焊缝的受力面积,在缺陷处引起应力集中,故对连接强度、冲击韧性及冷弯性能等均有不利影响。因此,焊缝质量检验极为重要。

焊缝质量检验一般可用外观检查及内部无损检验,前者检查外观缺陷和几何尺寸,后者检查内部缺陷,内部无损检验目前广泛采用超声波检验,使用灵活、经济,对内部缺陷反应灵敏,但不易识别缺陷性质;有时还用磁粉检验、荧光检验等较简单的方法作为辅助。此外还可采用 X 射线或 γ 射线透照或拍片,X 射线应用较广。

《钢结构工程施工质量验收规范》规定焊缝按其检验方法和质量要求分为一级、二级和三级。三级焊缝只要求对全部焊缝作外观检查且符合三级质量标准;一级、二级焊缝则除外观检查外,还要求一定数量的超声波检验并符合相应级别的质量标准。

3.焊缝质量等级的选用

在《钢结构设计规范》(GB 50017—2003)中,对焊缝质量等级的选用有如下规定:

(1)需要进行疲劳计算的构件中,垂直于作用力方向的横向对接焊缝受拉时应为一级,受压时应为二级。

(2)在不需要进行疲劳计算的构件中,由于三级对接焊缝的抗拉强度有较大变异性,其设计值为主体钢材的 85% 左右,所以,凡要求与母材强度相等的受拉对接焊缝应不低于二级;受压时难免在其他因素影响下使焊缝中有拉应力存在,故宜为二级。

(3)重级工作制和起重量 $Q \geqslant 50$ t 的中级工作制吊车梁的腹板与上翼缘板之间以及吊车桁架上弦杆与节点板之间的 T 形接头焊透的对接与角接组合焊缝,不应低于二级。

(4)由于角焊缝的内部质量不易探测,故规定其质量等级一般为三级,只对直接承受动力荷载且需要验算疲劳和起重量 $Q \geqslant 50$ t 的中级工作制吊车梁才规定角焊缝的外观质量应符合二级。

3.2.4 焊缝代号、螺栓及其孔眼图例

《焊缝符号表示法》规定:焊缝代号由引出线、图形符号和辅助符号三部分组成。引出线由横线和带箭头的斜线组成。箭头指到图形上的相应焊缝处,横线的上面和下面用来标注图形符号的焊缝尺寸。当引出线的箭头指向焊缝所在的一面时,应将图形符号和焊缝尺寸等标注在水平横线的上面;当箭头指向对应焊缝所在的另一面时,则应将图形符号和焊缝尺寸标注在水平横线的下面。必要时,可在水平横线的末端加一尾部作为其他说明之用。图形符号表示焊缝的基本形式,如用 ► 表示角焊缝,用 V 表示 V 形坡口的对接焊缝。辅助符号表示焊缝的辅助要求,如用 ► 表示现场安装焊缝等。表 3.2 列出了一些常用焊缝代号,可供设计时参考。

表 3.2 焊缝代号

	角　焊　缝				对接焊缝	塞焊缝	三面围焊
	单面焊缝	双面焊缝	安装焊缝	相同焊缝			
形式					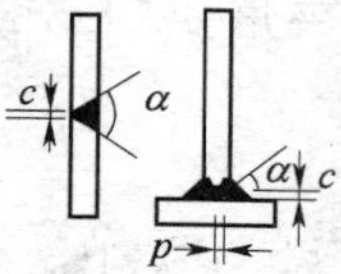	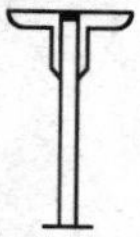	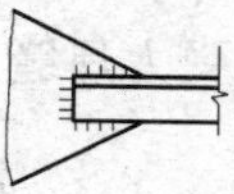
标注方法	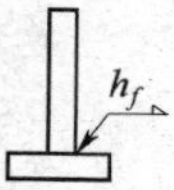	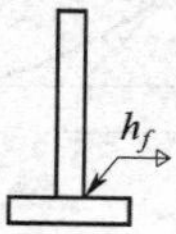		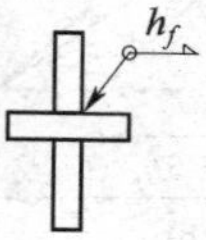	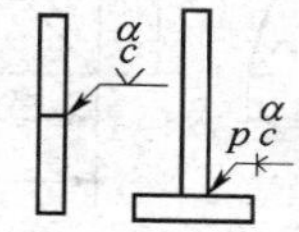		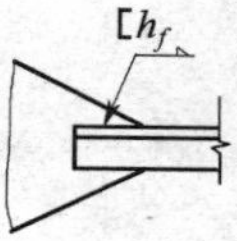

当焊缝分布比较复杂或用上述标注方法不能表达清楚时,在标注焊缝代号的同时,可在图形上加栅线表示(图 3.9)。

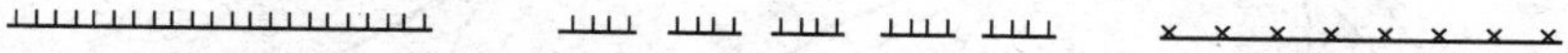

图 3.9　用栅线表示焊缝
(a)正面焊缝;(b)背面焊缝;(c)安装焊缝

螺栓及其孔眼图例见表 3.3,在钢结构施工图上需要将螺栓及其孔眼的施工要求用图形表示清楚,以免引起混淆。

表 3.3　螺栓及其孔眼图例

名　　称	永久螺栓	高强度螺栓	安装螺栓	圆形螺栓孔	长圆形螺栓孔
图　例			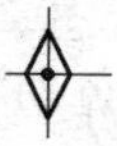		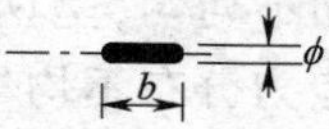

3.3　角焊缝的构造与计算

3.3.1　角焊缝的形式和强度

角焊缝是最常用的焊缝。角焊缝按其与作用力的关系可分为:焊缝长度方向与作用力垂直的正面角焊缝;焊缝长度方向与作用力平行的侧面角焊缝以及斜焊缝。按其截面形式可分为直角角焊缝(图 3.10)和斜角角焊缝(图 3.11)。

直角角焊缝通常做成表面微凸的等腰三角形截面[图 3.10(a)]。在直接承受动力荷载的结构中,正面角焊缝的截面采用图3.10(b)所示的坦式,侧面角焊缝的截面作成凹面式[图3.10(c)]。

两焊脚边的夹角 $\alpha > 90°$ 或 $\alpha < 90°$ 的焊缝称为斜角角焊缝。斜角角焊缝常用于钢漏斗和钢管结构中。对于夹角 $\alpha > 135°$ 或 $\alpha < 60°$ 的斜角角焊缝,除钢管结构外,不宜用作受力焊缝。

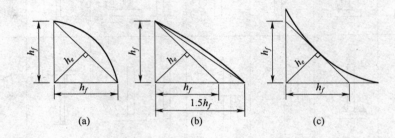

图 3.10 直角角焊缝截面

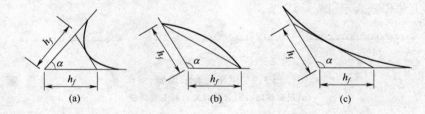

图 3.11 斜角角焊缝截面

大量试验结果表明,侧面角焊缝主要承受剪应力(图3.12)。塑性较好,弹性模量低($E = 7 \times 10^4 \text{ N/mm}^2$),强度也较低。传力通过侧面角焊缝时产生弯折,因而应力沿焊缝长度方向的分布不均匀,呈两端大而中间小的状态。焊缝越长,应力分布不均匀性越显著,但在临界塑性工作阶段时,产生应力重分布,可使应力分布的不均匀现象渐趋缓和。

正面角焊缝受力复杂(图3.13),截面中的各面均存在正应力和剪应力,焊根处存在着很严重的应力集中。这一方面由于力线弯折,另一方面由于在焊根处正好是两焊件接触面的端部,相当于裂缝的尖端。正面角焊缝的破坏强度高于侧面角焊缝,但塑性变形要差些。而斜焊缝的受力性能和强度值介于正面角焊缝和侧面角焊缝之间。

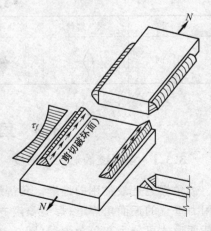

图 3.12 侧焊缝的应力

对于水工钢闸门等水工结构,由于使用条件的特殊,应按现行规范规定采用焊缝的容许应力,如表 3.4。

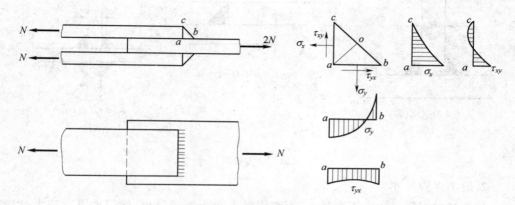

图 3.13　正面角焊缝应力状态

表 3.4　焊缝的容许应力(N/mm²)

焊缝分类	应力种类		符号	自动焊、半自动焊和用 E43 型焊条的手工焊			自动焊、半自动焊和用 E43 型焊条的手工焊		
				Q235 钢			Q345 钢		
				第 1 组	第 2 组	第 3 组	第 1 组	第 2 组	第 3 组
对接焊缝	抗　压		$[\sigma_c^w]$	157	147	142	225	216	200
	抗拉抗弯	满足Ⅰ、Ⅱ级焊缝质量检查标准	$[\sigma_t^w]$	157	147	142	225	216	200
		满足Ⅲ级焊缝质量检查标准	$[\sigma_t^w]$	132	118	113	196	186	172
	抗　剪		$[\tau^w]$	93	88	83	132	127	118
角焊缝	抗拉、抗压和抗剪		$[\tau_f^w]$	113	103	98	157	147	137

注:①仰焊缝的容许应力乘以 0.80;

　　②安装焊缝的容许应力乘以 0.90。

3.3.2　角焊缝的构造要求

1.最大焊脚尺寸

为了避免焊缝区的基本金属"过热",减小焊件的焊接残余应力和残余变形,除钢管结构外,角焊缝的焊脚尺寸不宜大于较薄焊件厚度的 1.2 倍[图 3.14(a)]。

对板件边缘的角焊缝[图 3.14(b)],当板件厚度 $t > 6$ mm 时,根据焊工的施焊经验,不易焊满全厚度,故取 $h_f \leqslant t - (1 \sim 2)$ mm;当 $t \leqslant 6$ mm 时,通常采用小焊条施焊,易于焊满全厚度,则取 $h_f \le t$。如果另一焊件厚度 $t' < t$,还应满足 $h_f \le 1.2t'$ 的要求。

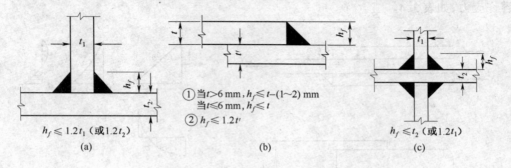

图 3.14　最大焊脚尺寸

2.最小焊脚尺寸

角焊缝的焊脚尺寸也不能过小,否则焊缝因输入能量过小,而焊件厚度较大,以致施焊时冷却速度过快,产生淬硬组织,导致母材开裂。规范规定:角焊缝的焊脚尺寸 h_f 不得小于 $1.5\sqrt{t}$,t 为较厚焊件厚度(单位为 mm)。计算时,焊脚尺寸取 mm 的整数,小数点以后都进为 1。自动焊熔深较大,故所取最小焊脚尺寸可减小 1 mm;对 T 形连接的单面角焊缝,应增加 1 mm;当焊件厚度小于或等于 4 mm 时,则取与焊件厚度相同。

3.侧面角焊缝的最大计算长度

前已述及,侧面角焊缝在弹性阶段沿长度方向受力不均匀,两端大而中间小。焊缝越长,应力集中系数越大。在静力荷载作用下,如果焊缝长度不过大,当焊缝两端点处的应力达到屈服强度后,继续加载,应力会渐趋均匀。但是,如果焊缝长度超过某一限值时,有可能首先在焊缝的两端破坏,故一般规定侧面角焊缝的计算长度 $l_w \le 60 h_f$。当实际长度大于上述限值时,其超过部分在计算中不予考虑。若内力沿侧面角焊缝全长分布,比如焊接梁翼缘板与腹板的连接焊缝,屋架中弦杆与节点板的连接焊缝,以及梁的支承加劲肋与腹板连接焊缝等,计算长度可不受上述限制。

4.角焊缝的最小计算长度

角焊缝的焊脚尺寸大而长度较小时,焊件的局部加热严重,焊缝起灭弧所引起的缺陷相距太近,以及焊缝中可能产生的其他缺陷(气孔、非金属夹杂等),使焊缝不够可靠。对搭接连接的侧面角焊缝而言,如果焊缝长度过小,由于力线弯折大,也会造成严重应力集中。因此,为了使焊缝能够具有一定的承载能力,根据使用经验,侧面角焊缝或正面角焊缝的计算长度不得小于 $8 h_f$ 和 40 mm。

5.搭接连接的构造要求

当板件端部仅有两条侧面角焊缝连接时(图 3.15),试验结果表明,连接的承载力与 b/l_w 有关。b 为两侧焊缝的距离,l_w 为侧焊缝长度。当 $b/l_w > 1$ 时,连接的承载力随着 b/l_w 比值的增大而明显下降。这主要是由于应力传递的过分弯折使构件中应力分布不均匀。为使连接强度不致过分降低,应使每条侧焊缝的长度不宜小于两侧焊缝之间的距离,即 $b/l_w \leqslant 1$。两侧面角焊缝之间的距离 b 也不宜大于 $16t(t > 12 \text{ mm})$ 或 $200 \text{ mm}(t \leqslant 12 \text{ mm})$,$t$ 为较薄焊件的厚度,以免因焊缝横向收缩,引起板件向外发生较大拱曲。

在搭接连接(图 3.15)中,当仅采用正面角焊缝时,其搭接长度不得小于焊件较小厚度的 5 倍,也不得小于 25 mm。

杆件端部搭接采用三面围焊时,在转角处截面突变,会产生应力集中,如在此处起灭弧,可能出现弧坑或咬肉等缺陷,从而加大应力集中的影响。故所有围焊的转角处必须连接施焊。对于非围焊情况,当角焊缝的端部在构件转角处时,可连续地做长度为 $2h_f$ 的绕角焊(图 3.16)。

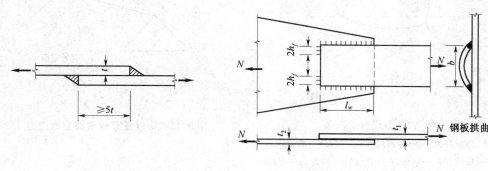

图 3.15 搭接连接   图 3.16 焊缝长度及两侧焊缝间距

3.3.3 直角角焊缝强度计算的基本公式

图 3.17 所示为直角角焊缝的截面。直角边边长 h_f 称为角焊缝的焊脚尺寸。$h_e = 0.7h_f$ 为直角角焊缝的有效厚度。试验表明,直角角焊缝的破坏常发生在喉部,故长期以来对角焊缝的研究均着重于这一部位。通常认为直角角焊缝是以 45°方向的最小截面(即有效厚度与焊缝计算长度的乘积)作为有效截面(或称计算截面)。作用于焊缝有效截面上的应力如图 3.18 所示,这些应力包括:垂直于焊缝有效截面的正应力 $\sigma_\perp$,垂直于焊缝长度方向的剪应力 $\tau_\perp$,以及沿焊缝长度方向的剪应力 $\tau_\parallel$。

我国现行规范在简化计算时,假定焊缝在有效截面处破坏,各应力分量满足折算应力。规范规定的角焊缝强度设计值 f_f^w 是根据抗剪条件确定的,而 $\sqrt{3}f_f^w$ 相当于角焊缝的抗拉强度设计值,即:

$$\sqrt{\sigma_\perp^2 + 3(\tau_\perp^2 + \tau_\parallel^2)} = \sqrt{3}f_f^w \tag{3.1}$$

以图 3.19 所示受斜向轴心力 N(互相垂直的分力为 N_y 和 N_x)作用的直角角焊缝为例,说明角焊缝基本公式的推导。N_y 在焊缝有效截面上引起垂直于焊缝一个直角边的应力 σ_f,该应力对有效截面既不是正应力,也不是剪应力,而是 $\sigma_\perp$ 和 $\tau_\perp$ 的合应力。

$$\sigma_f = \frac{N_y}{h_e l_w} \qquad (3.2)$$

式中　N_y——垂直于焊缝长度方向的轴心力；

　　　　h_e——直角角焊缝的有效厚度，$h_e = 0.7h_f$；

　　　　l_w——焊缝的计算长度，考虑起灭弧缺陷，按各条焊缝的实际长度每端减去 h_f 计算。

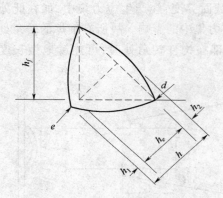

图 3.17　角焊缝的截面

h—焊缝厚度；h_f—焊脚尺寸；h_e—焊缝有效厚度（焊喉部位）；h_1—熔深；h_2—凸度；d—焊趾；e—焊根

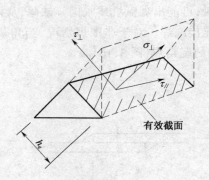

图 3.18　角焊缝有效截面上的应力

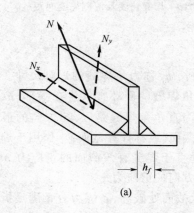

(a)

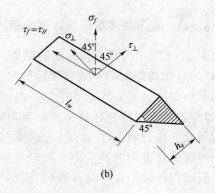

(b)

图 3.19　直角角焊缝的计算

由图 3.19(b)知，对直角角焊缝：

$$\sigma_\perp = \tau_\perp = \sigma_f / \sqrt{2}$$

沿焊缝长度方向的分力 N_x 在焊缝有效截面上引起平行于焊缝长度方向的剪应力 $\tau_f = \tau_{/\!/}$：

$$\tau_f = \tau_{/\!/} = \frac{N_x}{h_e l_w} \tag{3.3}$$

则得直角角焊缝在各种应力综合作用下,σ_f 和 τ_f 共同作用处的计算式为:

$$\sqrt{4\left(\frac{\sigma_f}{\sqrt{2}}\right)^2 + 3\tau_f^2} \leqslant \sqrt{3}f_f^w$$

或

$$\sqrt{\left(\frac{\sigma_f}{\beta_f}\right)^2 + \tau_f^2} \leqslant f_f^w \tag{3.4}$$

式中　β_f——正面角焊缝的强度增大系数,$\beta_f = \sqrt{\dfrac{3}{2}} = 1.22$。

对正面角焊缝,此时 $\tau_f = 0$,得:

$$\sigma_f = \frac{N}{h_e l_w} \leqslant \beta_f f_f^w \tag{3.5}$$

对侧面角焊缝,此时 $\sigma_f = 0$,得:

$$\tau_f = \frac{N}{h_e l_w} \leqslant f_f^w \tag{3.6}$$

式(3.4)~(3.6)即为角焊缝的基本计算公式。只要将焊缝应力分解为垂直于长度方向的应力 σ_f 和平行于焊缝长度方向的应力 τ_f,上述基本公式就可适用于任何受力状态。

对于直接承受动力荷载结构中的焊缝,虽然正面角焊缝的强度试验值比侧面角焊缝高,但判别结构或连接的工作性能,除是否具有较高的强度指标外,还需检验其延性指标(也即塑性变形能力)。由于正面角焊缝的刚度大,韧性差,应将其强度降低使用,故对于直接承受动力荷载结构中的角焊缝,取 $\beta_f = 1.0$,相当于按 σ_f 和 τ_f 的合应力进行计算,即 $\sqrt{\sigma_f^2 + \tau_f^2} \leqslant f_f^w$。

3.3.4　各种受力状态下直角角焊缝连接的计算

1.承受轴心力作用时角焊缝连接的计算

(1)用盖板的对接连接承受轴心力(拉力、压力或剪力)时

当焊件受轴心力,且轴心力通过连接焊缝中心时,可认为焊缝应力是均匀分布的。图3.20 的连接中,当只有侧面角焊缝时,按式(3.6)计算;当只有正面角焊缝,按式(3.5)计算;当采用三面围焊时,对矩形拼接板,可先按式(3.5)计算正面角焊缝所承担的内力 $N' = \beta_f f_f^w \sum h_e l_w$,式中 $\sum l_w$ 为连接一侧正面角焊缝计算长度的总和。再由力 $(N - N')$ 计算侧面角焊缝的强度:

$$\tau_f = \frac{N - N'}{\sum h_e l_w} \leqslant f_f^w \tag{3.7}$$

式中 $\sum l_w$ —— 连接一侧的侧面角焊缝计算长度的总和。

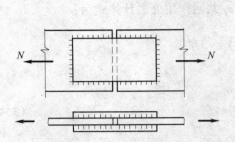 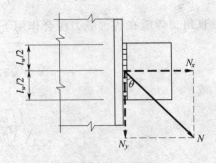

图 3.20　受轴心力的拼接盖板　　　　　图 3.21　斜向轴心力作用

(2)承受斜向轴心力的角焊缝连接计算

图 3.21 所示受斜向轴心力和角焊缝连接,有两种计算方法。

①分力法　将力 N 分解为垂直于焊缝和平行于焊缝的分力 $N_X = N\sin\theta$, $N_y = N\cos\theta$

$$\left.\begin{array}{l} \sigma_f = \dfrac{N\sin\theta}{\sum h_e l_w} \\[3mm] \tau_f = \dfrac{N\cos\theta}{\sum h_e l_w} \end{array}\right\} \tag{3.8}$$

代入式(3.4)验算角焊缝的强度。

②直接法　不将力 N 分解,将式(3.8)的 $\sigma_f t$ 和 τ_f 代入式(3.4)中,得

$$\sqrt{\left(\frac{N\sin\theta}{\beta_f \sum h_e l_w}\right)^2 + \left(\frac{N\cos\theta}{\sum h_e l_w}\right)^2} \leqslant f_f^w$$

取 $\beta_f^2 = 1.22^2 \approx 1.5$ 得

$$\frac{N}{\sum h_e l_w}\sqrt{\frac{\sin^2\theta}{1.5} + \cos^2\theta} = \frac{N}{\sum h_e l_w}\sqrt{1 - \frac{\sin^2\theta}{3}} \leqslant f_f^w$$

令 $\beta_{f\theta} = \dfrac{1}{\sqrt{1 - (\sin^2\theta)/3}}$,则斜焊缝的计算式为:

$$\frac{N}{\sum h_e l_w} \leqslant \beta_{f\theta} f_f^w \tag{3.9}$$

式中　$\beta_{f\theta}$——斜焊缝的强度增大系数,其值介于 1.0 ~ 1.22 之间;

　　　　θ——作用力与焊缝长度方向的夹角。对直接承受动力荷载结构中的焊缝,取 $\beta_{f\theta} = 1.0$。

按容许应力法计算水工钢结构时,角焊缝连接计算(各种受力情况下的侧焊缝、端焊缝和围焊缝)应统一按角焊缝的容许剪应力 $[\tau_f^w]$ (见表 3.4)来验算。

即
$$\frac{N}{0.7h_fl_w} \leqslant [\tau_f^w]\qquad(3.10)$$

凡是须按容许应力法计算角焊缝(或对接焊缝)时都可参照式(3.10)进行。

(3)承受轴心力的角钢角焊缝计算

在钢桁架中,角钢腹杆与节点板的连接焊缝一般采用两面侧焊,也可采用三面围焊,特殊情况也允许采用 L 形围焊(图 3.22)。腹杆受轴心力作用,为了避免焊缝偏心受力,焊缝所传递的合力的作用线应与角钢杆件的轴线重合。

对于三面围焊[图 3.22(b)],可先假定正面角焊缝的焊脚尺寸 h_{f3},求出正面角焊缝所分担的轴心力 N_3。当腹杆为双角钢组成的 T 形截面,且肢宽为 b 时,
$$N_3 = 2 \times 0.7h_{f3}b\beta_f f_f^w\qquad(3.11)$$

由平衡条件($\sum M = 0$)可得:
$$N_1 = \frac{N(b-e)}{b} - \frac{N_3}{2} = \alpha_1 N - \frac{N_3}{2}\qquad(3.12)$$
$$N_2 = \frac{Ne}{b} - \frac{N_3}{2} = \alpha_2 N - \frac{N_3}{2}\qquad(3.13)$$

式中　N_1、N_2——角钢肢背和肢尖上的侧面角焊缝所分担的轴力;

　　　e——角钢的形心距;

　　　α_1、α_2——角钢肢背和肢尖焊缝的内力分配系数,设计时可近似取 $\alpha_1 = 2/3$,
　　　　　$\alpha_2 = 1/3$。工程中常用等肢角钢 $\alpha_1 = 0.7$,$\alpha_2 = 0.3$;不等肢角钢短肢
　　　　　相拼 $\alpha_1 = 0.75$,$\alpha_2 = 0.25$,长肢相拼 $\alpha_1 = 0.65$,$\alpha_2 = 0.35$。

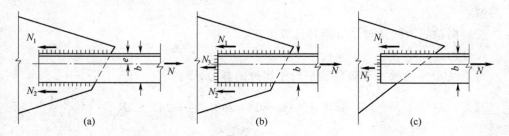

图 3.22　桁架腹杆与节点板的连接

对于两面侧焊[图 3.22(a)],因 $N_3 = 0$,得:
$$N_1 = \alpha_1 N\qquad(3.14)$$
$$N_2 = \alpha_2 N\qquad(3.15)$$

求得各条焊缝所受的内力后,按构造要求(角焊缝的尺寸限制)假定肢背和肢尖焊缝的焊脚尺寸,即可求出焊缝的计算长度。例如对双角钢截面:
$$l_{w1} = \frac{N_1}{2 \times 0.7h_{f1}f_f^w}\qquad(3.16)$$

$$l_{w2} = \frac{N_2}{2 \times 0.7 h_{f2} f_f^w} \tag{3.17}$$

式中　h_{f1}、l_{w1}——一个角钢肢背上的侧面角焊缝的焊脚尺寸及计算长度；

　　　　h_{f2}、l_{w2}——一个角钢肢尖上的侧面角焊缝的焊脚尺寸及计算长度。

　　考虑到每条焊缝两端的起灭弧缺陷，实际焊缝长度为计算长度加 $2h_f$；但对于三面围焊，由于在杆件端部转角处必须连续施焊，每条侧面焊缝只有一端可能起灭弧，故焊缝实际长度为计算长度加 h_f；对于采用绕角焊缝的侧面角焊缝实际长度等于计算长度（绕角焊缝长度 $2h_f$ 不进入计算）。

　　当杆件受力很小时，可采用 L 形围焊［图 3.22（c）］。由于只有正面角焊缝和角钢肢背上的侧面角焊缝，令式（3.12）中的 $N_2 = 0$，得：

$$N_3 = 2\alpha_2 N \tag{3.18}$$

$$N_1 = N - N_3 \tag{3.19}$$

　　角钢肢背上的角焊缝计算长度可按式（3.16）计算。角钢端部的正面角焊缝的长度已知，可按下式计算其焊脚尺寸：

$$h_{f3} = \frac{N_3}{2 \times 0.7 \times l_{w3} \beta_f f_f^w} \tag{3.20}$$

式中　$l_{w3} = b - h_{f3}$。

　　例 3.1　试验算图 3.21 所示直角焊缝的强度。已知焊缝承受的静态斜向力 $N = 280$ kN（设计值），$\theta = 60°$，角焊缝的焊脚尺寸 $h_f = 8$ mm，实际长度 $l_w = 155$ mm，钢材为 Q235—B，手工焊，焊条为 E43 型。

　　解：

　　受斜向轴心力的角焊缝有两种计算方法：

　　1. 分力法

　　将 N 力分解为垂直于焊缝和平行于焊缝的分力，即：

$$N_x = N \cdot \sin\theta = N \cdot \sin 60° = 280 \times \frac{\sqrt{3}}{2} = 242.5 \text{ kN}$$

$$N_y = N \cdot \cos\theta = N \cdot \cos 60° = 280 \times \frac{1}{2} = 140 \text{ kN}$$

$$\sigma_f = \frac{N_x}{2h_e l_w} = \frac{242.5 \times 10^3}{2 \times 0.7 \times 8 \times (155 - 16)} = 156 \text{ N/mm}^2$$

$$\tau_f = \frac{N_y}{2h_e l_w} = \frac{140 \times 10^3}{2 \times 0.7 \times 8 \times (155 - 16)} = 90 \text{ N/mm}^2$$

　　焊缝同时承受 σ_f 和 τ_f 作用，可用式（3.4）验算：

$$\sqrt{\left(\frac{\sigma_f}{\beta_f}\right)^2 + \tau_f^2} = \sqrt{\left(\frac{156}{1.22}\right)^2 + 90^2} = 156 \text{ N/mm}^2 < f_f^w = 160 \text{ N/mm}^2$$

2.直接法

也就是直接用式(3.9)进行计算。已知 $\theta = 60°$，则斜焊缝强度增大系数 $\beta_{f\theta} = \dfrac{1}{\sqrt{1 - \dfrac{\sin^2 60°}{3}}} = 1.15$，则

$$\frac{N}{2h_e l_w \beta_{f\theta}} = \frac{280 \times 10^3}{2 \times 0.7 \times 8 \times (155 - 16) \times 1.15} = 155 \text{ N/mm}^2 < f_f^w = 160 \text{ N/mm}^2$$

显然，用直接法计算承受轴心力的角焊缝比用分力法简练。

例 3.2 试设计用拼接盖板的对接连接(图 3.23)。已知钢板宽 $B = 270$ mm，厚度 $t_1 = 28$ mm，拼接盖板厚度 $t_2 = 16$ mm。该连接承受的静态轴心力 $N = 1\,400$ kN(设计值)，钢材为 Q235—B，手工焊，焊条为 E43 型。

解：

设计拼接盖板的对接连接有两种方法。一种方法是假定焊脚尺寸求焊缝长度，再由焊缝长度确定拼接板的尺寸；另一方法是先假定焊脚尺寸和拼接盖板的尺寸，然后验算焊缝的承载力。如果假定的焊缝尺寸不能满足承载力要求时，则应调整焊脚尺寸，再行检查，直到满足承载力要求为止。

角焊缝的焊脚尺寸 h_f 应根据板件厚度确定：

由于此处的焊缝在板件边缘施焊，且拼接盖板厚度 $t_2 = 16$ mm > 6 mm，$t_2 < t_1$，则：

$$h_{f\max} = t - (1 \sim 2) = 16 - (1 \sim 2) = 15 \text{ 或 } 14 \text{ mm}$$

$$h_{f\min} = 1.5\sqrt{t} = 1.5\sqrt{28} = 7.9 \text{ mm}$$

取 $h_f = 10$ mm，查附录表 1.2 得角焊缝强度设计值 $f_f^w = 160$ N/mm²

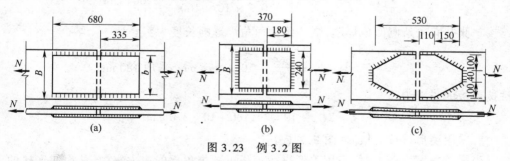

图 3.23 例 3.2 图

1.采用两面侧焊时[图 3.23(a)]

连接一侧所需焊缝的总长度，可按式(3.6)计算得：

$$\sum l_w = \frac{N}{h_e f_f^w} = \frac{1\,400 \times 10^3}{0.7 \times 10 \times 160} = 1\,250 \text{ mm}$$

此对接连接采用了上下两块拼接盖板，共有 4 条侧焊缝，一条侧焊缝的实际长度为：

$$l'_w = \frac{\sum l_w}{4} + 2h_f = \frac{1\,250}{4} + 20 = 333 \text{ mm} < 60h_f = 60 \times 10 = 600 \text{ mm}$$

所需拼接盖板长度：
$$L = 2l'_w + 10 = 2 \times 333 + 10 = 676 \text{ mm}, \text{取} 680 \text{ mm}。$$
式中，10 mm 为两块被连接钢板间的间隙。

拼接盖板的宽度 b 就是两条侧面角焊缝之间的距离，应根据强度条件和构造要求确定。根据强度条件，在钢材种类相同的情况下，拼接盖板的截面积 A' 应等于或大于被连接钢板的截面积。

选定拼接盖板宽度 $b = 240 \text{ mm}$，则：
$$A' = 240 \times 2 \times 16 = 7\ 680 \text{ mm}^2 > A = 270 \times 28 = 7\ 560 \text{ mm}^2$$
满足强度要求。

根据构造要求，应满足：
$$b = 240 \text{ mm} < l_w = 315 \text{ mm}$$
$$\text{且 } b < 16t = 16 \times 16 = 256 \text{ mm}$$
满足要求，故选定拼接盖板尺寸为 680 mm × 240 mm × 16 mm。

2. 采用三面围焊时［图 3.23(b)］

采用三面围焊可以减小两侧侧面角焊缝的长度，从而减少拼接盖板的尺寸。设拼接盖板的宽度和厚度与采用两面侧焊时相同，仅需求盖板长度。已知正面角焊缝的长度 $l'_w = b = 240 \text{ mm}$，则正面角焊缝所能承受的内力
$$N' = 2h_e l'_w \beta_f f_f^w = 2 \times 0.7 \times 10 \times 240 \times 1.22 \times 160 = 655\ 870 \text{ N}$$
所需连接一侧侧面角焊缝的总长度为：
$$\sum l_w = \frac{N - N'}{h_e f_f^w} = \frac{1\ 400\ 000 - 655\ 870}{0.7 \times 10 \times 160} = 664 \text{ mm}$$

连接一侧共有 4 条侧面角焊缝，则一条侧面角焊缝的长度为：
$$l'_w = \frac{\sum l_w}{4} + h_f = \frac{664}{4} + 10 = 176 \text{ mm}, \text{采用 } 180 \text{ mm}。$$

拼接盖板的长度为：
$$L = 2l'_w + 10 = 2 \times 180 + 10 = 370 \text{ mm}$$

3. 采用菱形拼接盖板时［图 3.23(c)］

当拼接板宽度较大时，采用菱形拼接盖板可减小角部的应力集中，从而使连接的工作性能得以改善。菱形拼接盖板的连接焊缝由正面角焊缝、侧面角焊缝和斜焊缝等组成。设计时，一般先假定拼接盖板的尺寸再进行验算。拼接盖板尺寸如图 3.23(c)所示，则各部分焊缝的承载力分别为：

正面角焊缝：
$$N_1 = 2h_e l_{w1} \beta_f f_f^w = 2 \times 0.7 \times 10 \times 40 \times 1.22 \times 160 = 109.3 \text{ kN}$$

侧面角焊缝：

$$N_2 = 4h_e l_{w2} f_f^w = 4 \times 0.7 \times 10 \times (110 - 10) \times 160 = 448.0 \text{ kN}$$

斜焊缝:此焊缝与作用力夹角 $\theta = \arctan\left(\dfrac{100}{150}\right) = 33.7°$,可得

$$\beta_{f\theta} = 1/\sqrt{1 - (\sin^2 33.7°)/3} = 1.06,$$

故有 $\qquad N_3 = 4h_e l_{w3} \beta_{f\theta} f_f^w = 4 \times 0.7 \times 10 \times 180 \times 1.06 \times 160 = 854.8 \text{ kN}$

连接一侧焊缝所能承受的内力为:

$N' = N_1 + N_2 + N_3 = 109.3 + 448.0 + 854.8 = 1\,412 \text{ kN} > N = 1\,400 \text{ kN}$,满足要求。

例 3.3 试确定图 3.24 所示承受静态轴心力的三面围焊连接的承载力及肢尖焊缝的长度。已知角钢为 2 L125×10,与厚度为 8 mm 的节点板连接,其搭接长度为 300 mm,焊脚尺寸 $h_f = 8$ mm,钢材为 Q235—B,手工焊,焊条为 E43 型。

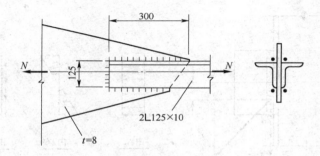

图 3.24 例 3.3 图

解:

角焊缝强度设计值 $f_f^w = 160 \text{ N/mm}^2$。焊缝内力分配系数为 $\alpha_1 = 0.67, \alpha_2 = 0.33$。正面角焊缝的长度等于相连角钢肢的宽度,即 $l_{w3} = b = 125$ mm,则正面角焊缝所能承受的内力 N_3 为:

$$N_3 = 2h_e l_{w3} \beta_f f_f^w = 2 \times 0.7 \times 8 \times 125 \times 1.22 \times 160 = 273.3 \text{ kN}$$

肢背角焊缝所能承受的内力 N_1 为:

$$N_1 = 2h_e l_w f_f^w = 2 \times 0.7 \times 8 \times (300 - 8) \times 160 = 523.3 \text{ kN}$$

而 $\qquad N_1 = \alpha_1 N - \dfrac{N_3}{2} = 0.67N - \dfrac{273.3}{2} = 523.3 \text{ kN}$

则 $\qquad N = \dfrac{523.3 + 136.6}{0.67} = 985 \text{ kN}$

计算肢尖焊缝承受的内力 N_2 为:

$$N_2 = \alpha_2 N - \dfrac{N_3}{2} = 0.33 \times 985 - 136.6 = 188 \text{ kN}$$

由此可算出肢尖焊缝的长度为:

$$l_{w2} = \dfrac{N_2}{2h_e f_f^w} + 8 = \dfrac{188 \times 10^3}{2 \times 0.7 \times 8 \times 160} + 8 = 113 \text{ mm}$$

2.承受弯矩、轴心力或剪力联合作用的角焊缝连接计算

图 3.25 所示的双面角焊缝连接承受偏心斜拉力 N 作用,可将作用力 N 分解为 N_x 和 N_y 两个分力。角焊缝同时承受轴心力 N_x、剪力 N_y 和弯矩 $M = N_x \cdot e$ 的共同作用。焊缝计算截面上的应力分布如图 3.25(b)所示,图中 A 点应力最大为控制设计点。此处垂直于焊缝长度方向的应力由两部分组成,即由轴心拉力 N_x 产生的应力:

$$\sigma_N = \frac{N_x}{A_e} = \frac{N_x}{2h_e l_w}$$

由弯矩 M 产生的应力:

$$\sigma_M = \frac{M}{W_e} = \frac{6M}{2h_e l_w^2}$$

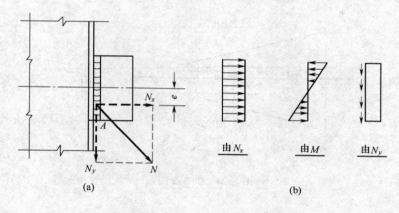

图 3.25 承受偏心斜拉力的角焊缝

这两部分应力由于在 A 点处的方向相同,可直接叠加,故 A 点垂直于焊缝长度方向的应力为:

$$\sigma_f = \frac{N_x}{2h_e l_w} + \frac{6M}{2h_e l_w^2}$$

剪力 N_y 在 A 点处产生平行于焊缝长度方向的应力:

$$\tau_y = \frac{N_y}{A_e} = \frac{N_y}{2h_e l_w}$$

式中 l_w——焊缝的计算长度,为实际长度减 $2h_f$。

则焊缝的强度计算式为:

$$\sqrt{\left(\frac{\sigma_f}{\beta_f}\right)^2 + \tau_f^2} \leqslant f_f^w$$

当连接直接承受动力荷载作用时,取 $\beta_f = 1.0$。

对于工字梁(或牛腿)与钢柱翼缘的角焊缝连接(图 3.26),通常承受弯矩 M 和剪力

V 的联合作用。由于翼缘的竖向刚度较差,在剪力作用下,如果没有腹板焊缝存在,翼缘将发生明显挠曲。这就说明,翼缘板的抗剪能力极差。因此,计算时通常假设腹板焊缝承受全部剪力,而弯矩则由全部焊缝承受。

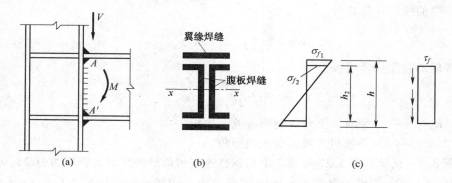

图 3.26 工字形梁(或牛腿)的角焊缝连接

为了焊缝分布较合理,宜在每个翼缘的上下两侧均匀布置角焊缝,由于翼缘焊缝只承受垂直于焊缝长度方向的弯曲应力,此弯曲应力沿梁高度呈三角形分布[图 3.26 (c)]。最大应力发生在翼缘焊缝最外纤维处,为了保证焊缝的正常工作,应使翼缘焊缝最外纤维处的应力满足角焊缝的强度条件,即:

$$\sigma_{f1} = \frac{M}{I_w} \cdot \frac{h}{2} \leqslant \beta_f f_f^w \qquad (3.21)$$

式中 M——全部焊缝所承受的弯矩;

   I_w——全部焊缝有效截面对中和轴的惯性矩;

   h——上下翼缘焊缝有效截面最外纤维之间的距离。

腹板焊缝承受两种应力的联合作用,即垂直于焊缝长度方向、且沿梁高度呈三角形分布的弯曲应力和平行于焊缝长度方向、且沿焊缝截面均匀分布的剪应力的作用,设计控制点为翼缘焊缝与腹板焊缝的交点处 A,此处的弯曲应力和剪应力分别按下式计算:

$$\sigma_{f2} = \frac{M}{I_w} \cdot \frac{h_2}{2}$$

$$\tau_f = \frac{V}{\sum (h_{e2} l_{w2})}$$

式中 $\sum (h_{e2} l_{w2})$—— 腹板焊缝有效截面积之和;

   h_2——腹板焊缝的实际长度。

则腹板焊缝在 A 点的强度验算式为:

$$\sqrt{\left(\frac{\sigma_{f2}}{\beta_f}\right)^2 + \tau_f^2} \leqslant f_f^w \qquad (3.22)$$

工字梁(或牛腿)与钢柱翼缘焊缝连接的另一种计算方法是使焊缝传递应力与母材所承受应力相协调,即假设腹板焊缝只承受剪力;翼缘焊缝承担全部弯矩,并将弯矩 M 化为一对水平力 $H = M/h$。则

翼缘焊缝的强度计算式为:

$$\sigma_f = \frac{H}{h_{e1} l_{w1}} \leqslant \beta_f f_f^w \tag{3.23}$$

腹板焊缝的强度计算式为:

$$\tau_f = \frac{V}{2h_{e2} l_{w2}} \leqslant f_f^w \tag{3.24}$$

式中 $h_{e1} l_{w1}$——一个翼缘上角焊缝的有效截面积;

   $2h_{e1} l_{w1}$——两条腹板焊缝的有效截面积。

例 3.4 试验算图 3.27 所示牛腿与钢柱连接角焊缝的强度。钢材为 Q235,焊条为 E43 型,手工焊。荷载设计值 $N = 365$ kN,偏心距 $e = 350$ mm,焊脚尺寸 $h_{f1} = 8$ mm, $h_{f2} = 6$ mm。图 3.27(b)为焊缝有效截面。

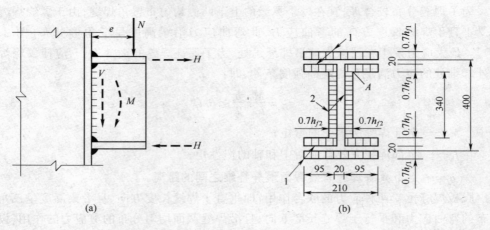

(a)   (b)

图 3.27   例 3.4 图

解:

N 力在角焊缝形心处引起剪力 $V = N = 365$ kN 和弯矩 $M = N \cdot e = 356 \times 0.35 = 127.8$ kN · m。

1. 考虑腹板焊缝参加传递弯矩的计算方法

为了计算方便,将图中尺寸尽可能取为整数。

全部焊缝有效截面对中和轴的惯性矩为:

$$I_w = 2 \times \frac{0.42 \times 34^3}{12} + 2 \times 21 \times 0.56 \times 20.28^2 + 4 \times 9.5 \times 0.56 \times 17.28^2 = 18\,779 \text{ cm}^4$$

翼缘焊缝的最大应力:

$$\sigma_{f1} = \frac{M}{I_w} \cdot \frac{h}{2} = \frac{127.8 \times 10^6}{18\ 779 \times 10^4} \times 205.6 = 140\ \text{N/mm}^2 < \beta_f f_f^w = 1.22 \times 160 = 195\ \text{mm}^2$$

腹板焊缝中由弯矩 M 引起的最大应力：

$$\sigma_{f2} = 140 \times \frac{170}{205.6} = 115.8\ \text{N/mm}^2$$

由剪力 V 在腹板焊缝中产生的平均剪应力：

$$\tau_f = \frac{V}{\sum (h_{e2} l_{w2})} = \frac{365 \times 10^3}{2 \times 0.7 \times 6 \times 340} = 127.8\ \text{N/mm}^2$$

则腹板焊缝的强度（A 点为设计控制点）为：

$$\sqrt{\left(\frac{\sigma_{f2}}{\beta_f}\right)^2 + \tau_f^2} = \sqrt{\left(\frac{115.8}{1.22}\right)^2 + 127.8^2} = 159.2\ \text{N/mm}^2 < f_f^w = 160\ \text{N/mm}^2$$

2.按不考虑腹板焊缝传递弯矩的计算方法

翼缘焊缝所承受的水平力：

$$H = \frac{M}{h} = \frac{127.8 \times 10^6}{380} = 336\ \text{kN} \quad （h\ 值近似值取为翼缘中线间距离）$$

翼缘焊缝的强度：

$$\sigma_f = \frac{H}{h_{e1} l_{w1}} = \frac{336 \times 10^3}{0.7 \times 8 \times (210 + 2 \times 95)} = 150\ \text{N/mm}^2 < \beta_f f_f^w = 195\ \text{N/mm}^2$$

腹板焊缝的强度：

$$\tau_f = \frac{V}{h_{e2} l_{w2}} = \frac{365 \times 10^3}{2 \times 0.7 \times 6 \times 340} = 127.8\ \text{N/mm}^2 < 160\ \text{N/mm}^2$$

3.围焊承受扭矩与剪力联合作用的角焊缝连接计算

图 3.28 所示为采用三面围焊搭接连接。该连接角焊缝承受竖向剪力 $V = F$ 和扭矩 $T = F(e_1 + e_2)$ 作用。计算角焊缝在扭矩 T 作用下产生的应力时,是基于下列假定:①被连接件是绝对刚性的,它有绕焊缝形心 O 旋转的趋势,而角焊缝本身是弹性;②角焊缝群上任一点的应力方向垂直于该点与形心的连接,且应力大小与连线长度 r 成正比。图 3.28 中, A 点与 A' 点距形心 O 点最远,故 A 点和 A' 点由扭矩 T 引起的剪应力 τ_T 最大,焊缝群其他各处由扭矩 T 引起的剪应力 τ_T 均小于 A 点和 A' 点的剪应力,故 A 点和 A' 点为设计控制点。

在扭矩 T 作用下, A 点（或 A' 点）的应力为：

$$\tau_f = \frac{T \cdot r}{I_p} = \frac{T \cdot r}{I_x + I_y}$$

将 τ_T 沿 x 轴和 y 轴分解为两分力：

$$\tau_{Tx} = \tau_T \cdot \sin\theta = \frac{T \cdot r}{I_p} \cdot \frac{r_y}{r} = \frac{T \cdot r_y}{I_p} \tag{3.25}$$

$$\tau_{T_y} = \tau_T \cdot \cos\theta = \frac{T \cdot r}{I_p} \cdot \frac{r_x}{r} = \frac{T \cdot r_x}{I_p} \quad\quad (3.26)$$

由剪力 V 在焊缝群引起的剪应力 τ_V 按均匀分布,则在 A 点(或 A' 点)引起的应力 τ_{V_y} 为:

$$\tau_{V_y} = \frac{V}{\sum h_e l_w}$$

则 A 点受到垂直于焊缝长度方向的应力为:

$$\sigma_f = \tau_{T_y} + \tau_{V_y}$$

沿焊缝长度方向的应力为 τ_{T_x},则 A 点的合应力满足的强度条件为:

$$\sqrt{\left(\frac{\tau_{T_y} + \tau_{V_y}}{\beta_f}\right)^2 + \tau_{T_x}^2} \leqslant f_f^w \quad\quad (3.27)$$

当连接直接承受动态荷载时,取 $\beta_f = 1.0$。

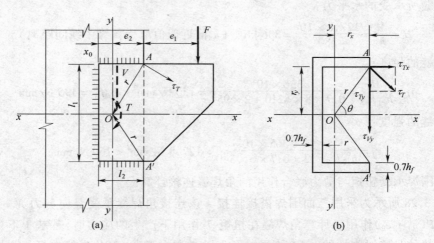

图 3.28 受剪力和扭矩作用的角焊缝

例 3.5 图 3.28 中钢板长度 $l_1 = 400$ mm,搭接长度 $l_2 = 300$ mm,荷载设计值 $F = 217$ kN,偏心距 $e_1 = 300$ mm(至柱边缘的距离),钢材为 Q235,手工焊,焊条 E43 型,试确定该焊缝的焊脚尺寸并验算该焊缝的强度。

解:

图 3.28 中几段焊缝组成的围焊共同承受剪力 V 和扭矩 $T = F(e_1 + e_2)$ 的作用,设焊缝的焊脚尺寸均为 $h_f = 8$ mm。

焊缝计算截面的重心位置为:

$$x_0 = \frac{2l_2 \cdot l_2/2}{2l_2 + l_1} = \frac{30^2}{60 + 40} = 9 \text{ cm}$$

在计算中,由于焊缝的实际长度稍大于 l_1 和 l_2,故焊缝的计算长度直接采用 l_1 和 l_2,不再扣除水平焊缝的端部缺陷。

焊缝截面的极惯性矩:

$$I_x = \frac{1}{12} \times 0.7 \times 0.8 \times 40^3 + 2 \times 0.7 \times 0.8 \times 30 \times 20^2 = 16\ 400\ \text{cm}^4$$

$$I_y = \frac{1}{12} \times 2 \times 0.7 \times 0.8 \times 30^3 + 2 \times 0.7 \times 0.8 \times 30 \times (15 - 9)^2 + 0.7 \times 0.8 \times 40 \times 9^2$$

$$= 5\ 500\ \text{cm}^4$$

$$I_p = I_x + I_y = 16\ 400 + 5\ 500 = 21\ 900\ \text{cm}^4$$

由于 $e_2 = l_2 - x_0 = 30 - 9 = 21\ \text{cm}$

$$r_x = 21\ \text{cm}, \qquad r_y = 20\ \text{cm}$$

故扭矩 $T = F(e_1 + e_2) = 217 \times (30 + 21) \times 10^{-2} = 110.7\ \text{kN} \cdot \text{m}$

$$\tau_{Tx} = \frac{T \cdot r_y}{I_p} = \frac{110.7 \times 200 \times 10^6}{21\ 900 \times 10^4} = 101\ \text{N/mm}^2$$

$$\tau_{Ty} = \frac{T \cdot r_x}{I_p} = \frac{110.7 \times 210 \times 10^6}{21\ 900 \times 10^4} = 106\ \text{N/mm}^2$$

剪力 V 在 A 点产生的应力为:

$$\tau_{Vy} = \frac{V}{\sum h_e l_w} = \frac{217 \times 10^3}{0.7 \times 8 \times (2 \times 300 + 400)} = 38.8\ \text{N/mm}^2$$

由图 3.28(b)可见,τ_{Ty} 与 τ_{Vy} 在 A 点的作用方向相同,且垂直于焊缝长度方向,可用 σ_f 表示。

τ_{Tx} 平行于焊缝长度方向,$\tau_f = \tau_{Tx}$,则:

$$\sqrt{\left(\frac{\sigma_f}{\beta_f}\right)^2 + \tau_f^2} = \sqrt{\left(\frac{144.8}{1.22}\right)^2 + 101^2} = 155.8\ \text{N/mm}^2 < f_f^w = 160\ \text{N/mm}^2$$

说明取 $h_f = 8\ \text{mm}$ 是合适的。

3.4 对接焊缝的构造与计算

3.4.1 对接焊缝的构造

对接焊缝的焊件常需做成坡口,故又叫坡口焊缝。坡口形式与焊件厚度有关。当焊件厚度很小(手工焊 6 mm,埋弧焊 10 mm)时,可用直边缝。对于一般厚度的焊件可采用具有斜坡口的单边 V 形或 V 形焊缝。斜坡口和根部间隙 c 共同组成一个焊条能够运转的施焊空间,使焊缝易于焊透;钝边 p 有托住熔化金属的作用。对于较厚的焊件($t > 20\ \text{mm}$),则采用 U 形、K 形和 X 形坡口(图 3.30)。对于 V 形缝和 U 形缝需对焊缝根部进行补焊。对接焊缝坡口形式的选用,应根据板厚和施工条件按现行标准《手工电弧焊焊接接头的基本型式与尺寸》和《埋弧焊焊接接头的基本型式与尺寸》的要求进行。

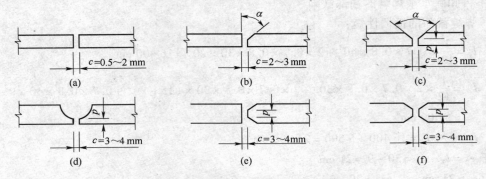

图 3.29　对接焊缝的坡口形式

(a)直边缝；(b)单边 V 形坡口；(c)V 形坡口；(d)U 形坡口；(e)K 形坡口；(f)X 形坡口

　　在对接焊缝的拼接处,当焊件的宽度不同或厚度相差 4 mm 以上,应分别在宽度方向或厚度方向从一侧或两侧做成坡度不大于 1:2.5 的斜角(图 3.30),以使截面过渡、和缓,减小应力集中。

　　在焊缝的起灭弧处,常会出现弧坑等缺陷,这些缺陷对承载力影响极大,故焊接时一般应设置引弧板和引出板(图 3.31),焊后将它割除。对受静力荷载的结构设置引(出)弧板有困难时,允许不设置引(出)弧板,此时,可令焊缝计算长度等于实际长度减 $2t$(此处 t 为较薄焊件厚度)。

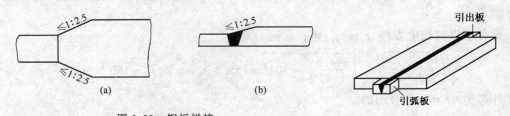

图 3.30　钢板拼接　　　　　　　　　图 3.31　用引弧板和引出板焊接
(a)改变宽度；(b)改变厚度

3.4.2　对接焊缝的计算

　　对接焊缝分焊透和部分焊透两种。

　　对接焊缝的强度与所用钢材的牌号、焊条型号及焊缝质量的检验标准等因素有关。

　　如果焊缝中不存在任何缺陷,焊缝金属的强度是高于母材的。但由于焊接技术问题,焊缝中可能有气孔、夹渣、咬边、未焊透等缺陷。实验证明,焊接缺陷对受压、受剪的对接焊缝影响不大,故可认为受压、受剪的对接焊缝与母材强度相等,但受拉的对接焊缝对缺陷甚为敏感。当缺陷面积与焊件截面积之比超过 5% 时,对接焊缝的抗拉强度将明显下降。由于三级检验的焊缝允许存在的缺陷较多,故其抗拉强度为母材强度的85%,而一、二级检验的焊缝的抗拉强度可认为与母材强度相等。

由于对接焊缝是焊件截面的组成部分,焊缝中的应力分布情况基本上与焊件原来的情况相同,故计算方法与构件的强度计算一样。

1.轴心受力的对接焊缝

轴心受力的对接焊缝(图 3.32),可按下式计算:

$$\sigma = \frac{N}{l_w t} \leqslant f_t^w \text{ 或 } f_c^w \tag{3.28}$$

式中 N——轴心拉力或压力;

        l_w——焊缝的计算长度,当未采用引弧板时,取实际长度减去 $2t$;

        t——在对接接头中连接件的较小厚度,在 T 形接头中为腹板厚度;

f_t^w、f_c^w——对接焊缝的抗拉、抗压强度设计值。

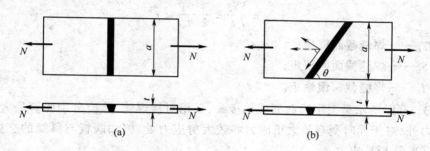

图 3.32 对接焊缝受轴心力

由于一、二级检验的焊缝与母材强度相等,故只有三级检验的焊缝才需按式(3.28)进行抗拉强度验算。如果用直缝不能满足强度要求时,可采用如图 3.32(b)所示的斜对接焊缝。计算证明,焊缝与作用力间的夹角 θ 满足 $\tan\theta \leqslant 1.5$ 时,斜焊缝的强度不低于母材强度,可不再进行验算。

例 3.6 试验算图 3.32 所示钢板的对接焊缝的强度。图中 $a = 540$ mm,$t = 22$ mm,轴心力的设计值为 $N = 2\,150$ kN。钢材为 Q235—B,手工焊,焊条为 E43 型,三级检验标准的焊缝,施焊时加引弧板。

解:

直缝连接其计算长度 $l_w = 54$ cm。焊缝正应力为:

$$\sigma = \frac{N}{l_w t} = \frac{2\,150 \times 10^3}{540 \times 22} = 181 \text{ N/mm}^2 > f_t^w = 175 \text{ N/mm}^2$$

不满足要求,改用斜对接焊缝,取截割斜度为 1.5:1,即 $\theta = 56°$,焊缝长度 $l_w = \frac{a}{\sin\theta} = \frac{54}{\sin56°} = 65$ cm。

故此时焊缝的正应力为：

$$\sigma = \frac{N\sin\theta}{l_w t} = \frac{2\,150 \times 10^3 \times \sin 56°}{650 \times 22} = 125\ \text{N/mm}^2 < f_t^w = 175\ \text{N/mm}^2$$

剪应力为：

$$\tau = \frac{N\cos\theta}{l_w t} = \frac{2\,150 \times 10^3 \times \cos 56°}{650 \times 22} = 84\ \text{N/mm}^2 < f_t^w = 120\ \text{N/mm}^2$$

这就说明当 $\tan\theta \leqslant 1.5$ 时,焊缝强度能够保证,可不必计算。

2.承受弯矩和剪力共同作用的对接焊缝

图 3.33(a)所示对接接头受到弯矩和剪力的共同作用,由于焊缝截面为矩形,正应力与剪应力图形分别为三角形与抛物线形,其最大值应分别满足下列强度条件:

$$\sigma_{\max} = \frac{M}{W_w} = \frac{6M}{l_w^2 t} \leqslant f_t^w \tag{3.29}$$

$$\tau_{\max} = \frac{VS_w}{I_w t} = \frac{3}{2} \cdot \frac{V}{l_w t} \leqslant f_v^w \tag{3.30}$$

式中 W_w——焊缝截面模量;

S_w——焊缝截面面积矩;

I_w——焊缝截面惯性矩。

图 3.33(b)所示是工字形截面梁的接头,采用对接焊缝,除应分别验算最大正应力和剪应力外,对于同时受有较大正应力和较大剪应力处,例如腹板与翼缘的交接点,还应按下式验算折算应力:

$$\sqrt{\sigma_1^2 + 3\tau_1^2} \leqslant 1.1 f_t^w \tag{3.31}$$

式中 σ_1、τ_1——验算点处的焊缝正应力和剪应力;

1.1——考虑到最大折算应力只在局部出现,而将强度设计值适当提高的系数。

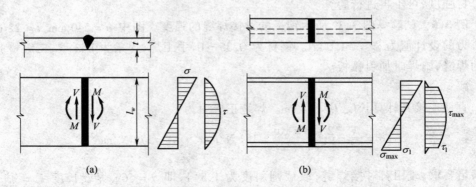

图 3.33   对接焊缝受弯矩和剪力联合作用

3.承受轴心力、弯矩和剪力共同作用的对接焊缝

当轴心力与弯矩、剪力共同作用时,焊缝的最大正应力应为轴心力和弯矩引起的应力之和,剪应力按式(3.30)验算,折算应力仍按式(3.31)验算。

例3.7 计算工字形截面牛腿与钢柱连接的对接焊缝强度(图3.34)。$F = 550$ kN(设计值),偏心距 $e = 300$ mm。钢材为Q235—B,焊条为E43型,手工焊。焊缝为三级检验标准。上、下翼缘加引弧板施焊。

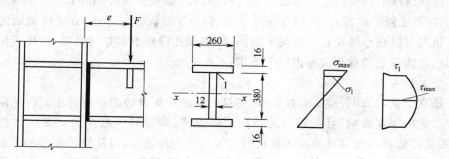

图3.34 例3.7图

解:

对接焊缝的计算截面与牛腿的截面相同,因而

$$I_x = \frac{1}{12} \times 1.2 \times 38^3 + 2 \times 1.6 \times 26 \times 19.8^2 = 38\,100 \text{ cm}^4$$

$$S_{x1} = 26 \times 1.6 \times 19.8 = 824 \text{ cm}^3$$

$$V = F = 550 \text{ kN}, \quad M = 550 \times 0.30 = 165 \text{ kN·m}$$

最大正应力为

$$\sigma_{\max} = \frac{M}{I_x} \cdot \frac{h}{2} = \frac{165 \times 10^6 \times 206}{38\,100 \times 10^4} = 89.2 \text{ N/mm}^2 < f_t^w = 185 \text{ N/mm}^2$$

最大剪应力为

$$\tau_{\max} = \frac{VS_x}{I_x t} = \frac{500 \times 10^3}{38\,100 \times 10^4 \times 12} \times \left(260 \times 16 \times 198 + 190 \times 12 \times \frac{190}{2}\right)$$

$$= 125.1 \text{ N/mm}^2 \approx f_t^w = 125 \text{ N/mm}^2$$

上翼缘和腹板交接处"1"点的正应力为

$$\sigma_1 = \sigma_{\max} \cdot \frac{190}{206} = 82 \text{ N/mm}^2$$

剪应力为

$$\tau_1 = \frac{VS_{x1}}{I_x t} = \frac{550 \times 10^3 \times 824 \times 10^3}{38\,100 \times 10^4 \times 12} = 99 \text{ N/mm}^2$$

由于"1"点同时受有较大的正应力和剪应力,故应按式(3.31)验算折算应力:

$$\sqrt{82^2 + 3 \times 99^2} = 190 \text{ N/mm}^2 < 1.1 \times 185 = 204 \text{ N/mm}^2$$

3.5 螺栓连接

3.5.1 螺栓的排列

螺栓在构件上的排列应简单统一、整齐而紧凑,通常分为并列和错列两种形式(图3.35)。并列比较简单整齐,所用连接尺寸小,但由于螺栓孔的存在,对构件截面的削弱较大。错列可以减小螺栓孔对截面的削弱,但螺栓孔排列不如并列紧凑,连接板尺寸较大。螺栓在构件上的排列应考虑以下要求:

1. 受力要求

在垂直于受力方向:对于受拉构件,各排螺栓的中距及边距不能过小。以免使螺栓周围应力集中相互影响,且使钢板的截面削弱过多,降低其承载能力。在顺力作用方向:端距应按被连接件材料的抗压及抗剪切等强度条件确定,以使钢板在端部不致被螺栓撕裂,规范规定端距不应小于 $2d_0$;受压构件上的中距不宜过大,否则在被连接板件间容易发生鼓曲现象。

2. 构造要求

螺栓的中距边距不宜过大,否则钢板之间不能紧密贴合,潮气侵入缝隙使钢材锈蚀。

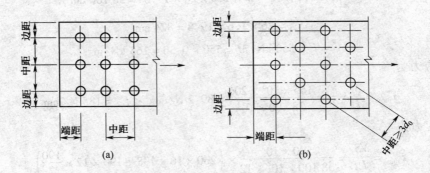

图 3.35　钢板的螺栓(铆钉)排列

3. 施工要求

要保证有一定空间,便于用扳手拧紧螺帽。根据扳手尺寸和工人的施工经验,规定最小中距为 $3d_0$。

根据以上要求,规范规定的钢板上螺栓的容许距离详见图 3.35 及表 3.5。螺栓沿型钢长度方向上排列的间距,除应满足表 3.5 的最大最小距离外,尚应充分考虑拧紧螺栓时的净空要求。在角钢、普通工字钢、槽钢规格截面上排列螺栓的线距应满足图3.36 及表 3.6、表 3.7 和表 3.8 的要求。在 H 形钢截面上排列螺栓的线距图 3.36(d),

腹板上的 c 值可参照普通工字钢;翼缘上的 e 值或 e_1、e_2 值可根据其外伸宽度参照角钢。

表 3.5　螺栓或铆钉的最大、最小容许距离

名称	位置和方向			最大容许距离 (取两者的较小值)	最小容许距离
中心间距	外排(垂直内力方向或顺内力方向)			$8d_0$ 或 $12t$	$3d_0$
	中间排	垂直内力方向		$16d_0$ 或 $24t$	
		顺内力方向	压　力	$12d_0$ 或 $18t$	
			拉　力	$16d_0$ 或 $24t$	
	沿对角线方向			—	
中心至构件边缘距离	垂直内力方向	顺内力方向		$4d_0$ 或 $8t$	$2d_0$
		剪切边或手工气割边			$1.5d_0$
		轧制边自动精密气割或锯割边	高强度螺栓		
			其他螺栓或铆钉		$1.2d_0$

注:① d_0 为螺栓孔或铆钉孔直径,t 为外层较薄板件的厚度;
　　② 钢板边缘与刚性构件(如角钢、槽钢等)相连的螺栓或铆钉的最大间距,可按中间排的数值采用。

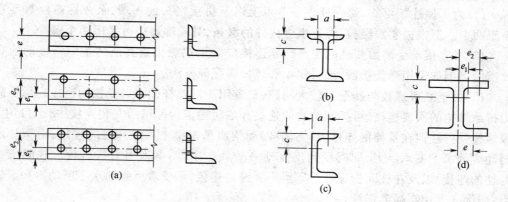

图 3.36　型钢的螺栓(铆钉)排列

表 3.6　角钢上螺栓或铆钉线距表(mm)

单行排列	角钢肢宽	40	45	50	56	63	70	75	80	90	100	110	125
	线距 e	25	25	30	30	35	40	40	45	50	55	60	70
	钉孔最大直径	11.5	13.5	135.	15.5	17.5	20	22	22	24	24	26	26
双行错排	角钢肢宽	125	140	160	180	200	双行并列	角钢肢宽			160	180	200
	e_1	55	60	70	70	70		e_1			60	70	80
	e_2	90	100	120	140	160		e_2			130	140	160
	钉孔最大直径	24	24	26	26	26		钉孔最大直径			24	24	26

表3.7 工字钢和槽钢腹板上的螺栓线距表(mm)

工字钢型号	12	14	16	18	20	22	25	28	32	36	40	45	50	56	63
线距 c_{min}	40	45	45	45	50	50	55	60	60	65	70	75	75	75	75
槽钢型号	12	14	16	18	20	22	25	28	32	36	40	—	—	—	—
线距 c_{min}	40	45	50	50	55	55	55	60	65	70	75	—	—	—	—

表3.8 工字钢和槽钢翼缘上的螺栓线距表(mm)

工字钢型号	12	14	16	18	20	22	25	28	32	36	40	45	50	56	63
线距 a_{min}	40	40	50	55	60	65	65	70	75	80	80	85	90	95	95
槽钢型号	12	14	16	18	20	22	25	28	32	36	40	—	—	—	—
线距 a_{min}	30	35	35	40	40	45	45	45	50	56	60	—	—	—	—

3.5.2 螺栓连接的构造要求

螺栓连接除了满足上述螺栓排列的容许距离外,根据不同情况尚应满足下列构造要求:

(1)为了使连接可靠,每一杆件在节点上以及拼接接头的一端,永久性螺栓数不宜少于两个。但根据实践经验,对于组合构件的缀条,其端部连接可采用一个螺栓。

(2)对直接承受动力荷载的普通螺栓连接应采用双螺帽或其他防止螺帽松动的有效措施。例如采用弹簧垫圈,或将螺帽和螺杆焊死等方法。

(3)由于C级螺栓与孔壁有较大间隙,只宜用于沿其杆轴方向受拉的连接。承受静力荷载结构的次要连接、可拆卸结构的连接和临时固定构件用的安装连接中,也可用C级螺栓受剪。但在重要的连接中,例如:制动梁或吊车梁上翼缘与柱的连接,由于传递制动梁的水平支承反力,同时受到反复动力荷载作用,不得采用C级螺栓。柱间支撑与柱的连接,以及在柱间支撑处吊车梁下翼缘的连接,承受着反复的水平制动力和卡轨力,应优先采用高强度螺栓。

(4)当型钢构件的拼接采用高强度螺栓连接时,由于型钢的抗弯刚度较大,不能保证摩擦面紧密贴合,故不能用型钢作为拼接件,而应采用钢板。

(5)在高强度螺栓连接范围内,构件接触面的处理方法应在施工图中说明。

3.6　普通螺栓连接的工作性能和计算

普通螺栓连接按受力情况可分为3类:①螺栓只承受剪力;②螺栓只承受拉力;③螺栓承受拉力和剪力的共同作用。下面将分别论述这3类连接的工作性能和计算方法。

3.6.1　普通螺栓的抗剪连接

1.抗剪连接的工作性能

抗剪连接是最常见的螺栓连接。如果以图 3.37(a)所示的螺栓连接试件作抗剪试验,则可得出试件上 a、b 两点之间的相对位移 δ 与作用力 N 的关系曲线[图 3.37(b)]。由此关系曲线可见,试件由零载一直加载至连接破坏的全过程,经历了以下 4 个阶段。

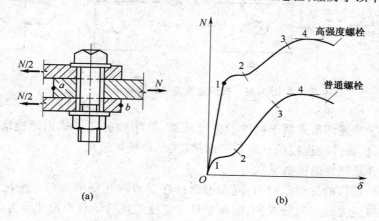

图 3.37　单个螺栓抗剪试验结果

(1)摩擦传力的弹性阶段。在施加荷载之初,荷载较小,连接中的剪力也较小,荷载靠构件间接触面的摩擦力传递,螺栓杆与孔壁之间的间隙保持不变,连接工作处于弹性阶段,在 N-δ 曲线图上呈现出 0,1 斜直线段。但由于板件间摩擦力的大小取决于拧紧螺帽时在螺杆中的初始拉力,一般说来,普通螺栓的初拉力很小,故此阶段很短可略去不计。

(2)滑移阶段。当荷载增大,连接中的剪力达到构件间摩擦力的最大值,板件间突然产生相对滑移,其最大滑移量为螺栓杆与孔壁之间的间隙,直至螺栓杆与孔壁接触,也就是 N-δ 曲线图上的 1,2 曲线段。

(3)栓杆直接传力的弹性阶段。如荷载再增加,连接所承受的外力就主要是靠螺栓与孔壁接触传递。螺栓杆除主要受剪力外,还有弯矩和轴向拉力,而孔壁则受到挤压。由于接头材料的弹性性质,也由于螺栓杆的伸长受到螺帽的约束,增大了板件间的压紧力,使板件间的摩擦力也随之增大。所以 N-δ 曲线呈上升状态,达到"3"点时,表明螺栓或连接板达到弹性极限,此阶段结束。

(4)弹塑性阶段。荷载继续增加,在此阶段即使给荷载很小的增量,连接和剪切变形也迅速加大,直到连接的最后破坏。N-δ 曲线的最高点"4"所对应的荷载即为普通螺栓连接的极限荷载。

抗剪螺栓连接达到极限承载力时,可能的破坏形式有:①当栓杆直径较小,板件较厚时,栓杆可能先被剪断[图 3.38(a)];②当栓杆直径较大,板件较薄时,板件可能先被挤坏[图 3.38(b)],由于栓杆和板件的挤压是相对的,故也可把这种破坏叫做螺栓承压破坏;③板件可能因螺栓孔削弱太多而被拉断[图 3.38(c)];④端距太小,端距范围内的板件有可能被栓杆冲剪破坏[图 3.38(d)]。

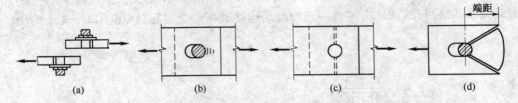

图 3.38　抗剪螺栓连接的破坏形式

上述第③种破坏形式属于构件的强度计算;第④种破坏形式由螺栓端距 $\geqslant 2d_0$ 来保证。因此,抗剪螺栓连接的计算只考虑第①、②种破坏形式。

2. 单个普通螺栓的抗剪承载力

普通螺栓连接的抗剪承载力,应考虑螺栓杆受剪和孔壁承压两种情况。假定螺栓受剪面上的剪应力是均匀分布的,则单个抗剪螺栓的抗剪承载力设计值为:

$$N_V^b = n_V \frac{\pi d^2}{4} f_V^b \tag{3.32}$$

式中　n_V——受剪面数目,单剪 $n_V = 1$,双剪 $n_V = 2$,四剪 $n_2 = 4$;

　　　d——螺栓杆直径;

　　　f_V^b——螺栓抗剪强度设计值。

由于螺栓的实际承压应力分布情况难以确定,为简化计算,假定螺栓承压应力分布于螺栓直径平面上(图 3.39),而且假定该承压面上的应力为均匀分布,则单个抗剪螺栓的承压承载力设计值为:

$$N_c^b = d \sum t f_c^b \tag{3.33}$$

式中　$\sum t$——在同一受力方向的承压构件的较小总厚度;

　　　f_c^b——螺栓承压强度设计值。

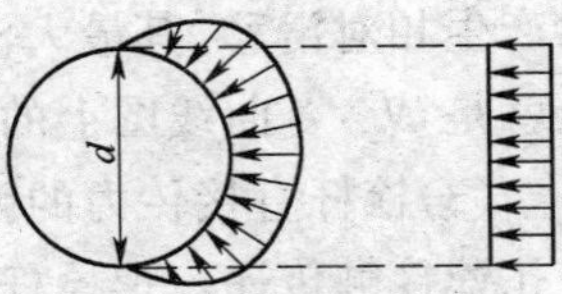

图 3.39　螺栓承压的计算承压面积

3. 普通螺栓群抗剪连接计算

(1)普通螺栓群轴心受剪

试验证明,螺栓群的抗剪连接承受轴心力时,螺栓群在长度方向各螺栓受力不均匀(图 3.40),两端受力大,而中间受力小。当连接长度 $l_1 \leqslant 15d_0$(d_0 为螺栓孔直径)时,由于连接工作进入弹塑性阶段后,内力发生重分布,螺栓群中各螺栓受力逐渐接近,故可认为轴心力 N 由每个螺栓平均分担,即螺栓数 n 为:

$$n = \frac{N}{N_{\min}^b} \qquad (3.34)$$

式中　$N_{\min}^b$——一个螺栓抗剪承载力设计值与承压承载力设计值的较小值。

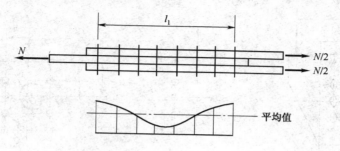

图 3.40　长接头螺栓的内力分布

当 $l_1 > 15 d_0$ 时,连接工作进入弹塑性阶段后,各螺杆所受内力也不易均匀,端部螺栓首先达到极限强度而破坏,随后由外向里依次破坏。当 $l_1 / d_0 > 15$ 时,连接强度明显下降,开始下降较快,以后逐渐缓和,并趋于常值。实线为我国现行《钢结构设计规范》所采用的曲线。由此曲线可知折减系数为:

$$\eta = 1.1 - \frac{l_1}{150 d_0} \geq 0.7 \qquad (3.35)$$

则对长连接,所需抗剪螺栓数为:

$$n = \frac{N}{\eta N_{\min}^b} \qquad (3.36)$$

(2)普通螺栓群偏心受剪

图 3.41 所示即为螺栓群承受偏心剪力的情形,剪力 F 的作用线至螺栓群中心线的距离为 e,故螺栓群同时受到轴心力 F 和扭矩 $T = F \cdot e$ 的联合作用。

在轴心力作用下可认为每个螺栓平均受力,则

$$N_{1F} = \frac{F}{n} \qquad (3.37)$$

螺栓群在扭矩 $T = F \cdot e$ 作用下,每个螺栓均受剪,连接按弹性设计法的计算基于下列假设:

①连接板件为绝对刚性,螺栓为弹性体;②连接板件绕螺栓群形心旋转,各螺栓所受剪力大小与该螺栓至形心距离 r_i 成正比,其方向则与连线 r_i 垂直[图 3.41(c)]。

螺栓 1 距形心 O 最远,其所受剪力 N_{1T} 最大:

$$N_{1T} = A_1 \tau_{1T} = A_1 \frac{T \cdot r_1}{I_p} = A_1 \frac{T \cdot r_1}{A_1 \cdot \sum r_i^2} = \frac{T \cdot r_1}{\sum r_i^2} \qquad (3.38)$$

式中　A_1——一个螺栓的截面积;

　　　τ_{1T}——螺栓 1 的剪应力;

I_p——螺栓群截面对形心 O 的极惯性矩；

r_i——任一螺栓至形心的距离。

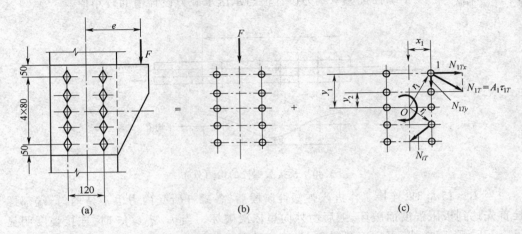

图 3.41 螺栓群偏心受剪

将 N_{1T} 分解为水平分力 N_{1Tx} 和垂直分力 N_{1Ty}：

$$N_{1Tx} = N_{1T} \cdot \frac{y_1}{r_1} = \frac{T \cdot y_1}{\sum r_i^2} = \frac{T \cdot y_1}{\sum x_i^2 + \sum y_i^2} \tag{3.39}$$

$$N_{1Ty} = N_{1T} \cdot \frac{x_i}{r_1} = \frac{T \cdot x_1}{\sum r_i^2} = \frac{T \cdot x_1}{\sum x_i^2 + \sum y_i^2} \tag{3.40}$$

由此可得螺栓群偏心受剪时,受力最大的螺栓 1 所受合力为:

$$\sqrt{N_{1Tx}^2 + (N_{1Ty} + N_{1F})^2} = \sqrt{\left(\frac{T \cdot y_1}{\sum x_i^2 + \sum y_i^2}\right)^2 + \left(\frac{T \cdot x_1}{\sum x_i^2 + \sum y_i^2} + \frac{F}{n}\right)^2} \leqslant N_{\min}^b \tag{3.41}$$

当螺栓群布置在一个狭长带,例如 $y_1 > 3x_1$ 时,可取 $x_i = 0$ 以简化计算,则上式为:

$$\sqrt{\left(\frac{T \cdot y_1}{\sum y_i^2}\right)^2 + \left(\frac{F}{n}\right)^2} \leqslant N_{\min}^b \tag{3.42}$$

设计中,通常是先按构造要求排好螺栓,再用式(3.41)验算受力最大的螺栓。可想而知,由于计算是由受力最大的螺栓的承载力控制,而此时其他螺栓受力较小,不能充分发挥作用,因此这是一种偏安全的弹性设计法。

例 3.8 设计两块钢板用普通螺栓的盖板拼接。已知轴心拉力的设计值 $N = 325$ kN,钢材为 Q235—A,螺栓直径 $d = 20$ mm(粗制螺栓)。

解:

一个螺栓的承载力设计值:

抗剪承载力设计值：

$$N_V^b = n_V \frac{\pi d^2}{4} f_V^b = 2 \times \frac{3.14 \times 20^2}{4} \times 140 = 87\ 900\ \text{N} = 87.9\ \text{kN}$$

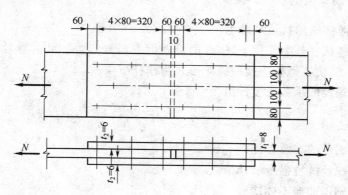

图 3.42 例 3.8 图

承压承载力设计值：

$$N_c^b = d \sum t f_c^b = 20 \times 8 \times 305 = 48\ 800\ \text{N} = 48.8\ \text{kN}$$

连接一侧所需螺栓数，$n = \dfrac{325}{48.8} = 6.7$，取 8 个（图 3.42）。

例 3.9 设计图 3.41(a)所示的普通螺栓连接。柱翼缘厚度为 10 mm，连接板厚度为 8 mm，钢材为 Q235—B，荷载设计值 $F = 150$ kN，偏心距 $e = 250$ mm，粗制螺栓 M22。

解：

$$\sum x_i^2 + \sum y_i^2 = 10 \times 6^2 + (4 \times 8^2 + 4 \times 16^2) = 1\ 640\ \text{cm}^2$$

$$T = F \cdot e = 150 \times 25 \times 10^{-2} = 37.5\ \text{kN·m}$$

$$N_{1Tx} = \frac{T \cdot y_1}{\sum x_i^2 + \sum y_i^2} = \frac{37.5 \times 16 \times 10^2}{1\ 640} = 36.6\ \text{kN}$$

$$N_{1Ty} = \frac{T \cdot x_1}{\sum x_i^2 + \sum y_i^2} = \frac{37.5 \times 6 \times 10^2}{1\ 640} = 13.7\ \text{kN}$$

$$N_{1F} = \frac{F}{n} = \frac{150}{10} = 15\ \text{kN}$$

$$N_1 = \sqrt{N_{1Tx}^2 + (N_{1Ty} + N_{1F})^2} = \sqrt{36.6^2 + (13.7 + 15)^2} = 46.5\ \text{kN}$$

螺栓直径 $d = 22$ mm，一个螺栓的设计承载力为：

螺栓抗剪：

$$N_V^b = n_V \frac{\pi d^2}{4} f_V^b = 1 \times \frac{\pi \times 22^2 \times 140}{4} = 53.2\ \text{kN} > 46.5\ \text{kN}$$

构件承压：

$$N_c^b = d \sum t f_c^b = 22 \times 8 \times 305 = 53\ 700\ \text{N} = 53.7\ \text{kN} > 46.5\ \text{kN}$$

3.6.2 普通螺栓的抗拉连接

1. 单个普通螺栓的抗拉承载力

抗拉螺栓连接在外力作用下,构件的接触面有脱开趋势。此时螺栓受到沿杆轴方向的拉力作用,故抗拉螺栓连接的破坏形式为栓杆被拉断。

单个抗拉螺栓的承载力设计值为:

$$N_t^b = A_e f_t^b = \frac{\pi d_e^2}{4} f_t^b \tag{3.43}$$

式中　d_e——螺栓的有效直径;

　　　f_t^b——螺栓抗拉强度设计值。

这里要特别说明两个问题。

(1)螺栓的有效截面积

由于螺纹是斜方向的,所以螺栓抗拉时采用的直径,不是净直径 d_n,而是有效直径 d_e(图 3.43)。根据现行国家标准,取:

$$d_e = d - \frac{13}{24}\sqrt{3}\,t \tag{3.44}$$

式中　t——螺距。

由螺栓杆的有效直径 d_e 算得的有效面积 A_e 值见附表 7.1。

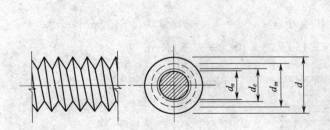

图 3.43　螺栓螺纹处的直径

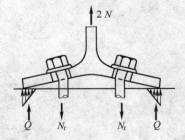

图 3.44　受拉螺栓的撬力

(2)螺栓垂直连接件的刚度对螺栓抗拉承载力的影响

螺栓受拉时,通常不可能使拉力正好作用在螺栓轴线上,而是通过与螺杆垂直的板件传递。如图 3.44 所示的 T 形连接,如果连接件的刚度较小,受力后与螺栓垂直的连接件总会有变形,因而形成杠杆作用,螺栓有被撬开的趋势,使螺杆中的拉力增加并产生弯曲现象。

考虑杠杆作用时,螺杆的轴心力为:

$$N_t = N + Q$$

式中　　Q——由于杠杆作用对螺栓产生的撬力。

撬力的大小与连接件的刚度有关,连接件的刚度越小,撬力越大;同时撬力也与螺栓直径和螺栓所在位置等因素有关。由于确定撬力比较复杂,我国现行钢结构设计规范为了简化,规定普通螺栓抗拉强度设计值 f_t^b 取为螺栓钢材抗拉强度设计值 f 的 0.8 倍(即 $f_t^b = 0.8f$),以考虑撬力的影响。此外,在构造上也可采取一些措施加强连接件的刚度,如设置加劲肋(图 3.45),可以减小甚至消除撬力的影响。

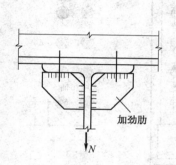

图 3.45　T 形连接中螺栓受拉

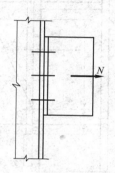

图 3.46　螺栓群承受轴心拉力

2.普通螺栓群轴心受拉

图 3.46 所示螺栓群在轴心力作用下的抗拉连接,通常假定每个螺栓平均受力,则连接所需螺栓数为:

$$n = \frac{N}{N_t^b} \tag{3.45}$$

式中　　N_t^b——一个螺栓的抗拉承载力设计值,按式(3.44)计算。

3.普通螺栓群弯矩受拉

图 3.47 所示为螺栓群在弯矩作用下的抗拉连接(图中的剪力 V 通过承托板传递)。按弹性设计法,在弯矩作用下,离中和轴越远的螺栓所受拉力越大,而压应力则由弯矩指向一侧的部分端板承受,设中和轴至端板受压边缘的距离为 c[图 3.47(c)]。这种连接的受力有如下特点:受拉螺栓截面只是孤立的几个螺栓点;而端板受压区则是宽度较大的实体矩形截面图 3.47(b)、(c)。当计算其形心位置作为中和轴时,所求得的端板受压区高度 c 总是很小,中和轴通常在弯矩指向一侧最外排螺栓附近的某个位置。因此,实际计算时可近似地取到中和轴位于最下排螺栓 O 处[弯矩作用方向如图 3.47(a)所示时],即认为连接变形为绕 O 处水平轴转动,螺栓拉力与 O 点算起的纵坐标 y 成正比。仿式(3.39)推导时的基本假设,并在 O 处水平轴列弯矩平衡方程时,偏安全地忽略力臂很小的端板受压区部分的力矩而只考虑受拉螺栓部分,则得(y_i 为螺栓 i 与螺栓

群形的矩离，$i = 1,2,\cdots,n$，下同）：

$$N_1/y_1 = N_2/y_2 = \cdots = N_i/y_i = \cdots = N_n/y_n$$

$$\begin{aligned}
M &= N_1 y_1 + N_2 y_2 + \cdots + N_i y_i + \cdots + N_n y_n \\
&= (N_1/y_1)y_1^2 + (N_2/y_2)y_2^2 + \cdots + (N_i/y_i)y_i^2 + \cdots + (N_n/y_n)y_n^2 \\
&= (N_i/y_i)\sum y_i^2
\end{aligned}$$

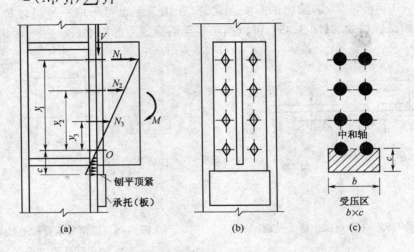

图 3.47　普通螺栓弯矩受拉

故得螺栓 i 的拉力为：

$$N_i = M \cdot y_i \Big/ \sum y_i^2 \tag{3.46}$$

设计时要求受力最大的最外排螺栓 1 的拉力不超过一个螺栓的抗拉承载力设计值：

$$N_i = M \cdot y_i \Big/ \sum y_i^2 \leqslant N_t^b \tag{3.47}$$

例 3.10　牛腿与柱用 C 级普通螺栓和承托连接，如图 3.48，承受竖向荷载（设计值）$F = 220$ kN，偏心距 $e = 200$ mm。试设计其螺栓连接。已知构件和螺栓均用 Q235 钢材，螺栓为 M20，孔径 21.5 mm。

解：

牛腿的剪力 $V = F = 220$ kN 由端板刨平顶紧于承托传递；弯矩 $M = F \cdot e = 220 \times 200 = 44 \times 10^3$ kN·mm 由螺栓连接传递，使螺栓受拉。初步假定螺栓布置如图 3.48。对最下排螺栓 O 轴取矩，最大受力螺栓（第 1 排

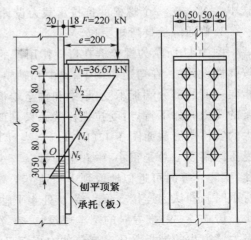

图 3.48　例 3.10 图

螺栓)的拉力为：

$$N_1 = M \cdot y_1 \Big/ \sum y_i^2 = (44 \times 10^3 \times 320) / [2 \times (80^2 + 160^2 + 240^2 + 320^2)] = 36.67 \text{ kN}$$

一个螺栓的抗拉承载力设计值为：

$$N_t^b = A_e f_t^b = 244.8 \times 170 = 41\ 620 \text{ N} = 41.62 \text{ kN} > N_1 = 36.67 \text{ kN}$$

所假定螺栓连接满足设计要求,确定采用。

4.普通螺栓群偏心受拉

由图 3.49(a)可知,螺栓群偏心受拉相当于连接轴心受拉力 N 和弯矩 $M = N \cdot e$ 的联合作用。按弹性设计法,根据偏心距的大小可能出现小偏心受拉和大偏心受拉两种情况。

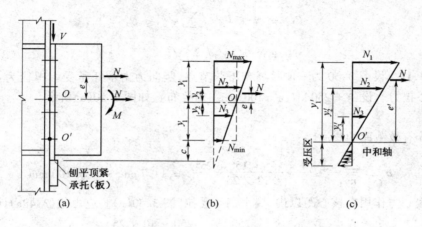

图 3.49 螺栓群偏心受拉

(1)小偏心受拉

对于小偏心情况图 3.49(b),所有螺栓均承受拉力作用,端板与柱翼缘有分离趋势,故在计算时轴心拉力 N 由各螺栓均匀承受;而弯矩 M 则引起以螺栓群形心 O 处水平轴为中和轴和三角形应力分布图 3.49(b),使上部螺栓受拉,下部螺栓受压;叠加后则全部螺栓均匀受拉图 3.49(b)。这样可得最大和最小受力螺栓的拉力和满足设计要求的公式如下：

$$N_{\max} = N/n + N \cdot e \cdot y_1 \Big/ \sum y_i^2 \leqslant N_t^b \qquad (3.48a)$$

$$N_{\min} = N/n - N \cdot e \cdot y_1 \Big/ \sum y_i^2 \geqslant 0 \qquad (3.48b)$$

式(3.48a)表示最大受力螺栓的拉力不超过一个螺栓的承载力设计值;式(3.48b)则表示全部螺栓受拉,不存在受压区。由此式可得 $N_{\min} \geqslant 0$ 时的偏心距 $e \leqslant \sum y_i^2/(ny_1)$。令 $\rho = \dfrac{W_e}{nA_e} = \sum y_i^2 \big/ (ny_1)$ 为螺栓有效截面组成的核心距,即 $e \leqslant \rho$ 时为

小偏心受拉。

(2)大偏心受拉

当偏心距 e 较大时,即 $e > \rho = \sum y_i^2/(ny_1)$ 时,则端板底部将出现受压区[图3.49(c)]。仿式(3.46)近似并偏安全取中和轴位于最下排螺栓 O' 处,按相似步骤写对 O' 处水平轴的弯矩平衡方程,可得(e' 和各 y' 自 O' 点算起,第1排螺栓的拉力最大):

$$N_1/y'_1 = N_2/y'_2 = \cdots = N_i/y'_i = \cdots = N_n/y'_n$$

$$N \cdot e' = N_1 y'_1 + N_2 y'_2 + \cdots + N_i y'_i + \cdots + N_n y'_n$$

$$= (N_1/y'_1)y'^2_1 + (N_2/y'_2)y'^2_2 + \cdots + (N_i/y'_i)y'^2_i + \cdots + (N_n/y'_n)y'^2_n$$

$$= (N_i/y'_i)\Big/\sum y'^2_i$$

$$N_1 = N \cdot e' \cdot y'_1\Big/\sum y'^2_i \le N_t^b$$

$$N_i = N \cdot e' \cdot y'_i\Big/\sum y'^2_i \tag{3.49}$$

例3.11 设图3.50为一刚接屋架下弦节点,竖向力由承托承受。螺栓为 C 级,只承受偏心拉力。设 $N = 250$ kN,$e = 100$ mm。螺栓布置如图3.50(a)所示。

解:

螺栓有效截面的核心距:

$$\rho = \frac{\sum y_i^2}{ny_1} = \frac{4 \times (5^2 + 15^2 + 25^2)}{12 \times 25} = 11.7 \text{ cm} > e = 100 \text{ mm}$$

即偏心力作用在核心距以内,属小偏心受拉[图3.50(c)],应由式(3.48a)计算:

$$N_1 = \frac{N}{n} + \frac{N \cdot e}{\sum y_i^2} \cdot y_1 = \frac{250}{12} + \frac{250 \times 10 \times 25}{4 \times (5^2 + 15^2 + 25^2)} = 38.7 \text{ kN}$$

需要的有效面积:$A_e = \dfrac{38.7 \times 10^3}{170} = 227 \text{ mm}^2$

需要 M20 螺栓,$A_e = 244.8 \text{ mm}^2$。

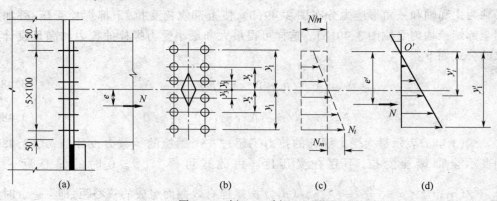

图3.50 例3.11、例3.12图

例 3.12 同例 3.11 题,但取 $e = 200$ mm。

解:

由于 $e = 200$ mm > 117 mm,应按大偏心受拉计算螺栓的最大应力,假设螺栓直径为 M22($A_e = 3.034$ cm²),并假定中和轴在上面第一排螺栓处,则以下螺栓均为受拉螺栓 [图 3.50(d)]。

$$N_1 = \frac{N \cdot e' \cdot y'_1}{\sum y'^2_i} = \frac{250 \times (20 + 25) \times 50}{2 \times (50^2 + 40^2 + 30^2 + 20^2 + 10^2)} = 51.1 \text{ kN}$$

需要的螺栓有效面积:

$$A_e = \frac{51.1 \times 10^3}{170} = 300.6 \text{ mm}^2 < 303.4 \text{ mm}^2$$

3.6.3 普通螺栓受剪力和拉力的联合作用

如图 3.51 所示连接,螺栓群承受剪力 V 和偏心拉力 N(即轴心拉力 N 和弯矩 $M = N \cdot e$)的联合作用。

承受剪力和拉力联合作用的普通螺栓应考虑两种可能的破坏形式:一是螺杆受剪兼受拉破坏;二是孔壁承压破坏。

根据试验结果可知,兼受剪力和拉力的螺杆,将剪力和拉力分别除以各自单独作用的承载力,这样无量纲化后的相关关系近似为一圆曲线。故螺杆的计算式为:

$$\left(\frac{N_V}{N_V^b}\right)^2 + \left(\frac{N_t}{N_t^b}\right)^2 \leq 1 \quad (3.50\text{a})$$

或

$$\sqrt{\left(\frac{N_V}{N_V^b}\right)^2 + \left(\frac{N_t}{N_t^b}\right)^2} \leq 1 \quad (3.50\text{b})$$

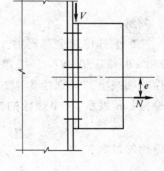

图 3.51 螺栓群受剪力和
拉力的联合作用

式中 N_V——一个螺栓承受的剪力设计值。一般假定剪力 V 由每个螺栓平均承担,即 $N_V = V/n$。n 为螺栓个数。由偏心拉力引起的螺栓最大拉力 N_t 仍按上述方法计算;

N_V^b、N_t^b——一个螺栓的抗剪和抗拉承载力设计值。

在式(3.50a)左侧加根号数学上没有意义,但加根号后可以更明确地看出计算结果的余量和不足量。假如按式(3.50a)左侧算出的数值为 0.9,不能误认为富余量为 10%。实际上应为式(3.50b)算出的数值 0.95,富余量仅为 5%。

孔壁承压的计算式为:

$$N_V \leq N_c^b \quad (3.51)$$

式中 N_c^b——一个螺栓孔壁承压承载力设计值。

例 **3.13** 设图 3.52 为短横梁与柱翼缘的连接,剪力 $V = 250\ kN$, $e = 120\ mm$,螺栓为 C 级,梁端竖板下有承托。钢材为 Q235—B,手工焊,焊条 E43 型,试按考虑承托传递全部剪力 V 和不承受 V 两种情况设计此连接。

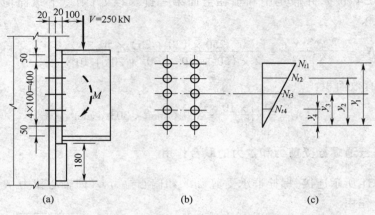

图 3.52 例 3.13 图

解:

1. 承托传递全部剪力 $V = 250\ kN$,螺栓群只承受由偏心力引起的弯矩 $M = V \cdot e = 250 \times 0.12 = 30\ kN \cdot m$。按弹性设计法,可假定螺栓群旋转中心在弯矩指向的最下排螺栓的轴线上。设螺栓为 M20($A_e = 244.8\ mm^2$),则受拉螺栓数 $n_i = 8$,连接中为双列螺栓,用 m 表示,一个螺栓的抗拉承载力设计值为:

$$N_t^b = A_e f_t^b = 2.448 \times 170 \times 10^{-1} = 41.62\ kN$$

螺栓的最大拉力:

$$N_t = \frac{M y_1}{m \sum y_i^2} = \frac{30 \times 10^2 \times 40}{2 \times (10^2 + 20^2 + 30^2 + 40^2)} = 20\ kN < N_t^b = 41.62\ kN$$

设承托与柱翼缘连接角焊缝为两面侧焊,并取得焊脚尺寸 $h_f = 10\ mm$,焊缝应力为:

$$\tau_f = \frac{1.35 V}{h_e \sum l_w} = \frac{1.35 \times 250 \times 10}{0.7 \times 1 \times 2 \times 17} = 141\ N/mm^2 < f_f^w 160\ N/mm^2$$

式中的常数 1.35 是考虑剪力 V 对承托与柱翼缘连接角焊缝的偏心影响。

2. 不考虑承托承受剪力 V,螺栓群同时承受剪力 $V = 250\ kN$ 和弯矩 $M = 30\ kN \cdot m$ 作用。则一个螺栓承载力设计值为:

$$N_V^b = n_V \frac{\pi d^2}{4} f_V^b = 1 \times \frac{3.14 \times 2^2}{4} \times 140 \times 10^{-1} = 44.0\ kN$$

$$N_c^b = d \sum t f_c^b = 2 \times 2 \times 305 \times 10^{-1} = 122\ kN$$

$$N_t^b = 41.62\ kN$$

一个螺栓的最大拉力 $N_t = 20\ kN$

一个螺栓的剪力

$$N_V = \frac{V}{n} = \frac{250}{10} = 25 \text{ kN} < N_c^b = 122 \text{ kN}$$

剪力和拉力联合作用下：

$$\sqrt{\left(\frac{N_V}{N_V^b}\right)^2 + \left(\frac{N_t}{N_t^b}\right)^2} = \sqrt{\left(\frac{25}{44.0}\right)^2 + \left(\frac{20}{41.62}\right)^2} = 0.744 < 1$$

3.7 高强度螺栓连接的工作性能和计算

3.7.1 高强度螺栓连接的工作性能

1.高强度螺栓的预拉力

前已述及,高强度螺栓连接按其受力特征分为摩擦型连接和承压型连接两种类型。摩擦型连接是依靠被连接件之间的摩擦阻力传递内力,并以荷载设计值引起的剪力不超过摩擦阻力这一条件作为设计准则。螺栓的预拉力 P(即板件间的法向压紧力)、摩擦面间的抗滑移系数和钢材种类等都直接影响到高强度螺栓连接的承载力。

（1）预拉力的控制方法

高强度螺栓分大六角头型[图 3.53（a）]和扭剪型[图 3.53（b）]两种,虽然这两种高强度螺栓预拉力的具体控制方法各不相同,但对螺栓施加预拉力总的思路都是一样的。它们都是通过拧紧螺帽,使螺杆受到拉伸作用,产生预拉力,而被连接板件间则产生压紧力。

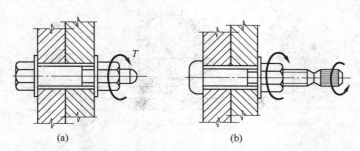

图 3.53 高强度螺栓

对大 6 角头螺栓的预拉力控制方法有:

①力矩法。一般采用指针式扭力(测力)扳手或预置式扭力(定力)扳手。目前电动扭矩扳手使用较多。力矩法是通过控制拧紧力矩来实现控制预拉力。拧紧力矩可由试验确定,务使施工时控制的预拉力为设计预拉力的 1.1 倍。

为了克服板件和垫圈等的变形,基本消除板件之间的间隙,使拧紧力矩系数有较好的线性度,从而提高施工控制预拉力值的准确度,在安装大六角头高强度螺栓时,应先按拧紧力矩的 50% 进行初拧,然后按 100% 拧紧力矩进行终拧。对于大型节点在初拧之后,还应按拧力矩进行复拧,然后再行终拧。

力矩法的优点是较简单、易实施、费用少,但由于连接件和被连接件的表面质量和拧紧速度的差异,测得的预拉力值误差大且分散,一般误差为±25%。

②转角法。先用普通扳手进行初拧,使被连接板件相互紧密贴合,再以初拧位置为起点,按终拧角度,用长扳手或风动扳手旋转螺母,拧至该角度值时,螺栓的拉力即达到施工控制预拉力。

扭剪型高强度螺栓是我国20世纪60年代开始研制,80年代制订出标准的新型连接件之一。它具有强度高、安装简便和质量易于保证、可以单面拧紧、对操作人员没有特殊要求等优点。扭剪型高强度螺栓与普通大六角型高强度螺栓不同。如图3.53(b)所示,螺栓头为盘头,螺纹段端部有一个承受拧紧反力矩的十二角体和一个能在规定力矩下剪断的断颈槽。

扭剪型高强度螺栓连接副的安装过程如图3.54所示。安装时用特制的电动扳手,有两个套头,一个套在螺母六角体上;另一个套在螺栓的十二角体上。拧紧时,对螺母施加顺时针力矩 M_1,对螺栓十二角体施加大小相等的逆时针力矩 M'_1,使螺栓断颈部分承受扭剪,其初拧力矩为拧紧力矩的50%,复拧力矩等于初拧力矩,终拧至断颈剪断为止,安装结束,相应的安装力矩即为拧紧力矩。安装后一般不拆卸。

(2)预拉力的确定

高强度螺栓的预拉力设计值 P 由下式计算得到:

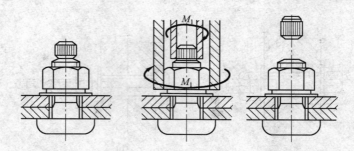

图3.54 扭剪型高强度螺栓连接副的安装过程

$$P = \frac{0.9 \times 0.9 \times 0.9}{1.2} A_e f_u \tag{3.52}$$

式中 A_e——螺栓的有效截面面积;

   f_u——螺栓材料经热处理后的最低抗拉强度。对于8.8S螺栓,$f_u = 830$ N/mm^2,
   10.9S螺栓,$f_u = 1\,040$ N/mm^2。

式(3.52)中的系数考虑了以下几个因素:

①拧紧螺帽时螺栓同时受到由预拉力引起的拉应力和由螺栓纹力矩引起的扭转剪应力作用。折算应力为:

$$\sqrt{\sigma^2 + 3\tau^2} = \eta \sigma \qquad (3.53)$$

根据试验分析,系数 η 在 $1.15 \sim 1.25$ 之间,取平均值为 1.2。式(3.52)中分母的 1.2 即为考虑拧紧螺栓时扭矩对螺杆的不利影响系数。

②为了弥补施工时高强度螺栓预拉力的松弛损失,在确定施工控制预拉力时,考虑了为预拉力设计值的 $1/0.9$ 的超张拉,故式(3.52)右端分子应考虑超张拉系数 0.9。

③考虑螺栓材质的不定性系数 0.9;再考虑用 f_u 而不是用 f_y 作为标准值增加的系数 0.9。

各种规格高强度螺栓预拉力的取值见表 3.9。

表 3.9 一个高强度螺栓的设计预拉力值(kN)

螺栓的性能等级	螺栓公称直径(mm)					
	M16	M20	M22	M24	M27	M30
8.8 级	80	125	155	180	230	285
10.9 级	100	155	190	225	290	355

2.高强度螺栓摩擦面抗滑移系数

高强度螺栓摩擦面抗滑移系数的大小与连接处构件接触面的处理方法和构件的钢号有关。试验表明,此系数值有随被连接构件接触面间的压紧力减小而降低的现象,故与物理学中的摩擦系数有区别。

我国现行钢结构设计规范推荐采用的接触面处理方法有:喷砂、喷砂后涂无机富锌漆、喷砂后生赤锈和钢丝刷消除浮锈或对干净轧制表面不作处理等,各种处理方法相应的 μ 值详见表 3.10。

表 3.10 摩擦面的抗滑移系数 μ 值

在连接处构件接触面的处理方法	构 件 的 钢 号		
	Q235 钢	Q345、Q390 钢	Q420 钢
喷 砂	0.45	0.50	0.50
喷砂后涂无机富锌漆	0.35	0.40	0.40
喷砂后生赤锈	0.45	0.50	0.50
钢丝刷清除浮或未处理的干净轧制表面	0.30	0.35	0.40

钢材表面经喷砂除锈后,表面看来光滑平整,实际上金属表面尚存在着微观的凹凸不平,高强度螺栓连接在很高的压紧力作用下,被连接构件表面相互啮合,钢材强度和硬度愈高,要使这种啮合的面产生滑移的力就愈大,因此,μ 值与钢种有关。

试验证明,摩擦面涂红丹后 $\mu < 0.15$,即使经处理后仍然很低,故严禁在摩擦面上涂刷丹红。另外,连接在潮湿或淋雨条件下拼装,也会降低 μ 值,故应采取有效措施保

证连接处表面的干燥。

3.高强度螺栓抗剪连接的工作性能

(1)高强度螺栓摩擦型连接

高强度螺栓在拧紧时,螺杆中产生了很大的预拉力,而被连接板件间则产生很大的预压力。连接受力后,由于接触面上产生的摩擦力,能在相当大的荷载情况下阻止板件间的相对滑移,因而弹性工作阶段较长。如图 3.37(b)所示,当外力超过了板间摩擦力后,板件间即产生相对滑动。高强度螺栓摩擦型连接是以板件间出现滑动为抗剪承载力极限状态,故它的最大承载力不能取图 3.37(b)的最高点,而应取板件产生相对滑动的起始点"1"点。

摩擦型连接的承载力取决于构件接触面的摩擦力,而此摩擦力的大不与螺栓所受预拉力和摩擦面的抗滑移系数以及连接的传力摩擦面数有关。因此,一个摩擦型连接高强度螺栓的抗剪承载力设计值为:

$$N_V^b = 0.9 n_f \mu P \tag{3.54}$$

式中　0.9——抗力分项系数 r_R 的倒数,即取 $r_R = 1/0.9 = 1.111$;

　　　　n_f——传力摩擦面数目,单剪时,$n_f = 1$,双剪时,$n_f = 2$;

　　　　P——一个高强度螺栓的设计预拉力,按表 3.9 采用;

　　　　μ——摩擦面抗滑移系数,按表 3.10 采用。

试验证明,低温对摩擦型高强度螺栓抗剪承载力无明显影响,但当温度 $t = 100\ ℃ \sim 150\ ℃$ 时,螺栓的预拉力将产生温度损失,故应将摩擦型高强度螺栓的抗剪承载力设计值降低 10%;当 $t > 150\ ℃$ 时,应采取隔热措施,以使连接温度在 150 ℃ 或 100 ℃ 以下。

(2)高强度螺栓承压型连接

承压型连接受剪时,从受力直至破坏的荷载—位移($N - \delta$)曲线,如图 3.37(b)所示,由于它允许接触面滑动并以连接达到破坏的极限状态作为设计准则,接触面的摩擦力只起着延缓滑动的作用,因此承压型连接的最大抗剪承载力应取图 3.37(b)曲线最高点,即"4"点。连接达到极限承载力时,由于螺杆伸长,预拉力几乎全部消失,故高强度螺栓承压型连接的计算方法与普通螺栓连接相同,仍可用式(3.32)和式(3.33)计算单个螺栓的抗剪承载力设计值,只是采用承压型连接高强度螺栓的强度设计值。当剪切面在螺纹处时,承压型连接高强度螺栓的抗剪承载力应按螺纹处的有效截面计算。但对于普通螺栓,其抗剪强度设计值是根据连接的试验数据统计而定的,试验时不分剪切面是否在螺纹处,故计算抗剪强度设计值时用公称直径。

4.高强度螺栓抗拉连接的工作性能

高强度螺栓在承受外拉力前,螺杆中已有很高的预拉力 P,板层之间则有压力 C,而 P 与 C 维持平衡[图 3.55(a)]。当对螺栓施加外拉力 N_t,则栓杆在板层之间的压力完全消失前被拉长,此时螺杆中拉力增量为 ΔP,同时把压紧的板件拉松,使压力 C 减

少 ΔC(图 3.55)。计算表明,当加于螺杆上的外拉力 N_t 为预拉力 P 的 80% 时,螺杆内的拉力增加很少,因此可认为此时螺杆的预拉力基本不变。同时由实验得知,当外加拉力大于螺栓的预拉力时,卸荷后螺杆中的预拉力会变小,即发生松弛现象。但当外加拉力小于螺杆预拉力的 80% 时,即无松弛现象发生。也就是说,被连接板件接触面仍能保持一定的压紧力,可以假定整个板面始终处于紧密接触状态。因此,为使板件间保留一定的压紧力,现行钢结构设计规范规定,在杆轴方向受拉力的高强度螺栓摩擦型连接中,单个高强度螺栓抗拉承载力设计值取为:

$$N_t^b = 0.8P \qquad\qquad (3.55)$$

但承压型连接的高强度螺栓,N_t^b 却按普通螺栓那样计算(强度设计值取值不同),不过其 N_t^b 的计算结果与 $0.8P$ 相差不大。

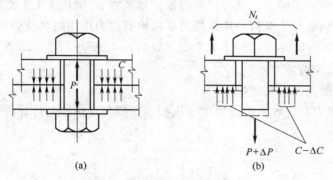

图 3.55   高强度螺栓受拉

应当注意,式(3.55)的取值没有考虑杠杆作用而引起的撬力影响,实际上这种杠杆作用存在于所有螺栓的抗拉连接中。研究表明,当外拉力 $N_t \leqslant 0.5P$ 时,不出现撬力,如图 3.56 所示,撬力 Q 大约在 N_t 达到 $0.5P$ 时开始出现,起初增加缓慢,以后逐渐加快,到临近破坏时因螺栓开始屈服而又有所下降。

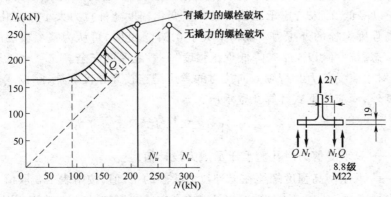

图 3.56   高强度螺栓的撬力影响

由于撬力 Q 的存在,外拉力的极限值由 N_u 下降到 N'_u。因此,如果在设计中不计算撬力 Q,应使 $N \leqslant 0.5P$;或者增大 T 形连接件翼缘板的刚度。分析表明,当翼缘板的厚度 t_1 不小于 2 倍螺栓直径时,螺栓中可完全不产生撬力。实际上很难满足这一条件,可采用图 3.45 所示的加劲肋代替。

在直接承受动力荷载的结构中,由于高强度螺栓连接受拉时的疲劳强度较低,每个高强度螺栓的外拉力不宜超过 $0.6P$。当需考虑撬力影响时,外拉力还得降低。

5. 高强度螺栓同时承受剪力和外拉力连接的工作性能

(1)高强度螺栓摩擦型连接

如前所述,当螺栓所受外拉力 $N_t \leqslant P$ 时,虽然螺杆中的预拉力 P 基本不变,但板层间压力将减少到 $P - N_t$。试验研究表明,这时接触面的抗滑移系数 μ 也有所降低,而且 μ 值随 N_t 的增大而减少。现行钢结构设计规范将 N_t 乘以 1.125 的系数来考虑 μ 值降低的不利影响,故一个摩擦型连接高强度螺栓有拉力作用时的抗剪承载力设计值为:

$$N_V^b = 0.9 n_f \mu (P - 1.125 \times 1.111 N_t) = 0.9 n_f \mu (P - 1.25 N_t) \tag{3.56}$$

式中,1.111 为抗力分项系数 γ_R。

(2)高强度螺栓承压型连接

同时承受剪力和杆轴方向拉力的承压型连接高强度螺栓的计算方法与普通螺栓相同,即:

$$\sqrt{\left(\frac{N_V}{N_V^b}\right)^2 + \left(\frac{N_t}{N_t^b}\right)^2} \leqslant 1 \tag{3.57}$$

由于在剪应力单独作用下,高强度螺栓对板层间产生强大压紧力。当板层间的摩擦力被克服,螺杆与孔壁接触时,板件孔前区形成三向应力场,因而承压型连接高强度螺栓的承压强度比普通螺栓高得多,两者相差约 50%。当承压型连接高强度螺栓受有杆轴拉力时,板层间的压紧力随外拉力的增加而减小,因而其承压强度设计值也随之降低。为了计算简便,我国现行钢结构设计规范规定,只要有外拉力存在,就将承压强度除以 1.2 予以降低,而未考虑承压强度设计值变化幅度随外拉力大小而变化这一因素。因为所有高强度螺栓的外拉力一般均不大于 $0.8P$。此时,可认为整个板层间始终处于紧密接触状态,统一除以 1.2 来降低承压强度,一般能保证安全。

因此,对于兼受剪力和杆轴方向拉力的承压型连接高强度螺栓,除按式(3.57)计算螺栓的强度外,尚应按下式计算孔壁承压:

$$N_V \leqslant N_c^b / 1.2 = \frac{1}{1.2} d \cdot \sum t \cdot f_c^b \tag{3.58}$$

式中 N_c^b——只承受剪力时孔壁承压承载力设计值;

f_c^b——承压型高强度螺栓在无外拉力状态的 f_c^b 值,按附表 1.3 取值。

根据上述分析,各种受力情况的单个螺栓(包括普通螺栓和高强度螺栓)承载力设计值的计算式汇总见表 3.11。

表 3.11 单个螺栓承载力设计值

序号	螺栓种类	受力状态	计 算 式	备 注
1	普通螺栓	受 剪	$N_v^b = n_v \cdot \dfrac{\pi d^2}{4} \cdot f_v^b$ $N_c^b = d \cdot \sum t \cdot f_c^b$	取 N_v^b 与 N_c^b 中较小值
		受 拉	$N_t^b = \dfrac{\pi d_e^2}{4} f_t^b$	
		兼受剪拉	$\sqrt{\left(\dfrac{N_v}{N_v^b}\right)^2 + \left(\dfrac{N_t}{N_t^b}\right)^2} \leqslant 1$ $N_v \leqslant N_c^b$	
2	摩擦型连接 高强度螺栓	受 剪	$N_c^b = 0.9 n_f \mu P$	
		受 拉	$N_t^b = 0.8P$	
		兼受剪拉	$N_v^b = 0.9 n_f \mu (P - 1.25 N_t)$ $N_t \leqslant 0.8P$	
3	承压型连接 高强度螺栓	受 剪	$N_v^b = n_v \dfrac{\pi d^2}{4} f_v^b$ $N_c^b = d \cdot \sum t \cdot f_c^b$	当剪切面在螺纹处时 $N_c^b = n_v \dfrac{\pi d_e^2}{4} f_v^b$
		受 拉	$N_t^b = \dfrac{\pi d_e^2}{4} f_t^b$	
		兼受剪拉	$\sqrt{\left(\dfrac{N_v}{N_v^b}\right)^2 + \left(\dfrac{N_t}{N_t^b}\right)^2} \leqslant 1$ $N_v \leqslant N_c^b/1.2$	

3.7.2 高强度螺栓群抗剪计算

1.轴心力作用时

此时,高强度螺栓连接所需螺栓数目应由下式确定:

$$n \geqslant \dfrac{N}{N_{\min}^b}$$

对摩擦型连接,$N_{\min}^b$ 按表 3.11 查得,N_v^b 由表达式计算,即按式(3.54)计算,即:

$$N_v^b = 0.9 n_f \mu P$$

对承压型连接,$N_{\min}^b$ 由表 3.11 查得,N_v^b 和 N_c^b 表达式算得较小值,即分别按式(3.32)与式(3.33)计算,即:

$$N_v^b = n_v \dfrac{\pi d^2}{4} f_v^b$$

$$N_c^b = d \sum t f_c^b$$

式中 f_V^b、f_c^b——一个承压型连接高强度螺栓抗剪强度设计值和承压强度设计值。

当剪切面在螺纹处时,式(3.32)中应将 d 改为 d_e。

2.高强度螺栓群的扭矩或扭矩、剪力共同作用时

抗剪计算方法与普通螺栓群相同,但应采用高强度螺栓承载力设计值进行计算。

例 3.14 试设计一双盖板拼接的钢板连接。钢材 Q235—B,高强度螺栓为 8.8 级的 M20,连接处构件接触面用喷砂处理,作用在螺栓群形心处的轴心拉力设计值 $N = 800\ kN$,试设计此连接。

解:

1.采用摩擦型连接时

由表 3.9 查得每个 8.8 级的 M20 高强度螺栓的预拉力 $P = 125\ kN$,由表 3.10 查得对于 Q235 钢材接触面作砂喷处理时,$\mu = 0.45$。

一个螺栓的承载力设计值为:

$$N_V^b = 0.9 n_f \mu P = 0.9 \times 2 \times 0.45 \times 125 = 101.3\ kN$$

所需螺栓数:

$$n = \frac{N}{N_V^b} = \frac{800}{101.3} = 7.9,取\ 9\ 个$$

螺栓排列如图 3.57 右边所示。

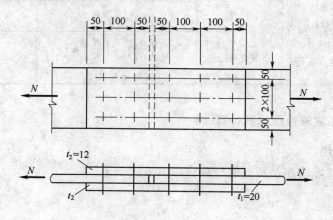

图 3.57 例 3.14 图

2.采用承压型连接时

一个螺栓的承载力设计值:

$$N_V^b = n_V \frac{\pi d^2}{4} f_V^b = 2 \times \frac{3.14 \times 20^2}{4} \times 250 = 157\,000\ N = 157\ kN$$

$$N_c^b = d \cdot \sum t \cdot f_c^b = 20 \times 20 \times 470 = 188\ kN$$

则所需螺栓数：

$$n = \frac{N}{N_{\min}^b} = \frac{800}{157} = 5.1,取\ 6\ 个$$

螺栓排列如图 3.57 左边所示。

3.7.3　高强度螺栓群的抗拉计算

1.轴心力作用时

高强度螺栓群连接所需螺栓数目：

$$n \geqslant \frac{N}{N_t^b}$$

式中　N_t^b——在杆轴方向受拉力时，一个高强度螺栓（摩擦型或承压型）的承载力设计
值（表 3.11）。

2.高强度螺栓群因弯矩受拉

高强度螺栓（摩擦型和承压型）的外拉力总是小于预拉力 P，在连接受弯矩作用而
使螺栓沿栓杆方向受力时，被连接构件的接触面一直保持紧密贴合；因此，可认为中和
轴在螺栓群的形心轴上（图 3.58），最外排螺栓受力最大。按照普通螺栓小偏心受拉于
段中，关于弯矩使螺栓产生的最大拉力的计算方法，可得高强度螺栓群因弯矩受拉时，
最大拉力及其验算式为：

$$N_1 = \frac{M \cdot y_1}{\sum y_i^2} \leqslant N_t^b \tag{3.59}$$

式中　y_1——螺栓群形心轴至螺栓的最大距离；

$\sum y_i^2$——形心轴上、下各螺栓至形心轴距离的平方和。

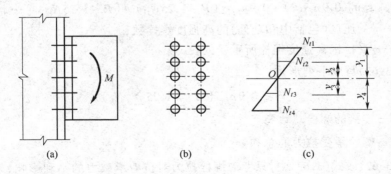

图 3.58　承受弯矩的高强度螺栓连接

3.高强度螺栓群偏心受拉

由于高强度螺栓偏心受拉时，螺栓的最大拉力不得超过 $0.8P$，能够保证板层之间
始终保持紧密贴合，端板不会拉开，故摩擦型连接高强度螺栓和承压型连接高强度螺栓

均可按普通螺栓小偏心受拉计算,即:

$$N_1 = \frac{N}{n} + \frac{N \cdot e}{\sum y_i^2} y_1 \leq N_t^b \qquad (3.60)$$

4. 高强度螺栓群承受拉力、弯矩和剪力的共同作用

图 3.59 所示为摩擦型连接高强度螺栓承受拉力、弯矩和剪力共同作用时的情况。我们知道螺栓连接板层间的压紧力和接触面的抗滑移系数,随外拉力的增加而减小。前面已经给出,摩擦型连接高强度螺栓承受剪力和拉力联合作用时,一个螺栓抗剪承载力设计值为:

$$N_V^b = 0.9 n_f \mu (P - 1.25 N_t) \qquad (3.61)$$

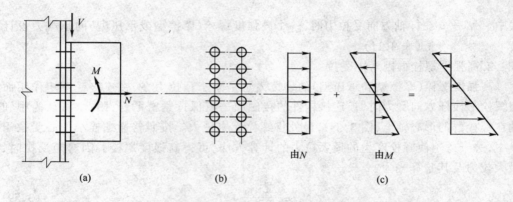

图 3.59 摩擦型连接高强度螺栓的应力

由图 3.59(c)可知,每行螺栓所受拉力 N_{ti} 各不相同,故应按下式计算摩擦型连接高强度螺栓的抗剪强度:

$$V \leq n_0 (0.9 n_f \mu P) + 0.9 n_f \mu [(P - 1.25 N_{t1}) + (P - 1.25 N_{t2}) + \cdots] \qquad (3.62)$$

式中 n_0——受压区(包括中和轴处)的高强度螺栓数;

N_{t1}、N_{t2}——受拉区高强度螺栓所承受的拉力。

也可将式(3.62)写成下列形式:

$$V \leq 0.9 n_f \mu (nP - 1.25 \sum N_{ti}) \qquad (3.63)$$

式中 n——连接的螺栓总数;

$\sum N_{ti}$——螺栓承受拉力的总和。

在式(3.62)或式(3.63)中,只考虑螺栓拉力对抗剪承载力的不利影响,未考虑受压区板层间压力增加的有利作用,故按该式计算的结果是略偏安全的。

此外,螺栓最大拉力应满足:

$$N_{ti} \leq N_t^b$$

对承压型连接高强度螺栓,应按表 3.11 中的相应公式计算螺栓杆的抗拉抗剪强

度,即按式(3.57)计算,即:

$$\sqrt{\left(\frac{N_V}{N_V^b}\right)^2 + \left(\frac{N_t}{N_t^b}\right)^2} \leqslant 1$$

同时还应按下式验算孔壁承压,即按式(3.58)验算,即:

$$N_V \leqslant \frac{N_c^b}{1.2}$$

式中,1.2 为承压强度设计值降系数。计算 N_c^b 时,应采用无外拉力状态的 f_c^b 值。

例 3.15   图 3.60 所示高强度螺栓摩擦型连接。被连接构件的钢材为 Q235—B。螺栓为 10.9 级,直径 20 mm,接触面采用喷砂处理。试验算此连接的承载力。图中内力均为设计值。

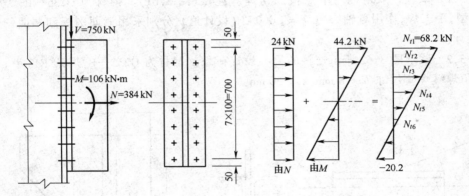

图 3.60   例 3.15 图

解:

由表 3.10 和表 3.9 查得抗滑移系数 $\mu = 0.45$,预拉力 $P = 155$ kN。

一个螺栓的最大拉力:

$$N_{t1} = \frac{N}{n} + \frac{My_1}{m\sum y_i^2} = \frac{384}{16} + \frac{106 \times 10^2 \times 35}{2 \times 2 \times (35^2 + 25^2 + 15^2 + 5^2)}$$

$$= 24 + \frac{106 \times 10^2 \times 35}{8\,400} = 68.2 \text{ kN} < 0.8P = 124 \text{ kN}$$

连接的受剪承载力设计值应按式(3.63)计算:

$$\sum N_V^b = 0.9 \times n_f \mu (nP - 1.25 \sum N_{ti})$$

式中,n 为螺栓总数;$\sum N_{ti}$ 为螺栓所受拉力之和。按比例关系可求得:

$$N_{t2} = 55.6 \text{ kN}$$

$$N_{t3} = 42.9 \text{ kN}$$

$$N_{t4} = 30.3 \text{ kN}$$

$$N_{t5} = 17.7 \text{ kN}$$

$$N_{t6} = 5.1 \text{ kN}$$

故有 $\sum N_{ti} = (68.2 + 55.6 + 42.9 + 30.3 + 17.7 + 5.1) \times 2 = 440 \text{ kN}$

验算受剪承载力设计值:

$$\sum N_V^b = 0.9 n_f \mu (nP - 1.25 \sum N_{ti})$$

$$= 0.9 \times 1 \times 0.45 \times (16 \times 155 - 1.25 \times 440) = 781.7 \text{ kN} > V = 750 \text{ kN}$$

思考题与习题

3.1　试设计双角钢与节点板的角焊缝连接(图 3.61)。钢材为 Q235—B,焊条为 E43 型,手工焊,作用着轴心力 $N = 1 000$ kN(设计值),分别采用三面围焊和两面侧焊进行设计。

3.2　试求图 3.62 所示连接的最大设计荷载。钢材为 Q235—B,焊条 E43 型,手工焊,角焊缝焊脚尺寸 $h_f = 8$ mm,$e_1 = 30$ cm。

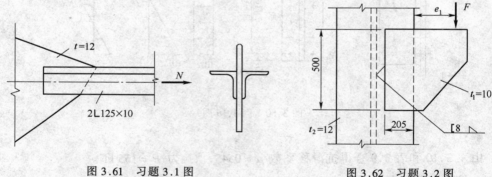

图 3.61　习题 3.1 图　　　　　　　　图 3.62　习题 3.2 图

3.3　试设计如图 3.63 所示牛腿与柱的连接角焊缝①,②,③。钢材为 Q235—B,焊条 E43 型,手工焊。

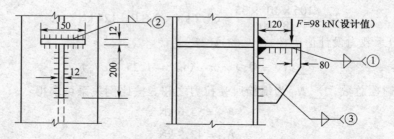

图 3.63　习题 3.3 图

3.4 习题3.3的连接中,如将焊缝②及焊缝③改为对接焊缝(按三级质量标准检验),试求该连接的最大荷载。

3.5 焊接工字形梁在腹板上设一道拼接的对接焊缝(图3.64)拼接处作用着弯矩 $M = 1\ 122$ kN·mm,剪力 $V = 374$ kN,钢材为 Q235 钢,焊条用 E43 型,半自动焊,三级检验标准,试验算该焊缝的强度。

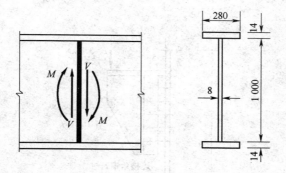

图 3.64 习题 3.5 图

3.6 试设计如图3.61的粗制螺栓连接,$F = 100$ kN(设计值),$e_1 = 30$ cm。

3.7 试设计如图3.65所示的螺栓连接。构件钢材为 Q235—B,螺栓为粗制螺栓,$d_1 = d_2 = 170$ mm。

①设计角钢与连接板的螺栓连接;

②设计竖向连接板与柱的翼缘板的螺栓连接。

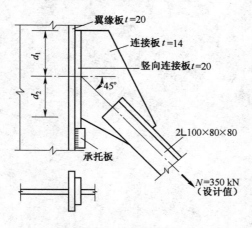

图 3.65 习题 3.7 图

3.8 按摩擦型连接高强度螺栓设计习题3.7中所要求的连接(取消承托板),且分别考虑:①$d_1 = d_2 = 170$ mm,②$d_1 = 150$ mm,$d_2 = 190$ mm。螺栓强度级别接触面处理自选。

3.9 按承压型连接高强度螺栓设计习题 3.7 中角钢与连接板的连接。接触面处理及螺栓强度级别自选。

3.10 图 3.66 的牛腿用 2∟100×20(由大角钢截得)及 M22 摩擦型连接高强度螺栓(10.9)和柱相连,构件钢材为 Q235—B,接触面喷砂处理,要求确定连接角钢两个肢上的螺栓数目。

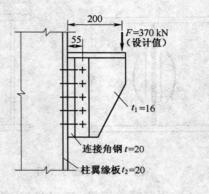

图 3.66 习题 3.10 图

4 轴心受力构件

4.1 概　　述

　　轴心受力构件包括轴心受拉构件与轴心受压构件。在钢结构中,此类构件广泛地应用于主要承重钢结构,例如桁架、塔架和网架、网壳等杆件体系。通常假设这类结构的节点为铰接连接,当无节间荷载作用时,只受轴向拉力和压力的作用。一些非承重构件如支撑,也常常由许多轴心受力构件组成。图4.1即为轴心受力构件在工程中应用的一些实例。

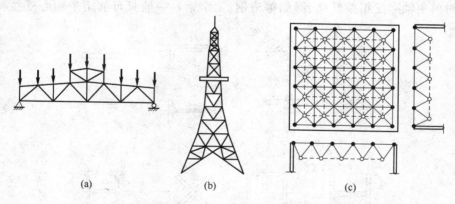

图 4.1　轴心受力构件在工程中的应用
(a)桁架;(b)塔架;(c)网架

　　钢屋架的下弦杆和一部分腹杆通常是轴心受拉杆,屋架的支撑以及柱间支撑也都按轴心受拉杆设计。而轴心压杆经常用作工业建筑的工作平台、栈桥以及管道支架柱,用以支撑梁、桁架等构件而将荷载传到基础。柱由柱头、柱身和柱脚三部分组成(图4.2),柱头用来支承平台梁或桁架,柱脚的作用是将压力传至基础。
　　轴心受力构件的常用截面形式可分为实腹式和格构式两大类。
　　实腹式构件制作简单,与其他构件连接也较方便,其常用截面形式很多。可直接选用单个型钢截面,如圆钢、钢管、角钢、T形钢、槽钢、工字钢、H形钢等[图4.3(a)],也可选用由型钢或钢板组成的组合截面[图4.3(b)]。一般桁架结构中的弦杆和腹杆,除 T

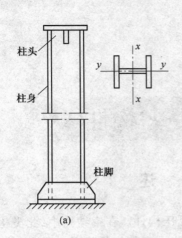
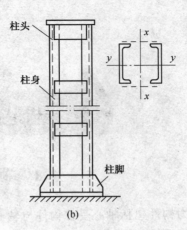

图 4.2 柱的组成

形钢外,常采用角钢或双角钢组合截面[图 4.3(c)],在轻型结构中则可采用冷弯薄壁型钢截面[图 4.3(d)]。以上这些截面中,截面紧凑(如圆钢和组成板件宽厚比较小截面)或对两主轴刚度相差悬殊者(如单槽钢、工字钢),一般只可能用于轴心受拉构件。

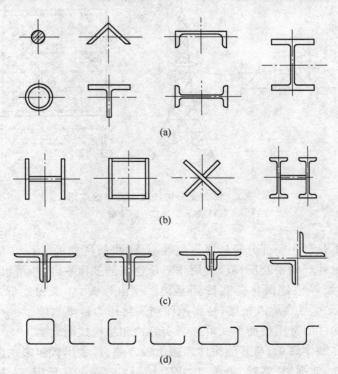

图 4.3 轴心受力实腹式构件的截面形式

而受压构件通常采用较为开展、组成板件宽而薄的截面。格构式构件容易使压杆实现两主轴方向的等稳定性,刚度大,抗扭性能也好,用料较省。其截面一般由两个或多个型钢肢件组成(图4.4),肢件间采用缀条[图4.5(a)]或缀板[图4.5(b)]连成整体,缀条和缀板统称为缀材。

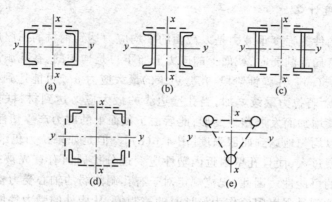

图 4.4 格构式构件的常用截面形式

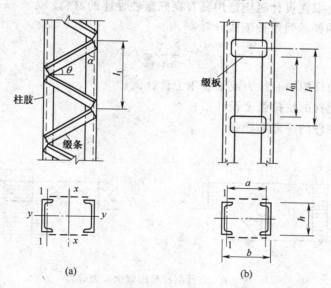

图 4.5 格构式构件的缀材布置
(a)缀条柱;(b)缀板柱

在进行轴心受力构件的设计时,应同时满足第一极限状态和第二极限状态的要求。对于承载能力的极限状态,受拉构件一般以强度控制,而受压构件则需考虑同时满足强度和稳定的要求。对于正常使用的极限状态,是通过保证构件的刚度——即限制其长细比来达到的。因此,按其受力性质的不同,轴心受拉构件的设计需分别进行强度和刚度的验算,而轴心受压构件的设计需分别进行强度、稳定和刚度的验算。

4.2 轴心受力构件的强度和刚度

4.2.1 强度计算

轴心受力构件的强度承载力是以截面的平均应力达到钢材的屈服应力为极限。但当构件的截面有局部削弱时,截面上的应力分布不再是均匀的,在孔洞附近会出现应力集中现象[图 4.6(a)],在弹性阶段,孔壁边缘的最大应力 σ_{max} 可能达到构件毛截面平均应力 σ_a 的 3 倍。若拉力继续增加,当孔壁边缘的最大应力达到材料的屈服强度以后,应力将不再继续增加而发展塑性变形,此后由于截面上的应力产生塑性重分布,最后净截面的应力可以均匀地达到屈服强度[图 4.6(b)]。但是如果拉力仍继续增加,不但构件的变形会发展过大,而且孔壁附近因塑性应变过分扩展而有首先被拉裂从而降低构件的承载能力的可能性。因此,规范规定对于有孔洞削弱的轴心受力构件,仍以其净截面的平均应力达到其强度限值作为设计时的控制值,从构件的受力性能看,一般是偏于安全的。这就要求在设计时应选用具有良好塑性性能的材料。

轴心受力构件的强度按下式计算:

$$\sigma = \frac{N}{A_n} \leq f \tag{4.1}$$

式中　N——构件的轴心拉力或轴心压力设计值;

　　　f——钢材的抗拉强度设计值;

　　　A_n——构件的净截面面积。

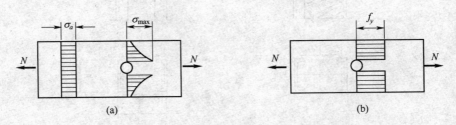

图 4.6　有孔洞拉杆的截面应力分布
(a)弹性状态应力;(b)极限应力状态

当轴心受力构件采用普通螺栓(或铆钉)连接时,若螺栓(或铆钉)为并列布置[图 4.7(a)],A_n 按最危险的正交截面(Ⅰ–Ⅰ截面)计算。若螺栓错列布置[图 4.7(b)、(c)],构件既可能沿正交截面Ⅰ–Ⅰ破坏,也可能沿齿状截面Ⅱ–Ⅱ破坏。截面Ⅱ–Ⅱ的毛截面长度较大但孔洞较多,其净截面面积不一定比截面Ⅰ–Ⅰ的净截面面积大。A_n 应采用Ⅰ–Ⅰ和Ⅱ–Ⅱ截面的较小面积进行计算。

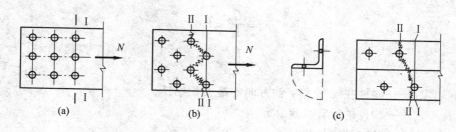

图 4.7 净截面面积计算

对于摩擦型高强度螺栓连接的杆件,验算净截面强度时应考虑截面上每个螺栓所传之力的一部分已经由摩擦力在孔前传走(即孔前传力)(图 4.8),净截面上所受内力应扣除已传走的力。因此,验算最外列螺栓处危险截面的强度时,应按下式计算:

$$\sigma = \frac{N'}{A_n} \leq f \tag{4.2a}$$

$$N' = N(1 - 0.5n_1/n) \tag{4.2b}$$

式中　n——连接一侧的高强度螺栓总数;

　　　n_1——计算截面(最外列螺栓处)上的高强度螺栓数;

　　　0.5——孔前传力系数。

规范规定摩擦型高强度螺栓连接的拉杆,除按式(4.2)验算净截面强度外,还应按下式验算毛截面强度:

$$\sigma = \frac{N}{A} \leq f \tag{4.3}$$

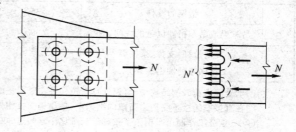

图 4.8 高强度螺栓的孔前传力

式中　A——构件的毛截面面积。

4.2.2　刚度计算

按照结构的使用要求,轴心受力构件应具有一定的刚度,以保证构件不会产生过度的变形,从而满足结构的正常使用要求。构件过于柔细,会产生下列不利影响:①使用期间,容易在自重作用下产生较大的挠度;②在运输和安装过程中易发生过大的弯扭变形;③在动力荷载作用下易发生较大的振动;④压杆的长细比过大时,除具有前述各种不利因素外,还会使构件的极限承载力显著降低,同时,初弯曲和自重产生的挠度也将对构件的整体稳定带来不利影响。

以上这些情况对压杆的影响比对拉杆更大。因此在总结了钢结构长期使用经验的基础上,规范规定:轴心受拉构件及轴心受压构件的刚度以其长细比的容许值来控制。即:

$$\lambda_x = \frac{l_{0x}}{i_x} \leqslant [\lambda] \tag{4.4a}$$

$$\lambda_y = \frac{l_{0y}}{i_y} \leqslant [\lambda] \tag{4.4b}$$

式中　λ_x、λ_y——构件在 x 轴和 y 轴方向的最大长细比；

　　　l_{0x}、l_{0y}——构件的计算长度；

　　　i_x、i_y——截面的回转半径；

　　　$[\lambda]$——构件的容许长细比。

规范根据构件的重要性和荷载情况,对受拉构件的容许长细比规定了不同的要求和数值,其中,对压杆的容许长细比的规定更为严格,见表 4.1、表 4.2。

表 4.1　受拉构件的容许长细比

项次	构件名称	承受静力荷载或间接承受动力荷载的结构		直接承受动力荷载的结构
		一般建筑结构	有重级工作制吊车的厂房	
1	桁架的杆件	350	250	250
2	吊车梁或吊车桁架以下的柱间支撑	300	200	—
3	其他拉杆、支撑、系杆等（张紧的圆钢除外）	400	350	—

注:①承受静力荷载的结构中,可仅计算受拉构件在竖向平面内的长细比。
　②在直接或间接承受动力荷载的结构中,单角钢受拉构件长细比的计算方法与表 4.2 注 2 相同。
　③中、重级工作制吊车桁架下弦杆的长细比不宜超过 200。
　④在设有夹钳或刚性料耙等硬钩吊车的厂房中,支撑(表中第 2 项除外)的长细比不宜超过 300。
　⑤受拉构件在永久荷载与风荷载组合作用下受压时,其长细比不宜超过 250。
　⑥跨度等于或大于 60 m 的桁架,其受拉弦杆与腹杆的长细比不宜超过 300(承受静力荷载或间接承受动力荷载)或 250(直接承受动力荷载)。

表 4.2　受压构件的容许长细比

项次	构 件 名 称	容许长细比
1	柱、桁架和天窗架中的杆件	150
	柱的缀条、吊车梁或吊车桁架以下的柱间支撑	
2	支撑(吊车梁或吊车桁架以下的柱间支撑除外)	200
	用以减小受压构件长细比的构件	

注:①桁架(包括空间桁架)的受压腹杆,当其内力等于或小于承载能力的 50% 时,容许长细比值可取 200。
　②计算单角钢受压构件的长细比时,应采用角钢的最小回转半径,但计算在交叉点相互连接的交叉杆件平面外的长细比时,可采用与角钢肢边平行轴的回转半径。
　③跨度等于或大于 60 m 的桁架,其受压弦杆和端压杆的容许长细比值宜取 100,其他受压腹杆可取 150(承受静力荷载或间接承受动力荷载)或 120(直接承受动力荷载)。
　④由容许长细比控制截面的杆件,在计算其长细比时,可不考虑扭转效应。

4.2.3 轴心拉杆的设计

钢材比其他材料更适合于受拉,所以钢拉杆不但用于钢结构,还用于钢与钢筋混凝土或木材的组合结构中。此种组合结构的受压构件用钢筋混凝土或木材制作,而拉杆用钢材做成。受拉构件没有整体稳定和局部稳定的问题,极限承载力一般由强度控制,所以,设计时只考虑强度和刚度。

按轴心受力构件计算的单角钢杆件,当两端与节点板采用单面连接时,因有构造偏心,实际上不可能是轴心受力构件,为简化计算,可按轴心受力构件计算强度,但需考虑偏心产生的不利影响。现行《钢结构设计规范》规定:单面连接单角钢按轴心受力计算强度和连接时,其强度设计值降低 15 %,即应乘以 0.85 的折减系数。

例 4.1 设有重级工作制吊车厂房的钢屋架下弦(不等边角钢,两短边相拼),其最大内力设计值 $N = 420$ kN(拉力),截面如图 4.9 所示,计算长度 $l_{0x} = 300$ cm,$l_{0y} = 885$ cm,材料为 Q235。试验算其强度与刚度是否满足要求?

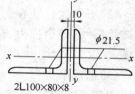

图 4.9 例 4.1 图

解:

1.强度验算

由型钢表中查得∟100 × 80 × 8 的截面面积 $A = 13.94$ cm²,则此下弦杆净截面面积为:

$$A_n = 2 \times (13.94 - 2.15 \times 0.8) = 24.44 \text{ cm}^2 = 2\,444 \text{ mm}^2$$

$$\sigma = \frac{N}{A_n} = \frac{420 \times 10^3}{2\,444} = 171.85 \text{ N/mm}^2 < f = 215 \text{ N/mm}^2$$

2.长细比验算

由附表 6.5 查得:$i_x = 2.37$ cm,$i_y = 4.73$ cm

则　　$\lambda_x = \dfrac{l_{0x}}{i_x} = \dfrac{300}{2.37} = 127 \leqslant [\lambda] = 250$

则　　$\lambda_y = \dfrac{l_{0y}}{i_y} = \dfrac{885}{4.73} = 187 \leqslant [\lambda] = 250$

所以,经验算此钢屋架下弦杆满足强度与刚度要求。

4.3 轴心受压构件的稳定

细长的轴心受压构件,当长细比较大而截面又没有孔洞削弱时,往往不会因截面的平均应力达到抗压强度设计值而发生破坏,而是应力还低于屈服点时,就会发生屈曲破坏丧失承载能力,这就是轴心受压构件"失稳"破坏,它应该满足整体稳定和局部稳定的要求。以往国内外因受压构件突然失稳而导致的结构工程事故是屡见不鲜的。对轴心受压构件来说,整体稳定是确定构件截面的最重要因素。

4.3.1 轴心受压杆件的多柱子($\lambda - \varphi$)曲线

理想轴心受压构件临界力 N_{cr} 和考虑残余应力、初弯曲、初偏心等缺陷情况下轴心受压构件极限承载力 N_u 的计算方法,推导过程相当复杂,这里不再详细叙述。当钢材品种、缺陷情况和大小已经确定时,N_u 和 N_{cr}(或 $\varphi = N_u / Af_y$)仅是长细比 λ 的函数。对于设计者来说,最重要的并不是其推导过程,而是给出实用简便的柱子($\lambda - \varphi$)曲线或表达公式,以供计算采用。

迄今为止,世界各国普遍采取以下 4 种处理方法,应用于钢结构设计实践中。

(1)按照理想轴心受压构件进行计算,在弹性阶段采用欧拉临界应力,在弹塑性阶段采用切线模量临界应力,残余应力、初弯曲、初偏心等缺陷所产生的不利影响用一特殊安全系数来考虑。

(2)按照理想轴心受压构件进行计算,在弹性阶段采用欧拉公式,在弹塑性阶段采用试验曲线,残余应力、初弯曲、初偏心等缺陷所产生的不利影响用一特殊安全系数来考虑。

(3)把残余应力、初弯曲、初偏心等各种缺陷,综合考虑成一个等效的与长细比 λ 有关的初弯曲或初偏心率,利用边缘纤维屈服准则所导出的佩利公式或正割公式,求出边缘纤维屈服时的截面平均应力,作为临界应力。这种方法是用应力问题代替稳定问题,因而计算模型有缺点。

(4)考虑残余应力、初弯曲、初偏心等缺陷所产生的不利影响,采用极限承载力理论进行计算。

第 4 种方法综合考虑了残余应力、初弯曲、初偏心等各种缺陷产生的不利影响,采用极限承载力理论计算,比较符合实际,与试验结果比较一致。

压杆失稳时临界应力 σ_{cr} 与长细比 λ 之间的关系曲线称为柱子曲线。

美国柱子研究委员会(CRC)根据里海(Lehigh)大学对 112 根压杆的计算和试验研究结果,提出了 3 条柱子曲线,分别代表 30 条、70 条和 12 条压杆承载力曲线。

欧洲钢结构协会(ECCS)对轴压构件作了大量研究,通过 1 000 多根试件的试验统计分析并进行理论研究,提出了 5 条柱子曲线。

我国现行钢结构设计规范所采用的轴心受压柱子曲线是按照最大强度准则确定的,计算结果与国内各单位的试验结果进行了比较,较为吻合,说明了计算理论和方法的正确性。过去的《钢结构设计规范》采用单一柱子曲线,即考虑压杆的极限承载能力只与长细比 λ 有关。事实上,压杆的极限承载力并不仅仅取决于长细比。由于残余应力的影响,即使长细比相同的构件,随着截面形状、弯曲方向、残余应力水平及分布情况的不同,构件的极限承载能力有很大差异。

我国经重庆建筑大学和西安建筑科技大学等单位的研究,在制定轴心受压构件

$\lambda-\varphi$曲线时,根据不同截面形状和尺寸、不同加工条件和相应残余应力分布和大小、不同的弯曲屈曲方向,以及 $l/1\,000$ 的初弯曲(因为各种不利因素的最大值同时存在的概率较小,这里没有同时计入与初弯曲影响情况类似的初偏心,$l/1\,000$ 的初弯曲可理解为几何缺陷的代表值),给出 a、b、c、d 等四条柱子曲线(图 4.10),其中 a、c、d 曲线所包括的截面及其对应轴已示于图中,组成板件厚度 $t<40$ mm 的轴心受压构件的截面分类见表 4.3,而 $t\geqslant40$ mm 的截面分类见表 4.4。除这些截面以外的截面和对应轴均属曲线 b。在 $\lambda=40\sim120$ 的常用范围,柱子曲线 a 约比曲线 b 高出 $4\%\sim15\%$;而曲线 c 比曲线 b 约低 $7\%\sim13\%$;曲线 d 则更低,主要用于厚板截面。

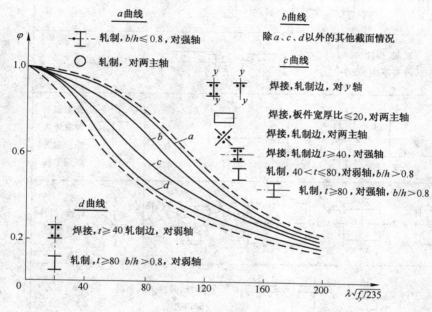

图 4.10　我国的柱子曲线

表 4.3　轴心受压构件的截面分类(板厚 $t<40$ mm)

截　面　形　式		对 x 轴	对 y 轴
(圆形) 轧制		a 类	a 类
(工字形) 轧制 $b/h\leqslant0.8$		a 类	b 类

续上表

截　面　形　式			对 x 轴	对 y 轴
轧制 $b/h > 0.8$	焊接,翼缘 为焰切边	焊接		
轧制		轧制 等边 角钢		
轧制,焊接(板 件宽厚比 > 20)	轧制或焊接		b 类	b 类
焊 接		轧制截面 和翼缘为 焰切边的 焊接截面		
格 构 式		焊接,板件 边缘焰切		
焊接,翼缘为轧制或 剪切边			b 类	c 类
焊接,板件边缘 轧制或剪切	焊接, 板件宽厚比 ≤ 20		c 类	c 类

曲线 a 包括两种截面情况,主要是由于残余应力的影响最小,故其稳定承载力最高;曲线 c 较低,是由于残余应力影响较大,或板件厚度大(或宽厚比小)残余应力在厚度方向有不可忽略的不利影响;曲线 d 最低,主要是由于厚板或特厚板处于最不利的屈曲方向。

轧制圆管以及轧制普通工字钢绕 x 轴失稳时其残余应力影响较小,故属 a 类。

当槽形截面用于格构式柱的分肢时,由于分肢的扭转变形受到缀件的牵制,所以计算分肢绕其自身对称轴的稳定时,可用曲线 b。翼缘为轧制或剪切边的焊接工字形截面,绕弱轴失稳时边缘为残余压应力,使承载能力降低,故将其归入曲线 c。

板件厚度大于 40 mm 的轧制工字形截面和焊接实腹截面,残余应力不但沿板件宽度方向变化,在厚度方向的变化也比较显著,另外厚板质量较差也会对稳定带来不利影响,故应按照表 4.4 进行分类。

表 4.4　轴心受压构件的截面分类(板厚 $t \geqslant 40$ mm)

截　面　情　况			对 x 轴	对 y 轴
轧制工字形或 H 形截面		$t < 80$ mm	b 类	c 类
		$t \geqslant 80$ mm	c 类	d 类
焊接工字形截面		翼缘为焰切边	b 类	b 类
		翼缘为轧制或剪切边	c 类	d 类
焊接箱形截面		板件宽厚比 > 20	b 类	b 类
		板件宽厚比 ≤ 20	c 类	c 类

4.3.2　轴心受压构件的整体稳定计算

轴心受压构件所受应力应不大于整体稳定的临界应力。在考虑抗力分项系数 γ_R 后,即得出《钢结构设计规范》规定的稳定性计算公式:

$$\frac{N}{\varphi A} \leqslant f \tag{4.5}$$

式中　φ——轴心受压构件的整体稳定系数。

整体稳定系数 φ 值应根据截面分类(a、b、c、d 四类)和构件的长细比 λ 以及所采用的钢的牌号,按附录 4 中附表 4.1～附表 4.4 查出。其中,截面分类又依据截面形状、轴线、支撑条件以及施工条件查表 4.3、表 4.4 得出。

整体稳定系数 φ 值应根据表 4.3、表 4.4 的截面分类和截面的长细比,按附表 4.1～附表 4.4 查出。

构件的长细比 λ 按照下列规定确定:

1. 截面为双轴对称或极对称的构件

$$\lambda_x = l_{0x}/i_x \tag{4.6a}$$

$$\lambda_y = l_{0y}/i_y \tag{4.6b}$$

式中　l_{0x}、l_{0y}——构件对主轴 x 和 y 的计算长度;

　　　i_x、i_y——构件截面对主轴 x 和 y 的回转半径。

对双轴对称十字形截面构件,λ_x 或 λ_y 取值不得小于 $5.07b/t$(其中 b/t 为悬伸板件宽厚比)。

2. 截面为单轴对称的构件

以上讨论柱的整体稳定临界力时,假定构件失稳时只发生弯曲而没有扭转,即所谓弯曲屈曲。对于单轴对称截面,由于截面形心与剪心(剪切中心)不重合,绕对称轴失稳时,在弯曲的同时总伴随着扭转,即形成弯扭屈曲。在相同的情况下,弯扭失稳比弯曲失稳的临界应力要低。因此,对双板 T 形和槽形等单轴对称截面进行弯扭分析后,认为绕对称轴(设为 y 轴)的稳定应取计及扭转效应的下列换算长细比 λ_{yz} 代替 λ_y。

$$\lambda_{yz} = \frac{1}{\sqrt{2}} \Big[(\lambda_y^2 + \lambda_z^2) + \sqrt{(\lambda_y^2 + \lambda_z^2)^2 - 4(1 - e_0^2/i_0^2)\lambda_y^2\lambda_z^2} \Big]^{\frac{1}{2}} \tag{4.7}$$

$$\lambda_z^2 = i_0^2 A/(I_t/25.7 + I_w/l_w^2) \tag{4.8}$$

$$i_0^2 = e_0^2 + i_x^2 + i_y^2 \tag{4.9}$$

式中　e_0——截面形心至剪心的距离;

　　　i_0——截面对剪心的极回转半径;

　　　λ_y——构件对对称轴的长细比;

　　　λ_z——扭转屈曲的换算长细比;

　　　I_t——毛截面抗扭惯性矩;

　　　I_w——毛截面扇形惯性矩,对 T 形截面(轧制、双板焊接、双角钢组合)、十字形截面和角形截面可近似取 $I_w = 0$;

　　　A——毛截面面积;

　　　l_w——扭转屈曲的计算长度,对两端铰接端部截面可自由翘曲或两端嵌固端部截面的翘曲完全受到约束的构件,取 $l_w = l_{0y}$。

3. 单角钢截面和双角钢组合 T 形截面的构件(图 4.11)

绕对称轴的换算长细比 λ_{yz} 可采用下列简化方法确定:

(1)等边单角钢截面[图 4.11(a)]

当 $b/t \leqslant 0.54 l_{0y}/b$ 时,

$$\lambda_{yz} = \lambda_y \Big(1 + \frac{0.85 b^4}{l_{0y}^2 t^2}\Big) \tag{4.10}$$

当 $b/t > 0.54 l_{0y}/b$ 时,

$$\lambda_{yz} = 4.78 \frac{b}{t}\left(1 + \frac{l_{0y}^2 t^2}{13.5 b^4}\right) \tag{4.11}$$

式中 b、t——角钢肢宽度和厚度。

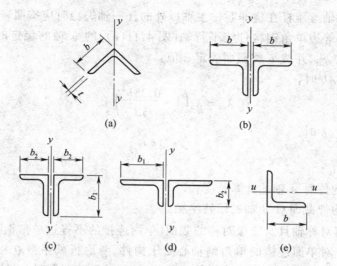

图 4.11 单角钢截面和双角钢组合 T 形截面

b—等边角钢肢宽度；b_1—不等边角钢长肢宽度；b_2—不等边角钢短肢宽度

(2)等边双角钢截面[图 4.11(b)]

当 $b/t \leqslant 0.58 l_{0y}/b$ 时，

$$\lambda_{yz} = \lambda_y\left(1 + \frac{0.475 b^4}{l_{0y}^2 t^2}\right) \tag{4.12}$$

当 $b/t > 0.58 l_{0y}/b$ 时，

$$\lambda_{yz} = 3.9 \frac{b}{t}\left(1 + \frac{l_{0y}^2 t^2}{18.6 b^4}\right) \tag{4.13}$$

(3)长肢相并的不等边双角钢截面[图 4.11(c)]

当 $b_2/t \leqslant 0.48 l_{0y}/b_2$ 时，

$$\lambda_{yz} = \lambda_y\left(1 + \frac{1.09 b_2^4}{l_{0y}^2 t^2}\right) \tag{4.14}$$

当 $b_2/t > 0.48 l_{0y}/b_2$ 时，

$$\lambda_{yz} = 5.1 \frac{b_2}{t}\left(1 + \frac{l_{0y}^2 t^2}{17.4 b_2^4}\right) \tag{4.15}$$

(4)短肢相并的不等边双角钢截面[图 4.11(d)]

当 $b_1/t \leqslant 0.56 l_{0y}/b_1$ 时，可近似取

$$\lambda_{yz} = \lambda_y \tag{4.16}$$

当 $b_1/t > 0.56 l_{0y}/b_1$ 时，

$$\lambda_{yz} = 3.7 \frac{b_1}{t} \left(1 + \frac{l_{0y}^2 t^2}{52.7 b_1^4} \right) \qquad (4.17)$$

单轴对称的轴心压杆在绕非对称主轴以外的任一轴失稳时应按照弯扭曲屈计算其稳定性。当计算等边单角钢构件绕平行轴[图 4.11(e)]的 u 轴的稳定时，可用下式计算其换算长细比 λ_{uz}，并按 b 类截面确定 φ 值：

当 $b/t \le 0.69 l_{0u}/b$ 时，

$$\lambda_{uz} = \lambda_u \left(1 + \frac{0.25 b^4}{l_{0u}^2 t^2} \right) \qquad (4.18)$$

当 $b/t > 0.69 l_{0u}/b$ 时，

$$\lambda_{uz} = 5.4 b/t \qquad (4.19)$$

式中 $\lambda_u = l_{0u}/i_u$；

l_{0u}——构件对 u 轴的计算长度；

i_u——构件截面对 u 轴的回转半径。

对于无任何对称轴且又非极对称的截面(单面连接的不等边单角钢除外)不宜用作轴心受压构件。对单面连接的单角钢轴心受压构件，考虑折减系数 0.85 后，可不考虑弯扭效应。当槽形截面用于格构式构件的分肢，计算分肢绕对称轴(y 轴)的稳定性时，不必考虑扭转效应，直接按 λ_y 查出 φ_y 值。

例 4.2 图 4.12 所示轴心受压柱，截面为热轧工字钢 I32a 型，计算长度 $l_{0x} = 600$ cm，$l_{0y} = 200$ cm，承受的轴心压力设计值为 900 kN，钢材为 Q235。试验算该柱的刚度与整体稳定性是否满足要求。

解：

查表得：$f = 215$ N/mm²，

查附表 6.1 可知 I32a 的截面特性为：

$A = 67.1$ cm²， $i_x = 12.8$ cm， $i_y = 2.62$ cm

柱子的长细比为：

$\lambda_x = l_{0x}/i_x = 600/12.8 = 46.9 < [\lambda] = 150$

$\lambda_y = l_{0y}/i_y = 200/2.62 = 76.3 < [\lambda] = 150$

满足刚度要求。

由表 4.3 可知，截面对 x 轴为 a 类，对 y 轴为 b 类，分别查附表 4.1、附表 4.2 可知，$\varphi_x = 0.924$，$\varphi_y = 0.712$，取 $\varphi = \varphi_y = 0.712$，则：

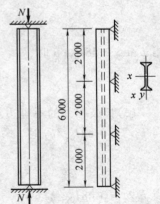

图 4.12 例 4.2 图

$$\sigma = \frac{N}{\varphi A} = \frac{900 \times 10^3}{0.712 \times 67.1 \times 10^2} = 188.4 \text{ N/mm}^2 < f = 215 \text{ N/mm}^2$$

所以，截面满足容许长细比和整体稳定的要求。

例 4.3 图 4.13 所示，焊接组合工字形截面轴心受压柱，轴心压力设计值 $N =$

2 000 kN,柱的计算长度 $l_{0x} = 6$ m,$l_{0y} = 3$ m。钢材为 Q345,翼缘板为焰切边,截面无削弱。试验算该工字形截面柱的整体稳定。

解:

1. 截面几何特征

$A = 25 \times 1.2 \times 2 + 25 \times 0.8 = 80 \text{ cm}^2$

$I_x = \dfrac{1}{12}(25 \times 27.4^3 - 24.2 \times 25^3) = 11\ 345 \text{ cm}^4$

$I_y = \dfrac{1}{12}(1.2 \times 25^3 \times 2 + 25 \times 0.8^3) = 3\ 126 \text{ cm}^4$

$i_x = \sqrt{\dfrac{I_x}{A}} = \sqrt{\dfrac{11\ 345}{80}} = 11.91 \text{ cm}$

$i_y = \sqrt{\dfrac{I_y}{A}} = \sqrt{\dfrac{3\ 126}{80}} = 6.25 \text{ cm}$

$\lambda_x = \dfrac{l_{0x}}{i_x} = \dfrac{600}{11.91} = 50.4$

$\lambda_y = \dfrac{l_{0y}}{i_y} = \dfrac{300}{6.25} = 48.0$

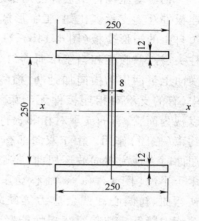

图 4.13 例 4.3 图

2. 截面验算

焊接工字钢的翼缘为焰切边属 b 类截面,查附表 4.2,当 $\lambda = 50.4$ 时得 $\varphi = 0.806\ 7$,代入式(4.5)得:

$\dfrac{N}{\varphi A} = \dfrac{2\ 000\ 000}{0.806\ 7 \times 8\ 000} = 309.9 \text{ N/mm}^2 < f = 310 \text{ N/mm}^2$,满足要求。

3. 刚度验算

$\lambda_{\max} = 50.4 \times \sqrt{345/235} = 60.6 < [\lambda] = 150$

因截面无削弱,故不必验算强度。整体稳定满足。

4.4 轴心受压实腹构件的局部稳定

轴心受压构件都是由一些板件组成的,一般板件的厚度与板的宽度相比较小,截面设计除考虑强度、刚度和整体稳定外,还应考虑局部稳定问题。例如,实腹式轴心受压构件一般由翼缘和腹板等板件组成,在轴心压力作用下,板件都承受压力。由于这些板件的平面尺寸很大,而厚度又相对较薄,就有可能在构件丧失整体稳定或强度破坏之前板件即发生屈曲,板件偏离原来的平面位置而发生波形鼓曲,如图 4.14 所示。因为板件失稳发生在整体构件的局部部位,所以称之为轴心受压构件丧失局部稳定或局部屈曲。局部屈曲有可能导致构件较早地丧失承载能力(由于部分板件因为局部屈曲退出受力将使其他板件受力增大,有可能使对称截面变得不对称)。另外,格构式轴心受压构件由两个或两个以上的分肢组成,每个分肢又由一些板件组成。这些分肢和分肢的板件,在轴心压力作用下也有可能在构件丧失整体稳定之前各自发生屈曲,丧失局部稳定。

　　轴心受压构件中板件的局部屈曲,实际上是薄板在轴心压力作用下的屈曲问题,相连板件互为支承。比如,工字形截面柱的翼缘可以看成为单向均匀受压的三边支承、一边自由的矩形薄板(图4.14b),纵向侧边为腹板,横向上下两边为横向加劲肋、横隔或柱头、柱脚;腹板相当于单向均匀受压的四边支承的矩形薄板,纵向左右两侧边为翼缘,横向上下两边为横向加劲肋、横隔等。以上支承中,有的支承对相连板件无约束转动的能力,可以视为简支;有的支承对相邻板件的转动起部分约束(嵌固)作用。由于双向都有支承,板件发生屈曲时表现为双向波形屈曲,每个方向呈一个或多个半波(图4.14a)。轴心受压薄板也会存在初弯曲、初偏心和残余应力等缺陷,使其屈曲承载能力降低。缺陷对薄板性能影响比较复杂,而且板件尺寸与厚度之比较大时,还存在屈曲后强度的有利因素。有初弯曲和无初弯曲的薄板屈曲后强度相差很小。目前,在钢结构设计中,一般仍多以理想受压平板屈曲的临界应力为准,根据试验或经验综合考虑各种有利和不利因素的影响。

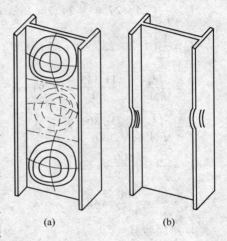

(a)　　　　　　　(b)

图 4.14　轴心受压构件局部屈曲

　　在单向压应力作用下,板件的临界应力可用下式表达:

$$\sigma_{cr} = \frac{\sqrt{\eta}\chi\beta\pi^2 E}{12(1-v^2)}\left(\frac{t}{b}\right)^2 \qquad (4.20)$$

式中　χ——板边缘的弹性约束系数;

　　　　β——屈曲系数;

　　　　η——弹性模量折减系数,根据轴心受压构件局部稳定的试验资料,可取为:

$$\eta = 0.101\,3\lambda^2(1 - 0.024\,8\lambda^2 f_y/E)f_y/E \qquad (4.21)$$

　　局部稳定验算应考虑稳定性,保证板件的局部失稳临界应力式(4.20)不小于构件整体稳定的临界应力(φf_y),即:

$$\frac{\sqrt{\eta}\chi\beta\pi^2 E}{12(1-v^2)}\left(\frac{t}{b}\right)^2 \geqslant \varphi f_y \qquad (4.22)$$

　　显然,φ值与构件的长细比λ有关。由式(4.22)即可确定出板件宽厚比的限值,以工字形截面的板件为例。

　　1. 翼缘

　　工字形截面的翼缘可视为三边简支一边自由的均匀受压板,由于翼缘板悬伸部分的宽厚比b_1/t与长细比λ的关系曲线的关系式较为复杂,为了便于应用,《钢结构设计

规范》中采用下列简单的直线式表达:

$$b_1/t \leqslant (10 + 0.1\lambda)\sqrt{\frac{235}{f_y}} \qquad (4.23)$$

式中 λ——构件两方向长细比的较大值。

当 $\lambda < 30$ 时,取 $\lambda = 30$;当 $\lambda > 100$ 时,取 $\lambda = 100$。

当翼缘板不满足局部稳定时,应采取加大翼缘板的厚度 t 的方法来解决。

2. 腹板

工字形截面的腹板可视为四边支承板,当腹板发生屈曲时,翼缘板作为腹板纵向边的支承,对腹板将起一定的弹性嵌固作用,这种嵌固作用可使腹板的临界剪应力提高约 23%,经简化《钢结构设计规范》中采用腹板高厚比 h_0/t_w 的简化表达式为:

$$\frac{h_0}{t_w} \leqslant (25 + 0.5\lambda)\sqrt{\frac{235}{f_y}} \qquad (4.24)$$

式中 λ——构件两方向长细比的较大值。

当 $\lambda < 30$ 时,取 $\lambda = 30$;当 $\lambda > 100$ 时,取 $\lambda = 100$。对于箱形截面:

$$\frac{h_0}{t_w} \leqslant 40\sqrt{\frac{235}{f_y}} \qquad (4.25)$$

双腹壁箱形截面的腹板高厚比取不与构件的长细比发生关系,偏于安全。

其他截面构件的板件宽厚比限值见表 4.5。对箱形截面中的板件(包括双翼缘板的外层板)其宽厚比限值是近似借用了箱形梁翼缘板的规定。

表 4.5 轴心受压构件板件宽厚比限值

截 面 及 板 件 尺 寸	宽 厚 比 限 值
	$\dfrac{b}{t}\left(\text{或}\dfrac{b_1}{t}\right) \leqslant (10 + 0.1\lambda)\sqrt{\dfrac{235}{f_y}}$ $\dfrac{b_1}{t_1} \leqslant (15 + 0.2\lambda)\sqrt{\dfrac{235}{f_y}}$ $\dfrac{h_0}{t_w} \leqslant (25 + 0.5\lambda)\sqrt{\dfrac{235}{f_y}}$
	$\dfrac{b_0}{t}\left(\text{或}\dfrac{h_0}{t_w}\right) \leqslant 40\sqrt{\dfrac{235}{f_y}}$
	$\dfrac{d}{t} \leqslant 100\left(\dfrac{235}{f_y}\right)$

注:对两板焊接 T 形截面,其腹板高厚比应满足 $b_1/t_1 \leqslant (13 + 0.17\lambda)\sqrt{235/f_y}$。

3.圆管的径厚比

工程结构中圆钢管的径厚比也是根据管壁的局部屈曲不先于构件的整体屈曲确定的。对无缺陷的圆管,在均匀轴心压力作用下,根据管壁弹性屈曲应力理论,可得

$$\sigma_{cr} = 1.21 \frac{Et}{D} \tag{4.26}$$

式中 D——管径;

t——壁厚。

但是管壁缺陷,如局部凹凸,对屈曲应力的影响很大,而管壁越薄,这种影响越大。根据理论分析和试验研究,因径厚比 D/t 不同,弹性屈曲应力要乘以折减系数 $0.3 \sim 0.6$,而且一般圆管都按照弹塑性状态下工作设计。所以,要求圆管的径厚比不大于下式计算值,即

$$D/t \leqslant 100 \times \frac{235}{f_y} \tag{4.27}$$

当工字形截面的腹板高厚比 h_0/t_w 不满足式(4.24)的要求时,除了加厚腹板(此法不一定经济)外,还可采用有效截面的概念进行计算。因为四边支承理想平板在屈曲后还有很大的承载能力,一般称之为屈曲后强度。板件的屈曲后强度主要来自于平板中面的横向张力(即薄膜应力),因而板件屈曲后还能继续承载,此时板内的纵向压力出现不均匀,如图4.15(b)。

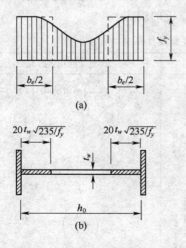

图4.15　腹板屈曲后的有效面积

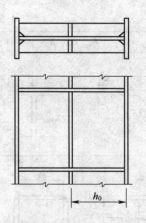

图4.16　实腹柱的腹板加劲肋

若近似以图4.15(a)中虚线所示的应力图形来代替板件屈曲后纵向压应力的分布,即引入等效宽度 b_e 和有效截面 $b_e t_w$ 的概念。考虑腹板部分退出工作,实际平板可由一应力等于 f_y 但宽度只有 b_e 的等效平板来代替。计算时,腹板截面面积仅考虑两侧宽度各为 $20 t_w \sqrt{235/f_y}$(相当于 $b_e/2$)的部分,如图4.15(b)所示,但计算构件的稳定系

数 φ 时仍可用全截面。

当腹板高厚比不满足要求时,亦可在腹板中部设置纵向加劲肋,用纵向加劲肋加强后的腹板仍按式(4.24)计算,但 h_0 应取翼缘与纵向加劲肋之间的距离,如图 4.16 所示。

4.5　轴心受压实腹柱的截面设计

设计轴心受压实腹构件的截面时,应先选择构件的截面形式,再根据构件整体稳定和局部稳定的要求确定截面尺寸。

4.5.1　轴心受压实腹柱的截面形式

实腹式轴性受压柱一般采用双轴对称截面,以避免弯扭失稳。常用截面形式有轧制普通工字钢、H 形钢、焊接工字形截面、型钢和钢板的组合截面、圆管和方管截面等,见图 4.17。

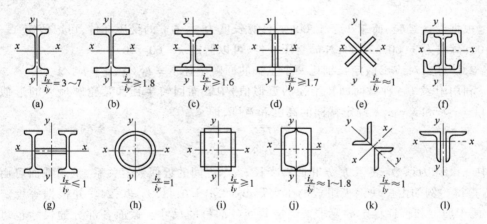

图 4.17　轴心受压实腹柱常用截面

选择轴心受压实腹柱的截面形式时不仅应考虑用料经济,而且还要尽可能构造简单,制造省工、便于运输。为使用料经济一般选择宽敞而且薄壁的截面,这样的截面有较大的回转半径,使构件具有较高的承载能力;要求便于与其他构件进行连接。除此之外,还要求构件在两个方向的稳定系数接近相等,当构件在两个方向的长细比相同时,虽然有可能由于属于不同类别而使得它们的稳定系数不一定相同,但其差别一般不大。因此,可用长细比 λ_x 和 λ_y 相等作为考虑其稳定的方法。这样,选择截面形状时还要和构件的计算长度 l_{0x} 和 l_{0y} 联系起来。

进行截面选择时一般应根据内力大小,两方向的计算长度值以及制造加工量、材料供应等情况综合进行考虑。单根轧制普通工字钢[图 4.17(a)]由于对 y 轴的回转半径

比对 x 轴的回转半径小的多,因而只适应于计算长度 $l_{0x} \geq 3l_{0y}$ 的情况。热轧宽翼缘 H 形钢[图4.17(b)]的最大优点是制造省工,腹板较薄,翼缘较宽,可以做到与截面的高度相同(HW形),因而具有很好的截面特性。用三块板焊成的工字钢[图4.17(d)]及十字形截面[图4.17(e)]组合灵活,容易使截面分布合理,制造并不复杂。用型钢组成的截面[图4.17(c)、(f)、(g)]适用于压力很大的柱。管形截面[图4.17(h)、(i)、(j)]从受力性能来看,由于两个方向的回转半径相近,因而最适合于两方向计算长度相等的轴心受压柱。这类构件为封闭式,内部不宜生锈,但与其他构件的连接和构造较麻烦。

4.5.2 轴心压杆实腹构件的计算步骤

在确定钢材的强度设计值、轴心压力的设计值、计算长度以及截面形式以后,可以按照下列步骤设计轴心实腹受压构件的截面尺寸。

1.先假定杆件的长细比 λ,求出需要的截面面积 A

根据 λ、截面分类和钢种及加工条件可查得稳定系数 φ,则需要的截面面积为:

$$A \geq \frac{N}{\varphi f} \tag{4.28}$$

根据设计经验,荷载小于1 500kN、计算长度为5~6 m的受压杆件,可以假定 $\lambda = 80 \sim 100$;荷载为3 000~3 500 kN的受压杆件,可以假定 $\lambda = 60 \sim 70$。

2.计算出对应于假定长细比两个主轴的回转半径 $i_x = l_{0x}/\lambda$;$i_y = l_{0y}/\lambda$

利用附表(各种截面回转半径的近似值)中截面回转半径和其轮廓尺寸的近似关系 $i_x = \alpha_1 h$ 和 $i_y = \alpha_2 b$ 确定截面的高度和宽度,即

$$h \approx \frac{i_x}{\alpha_1}, \qquad b \approx \frac{i_y}{\alpha_2}$$

式中,α_1、α_2 为系数,表示 h、b 和回转半径 i_x、i_y 之间的近似数值关系,常用截面可由表4.6查得。例如由三块钢板组成的工字形截面,$\alpha_1 = 0.43$,$\alpha_2 = 0.24$。并根据等稳定条件、便于加工和板件稳定的要求来确定截面各部位的尺寸。截面各部分的尺寸也可以参考已有的设计资料确定,不一定都从假定杆件的长细比开始。

表4.6　各种截面回转半径的近似值

截面							
$i_x = \alpha_1 h$	$0.43h$	$0.38h$	$0.38h$	$0.40h$	$0.30h$	$0.28h$	$0.32h$
$i_y = \alpha_2 b$	$0.24b$	$0.44b$	$0.60b$	$0.40b$	$0.215b$	$0.24b$	$0.20b$

3.计算出截面特征

按照式 $\frac{N}{\varphi A} \leqslant f$ 验算杆件的整体稳定,如有不合适,对截面尺寸加以调整并重新计算截面特征;当截面有较大削弱时,还应验算净截面强度。

4.局部稳定性验算

轴心受压实腹杆件的局部稳定是以限制其组成板件宽厚比来保证的。对热轧型钢截面,由于板件宽厚比较小,一般都能满足要求,可以不必验算;对于组合截面,则应根据式(4.23)~式(4.27)对板件的宽厚比进行验算。

5.刚度验算

轴心受压实腹构件的长细比还应符合规范所规定的容许长细比和最小截面尺寸和要求。事实上,在进行整体稳定验算时,构件的长细比已经预先求出或假定,以确定整体稳定系数 φ,因而杆件的刚度验算和整体稳定验算应同时进行。

4.5.3　轴心压杆实腹构件的构造要求

当实腹式构件的腹板高厚比 h_0/t_w 较大,规范规定:$h_0/t_w > 80\sqrt{235/f_y}$ 时,为防止腹板在施工和运输过程中发生变形、提高柱的抗扭刚度,应设置横向加劲肋(图 4.18),横向加劲肋的间距不得大于 $3h_0$,其截面尺寸要求为双侧加劲肋的外伸宽度 $b_s \geqslant (h_0/30 + 40)$ mm,厚度 $t_s \geqslant b_s/15$。

轴心受压实腹柱的纵向焊缝(翼缘与腹板的连接焊缝)受力很小,不必计算,可按构造要求确定焊缝尺寸,其连接焊缝一般按构造取 $h_f = 4\sim 8$ mm。

此外,为了保证构件截面几何形状不变、提高构件抗扭刚度、传递必要的内力,对大型实腹式构件,在受到较大横向力处和每个运送单元的两端,还应设置横隔。构件较长时,并设置中间横隔,横隔的间距不得大于构件截面较大宽度的 9 倍或 8 m(图 4.18)。

例 4.4　如图 4.19 所示,某钢结构支柱承受压力设计值 $N = 1\,500$ kN,强轴 x 轴的计算长度 $l_{0x} = 600$ cm,弱轴 y 轴的计算长度 $l_{0y} = 300$ cm,钢材为 Q235,截面无削弱。试设计此柱的截面:(1)用普通轧制工字钢;(2)用焊接工字形截面,翼缘为焰切边。

解:

1.轧制工字钢[图 4.19(b)]

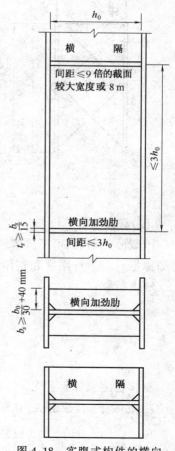

图 4.18　实腹式构件的横向加劲肋和横隔

（1）试选截面

假定 $\lambda = 90$，对于轧制工字钢，当绕 x 轴失稳时属于 a 类截面，由附表 4.1 查得 $\varphi_x = 0.714$；当绕 y 轴失稳时属于 b 类截面，由附表 4.2 查得 $\varphi_y = 0.621$；需要的截面几何量为：

$$A = \frac{N}{\varphi_{\min} f} = \frac{1\,500 \times 10^3}{0.621 \times 215} = 11\,234.7 \text{ mm}^2 = 112.3 \text{ cm}^2$$

$$i_x = \frac{l_{0x}}{\lambda} = \frac{600}{90} = 6.67 \text{ cm}$$

$$i_y = \frac{l_{0y}}{\lambda} = \frac{300}{90} = 3.33 \text{ cm}$$

由附表 6.1 中不可能选出同时满足 A、i_x 和 i_y 的型号，可适当优先考虑 A 和 i_y 进行选择。现试选 I56a，$A = 135 \text{ cm}^2$、$i_x = 22.0 \text{ cm}$ 和 $i_y = 3.18 \text{ cm}$。

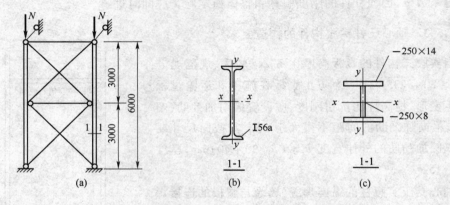

图 4.19 例 4.4 图

（2）截面验算

因截面无削弱，可不验算强度。又因是轧制工字钢，翼缘和腹板均较厚，可不验算局部稳定只需进行刚度和整体稳定验算

刚度验算：

$$\lambda_x = \frac{l_{0x}}{i_x} = \frac{600}{22.0} = 27.3 < [\lambda] = 150$$

$$\lambda_y = \frac{l_{0y}}{i_y} = \frac{300}{3.18} = 94.3 < [\lambda] = 150$$

整体稳定验算：

λ_y 远大于 λ_x，故由 λ_y 查附表 4.2 得 $\varphi = 0.591$。

$$\frac{N}{\varphi A} = \frac{1\,500 \times 10^3}{0.591 \times 135 \times 10^2} = 188 \text{ N/mm}^2 < f = 205 \text{ N/mm}^2$$

经验算刚度、整体稳定均满足要求。

2. 焊接工字形截面[图 4.19(c)]

(1)试选截面

因焊接工字形截面宽度较大,因此长细比的假设值可适当减小,假设 $\lambda = 60$。又因翼缘为焰切边,不论对 x 轴还是 y 轴截面类型均属于 b 类截面,由附表 4.2 查得 $\varphi = 0.807$,所需截面几何量为:

$$A = \frac{N}{\varphi f} = \frac{1\,500 \times 10^3}{0.807 \times 215 \times 10^2} = 86.5 \text{ cm}^2$$

$$i_x = \frac{l_{0x}}{\lambda} = \frac{600}{60} = 10.0 \text{ cm}$$

$$i_y = \frac{l_{0y}}{i_y} = \frac{300}{60} = 5.0 \text{ cm}$$

$$h \approx \frac{i_x}{\alpha_1} = \frac{10.0}{0.43} = 23.3 \text{ cm}$$

$$b \approx \frac{i_y}{\alpha_2} = \frac{5.0}{0.24} = 20.8 \text{ cm}$$

由以上求得的 A、h 及 b,再考虑构造要求、局部稳定以及钢材规格等,初步确定截面尺寸如图 4.19(c)所示,翼缘 2−250 × 14,腹板 1−250 × 8,其截面几何参数为:

$$A = 2 \times 25 \times 1.4 + 25 \times 0.8 = 90 \text{ cm}^2$$

$$I_x = \frac{1}{12}(25 \times 27.8^3 - 24.2 \times 25^3) = 13\,250 \text{ cm}^4$$

$$I_y = 2 \times \frac{1}{12} \times 1.4 \times 25^3 = 3\,650 \text{ cm}^4$$

$$i_x = \sqrt{\frac{I_x}{A}} = \sqrt{\frac{13\,250}{90}} = 12.13 \text{ cm}$$

$$i_y = \sqrt{\frac{I_y}{A}} = \sqrt{\frac{3\,650}{90}} = 6.37 \text{ cm}$$

(2)强度验算

因截面无削弱,不必验算强度。

(3)刚度验算

长细比:

$$\lambda_x = \frac{l_{0x}}{i_x} = \frac{600}{12.13} = 49.5 < [\lambda] = 150$$

$$\lambda_y = \frac{l_{0y}}{i_y} = \frac{300}{6.37} = 47.1 < [\lambda] = 150$$

(4)整体稳定验算

取 $\lambda = \lambda_x = 49.5$(取较大值),查附表 4.2 得 $\varphi = 0.859$,

$$\frac{N}{\varphi A} = \frac{1\,500 \times 10^3}{0.859 \times 90 \times 10^2} = 194 \text{ N/mm}^2 < f = 215 \text{ N/mm}^2$$

(5)局部稳定验算

翼缘：$\dfrac{b}{t} = \dfrac{12.5}{1.4} = 8.9 < (10 + 0.1\lambda)\sqrt{\dfrac{235}{f_y}} = 14.95$

腹板：$\dfrac{h_0}{t_w} = \dfrac{25}{0.8} = 31.25 < (25 + 0.5\lambda)\sqrt{\dfrac{235}{f_y}} = 49.75$

所以经验算，此柱的强度、刚度、整体稳定及局部稳定均满足要求。

(6)构造

因腹板高厚比小于80，故不必设置横向加劲肋。翼缘与腹板的连接焊缝最小焊脚尺寸 $h_{f\,\min} = 1.5\sqrt{t} = 1.5\sqrt{14} = 5.6$ mm，采用 $h_f = 6$ mm。

以上我们采用两种不同截面的形式对本例中的立柱进行了设计，由计算结果可知，轧制普通工字钢截面要比焊接工字形截面约大50%，这是由于普通工字钢绕弱轴的回转半径太小。在本例情况中，尽管弱轴方向的计算长度仅为强轴方向计算长度的1/2，前者的长细比仍远大于后者，因而支柱的承载能力是由弱轴控制的，对强轴则有较大富裕，这显然是不经济的，若必须采用此种截面，宜再增加侧向支承的数量。对于焊接工字形截面，由于其两个方向的长细比非常接近，基本上做到了等稳定性，用料最经济。但焊接工字形截面的焊接工作量大，在设计轴心受压实腹柱时应注意。

例 4.5 焊接组合工字形截面轴心受压柱，柱截面尺寸和轴心压力与例4.4相同。试验算实腹柱腹板和翼缘的局部稳定。

解：

腹板高度 $h_0 = 250$ mm，厚度 $t_w = 8$ mm，长细比 $\lambda = 50.4$，翼缘外伸宽度 $b = 125$ mm，厚度 $t = 12$ mm。

腹板局部稳定按公式(4.24)：

$$\frac{h_0}{t_w} = \frac{250}{8} = 31.25 < (25 + 0.5\lambda)\sqrt{\frac{235}{f_y}} = (25 + 0.5 \times 50.4)\sqrt{\frac{235}{345}} = 41.43$$

翼缘局部稳定按公式(4.23)：

$$\frac{b}{t} = \frac{125 - 4}{12} = 10.08 < (10 + 0.1\lambda)\sqrt{\frac{235}{f_y}} = (10 + 0.1\lambda \times 50.4)\sqrt{\frac{235}{345}} = 12.4$$

腹板和翼缘的局部稳定均能得到满足。

例 4.6 已知：某钢屋架中的轴心受压上弦杆，承受的轴心压力设计值 $N = 1\,034$ kN，计算长度 $l_{0x} = 1\,509$ mm、$l_{0y} = 3\,018$ mm，节点板厚14 mm，钢板为Q235—B·F钢。采用双角钢组合T形截面，选用 2∟160×100×12，短边相连见图4.20。$A = 60.11$ cm^2，$i_x = 2.82$ cm，$i_y = 7.90$ cm，截面外伸肢上开有两个直径 $d_0 = 21.5$ mm 的螺栓孔，其位置在节点板范围以外。试验算此截面。

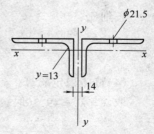

图 4.20 例 4.6 图

解：

1.强度

$$A_n = 60.11 - 2 \times 2.15 \times 1.2 = 54.95 \text{ cm}^2$$

$$\sigma = \frac{N}{A_n} = \frac{1\,034 \times 10^3}{54.95 \times 10^2} = 188.2 \text{ N/mm}^2 < f = 215 \text{ N/mm}^2,\text{满足要求。}$$

2.刚度和整体稳定性

对 x 轴　　$\lambda_x = \dfrac{l_{0x}}{i_x} = \dfrac{150.9}{2.82} = 53.5 < [\lambda] = 150,\text{满足要求。}$

对 y 轴应计及扭转效应

$$\frac{b_1}{t} = \frac{160}{12} = 13.33 > 0.56 \frac{l_{0y}}{b_1} = 0.56 \times \frac{3\,018}{160} = 10.56$$

根据公式(4.17)的规定采用换算长细比

$$\lambda_{yz} = 3.7 \frac{b_1}{t}\left(1 + \frac{l_0^2 t^2}{52.7 b_1^4}\right) = 3.7 \frac{160}{12}\left(1 + \frac{3\,018^2 \times 12^2}{52.7 \times 160^4}\right) = 51.2 < [\lambda] = 150$$

满足要求。

由 $\lambda = \max\{\lambda_x, \lambda_y\} = 53.5$,查附表 4.2 得 $\varphi = 0.840$,

$$\frac{N}{\varphi A} = \frac{1\,034 \times 10^3}{0.840 \times 60.11 \times 10^2} = 204.7 \text{ N/mm}^2 < f = 215 \text{ N/mm}^2,\text{满足要求。}$$

3.局部稳定[式(4.23)并参阅《钢结构设计规范》第 4.3.8 条之注]

只需验算角钢水平肢(长肢)。

$$\frac{b'}{t} = \frac{160 - 12 - 13}{12} = 11.3 < (10 + 0.1 \times 53.5)\sqrt{\frac{235}{235}} = 15.4,\text{满足要求。}$$

4.6　轴心受压格构式构件

4.6.1　格构柱的截面形式

为提高轴心受压构件的承载能力,应在不增加材料用量的前提下,尽可能增大截面的惯性矩,并使两个主轴方向的惯性矩相同,即令 x 轴与 y 轴具有相等的稳定性。如图 4.4,格构式受压构件就是把肢杆布置在距截面形心一定距离的位置上,通过调整肢间距离以使两个方向具有相同的稳定性。肢杆之间用缀件(缀条或缀板)连接,以保证各肢杆的共同工作。截面上横穿肢杆的轴[图 4.4(a)、(b)、(c)中的 y 轴]称为实轴,与肢平行的轴[图 4.4(a)、(b)、(c)中的 x 轴]称为虚轴。图 4.4(d)、(e)中的 x、y 轴均为虚轴。

轴心受压格构式构件通常采用 2 个、3 个或 4 个构件组成如图 4.4,并使翼缘朝内,这样缀件长度较小,外部平整。如用两根槽钢[图 4.4(a)、(b)]或 H 形钢[图 4.4(c)]作为肢件,两肢间用缀条[图 4.5(a)]或缀板[图 4.5(b)]连成整体,用于较重型结构的截面形式。对于十分强大的柱,肢件有时用焊接组合工字形截面。对荷载小但长度较大的杆件,例如桅杆、起重机臂等,其截面可用 4 个角钢组成,并在 4 个平面内都连以缀条或缀板[图 4.4(d)]。工地中的卷扬机架,受力小,构造上有特殊要求,常用三角形格构式柱[图 4.4(e)]。三角形格构式柱的柱肢一般用钢管(也可用角钢)组成。

在柱的横截面上穿过肢件腹板的轴叫实轴(图 4.5 中的 y 轴),穿过两肢之间缀材面的轴称为虚轴(图 4.5 中的 x 轴)。

格构式构件制造复杂,由于柱肢只宜采用型钢(或钢管),所以其承载能力及应用也受到一定的限制。

格构式轴心受压柱对实轴的稳定计算与实腹柱完全相同,因为它相当于 2 个并列的实腹柱。但格构柱虚轴的稳定性却比具有同样长细比的实腹柱稳定性小。因为格构柱的分肢是每隔一定距离用缀件连接起来的,缀条或缀板的变形,助长了柱的屈曲变形,所以与实腹柱相比,虚轴方向临界力较低。

为考虑缀件变形对临界力降低的影响,根据理论推导,设计计算时采用加大的换算长细比来代替整个构件对虚轴的实际长细比,这样也就相当于降低了虚轴方向的临界力。采用换算长细比的办法使格构柱的计算大为简化,因为格构柱对实轴稳定计算已与实腹柱相同,而对虚轴的稳定计算,只需用换算长细比查取 φ 值,其余并无差别。

缀材有缀条和缀板两种。缀条用斜杆组成,也可用斜杆和横杆共同组成,一般用单角钢作缀条,而缀板通常用钢板做成。

轴心受压格构式构件的设计与轴心受压实腹构件相似,应考虑强度、刚度(长细比)、整体稳定和局部稳定(分肢肢件的稳定和板件的稳定)几个方面的要求,但每个方面的计算都有其特点;此外,轴心受压格构式构件的设计还包括缀材的设计。

4.6.2　格构柱绕虚轴的换算长细比

格构柱绕实轴的稳定计算与实腹式构件相同,但绕虚轴的整体稳定临界力要低于长细比相同的实腹式构件。

轴心受压构件整体弯曲后,沿杆长各截面上将存在弯矩和剪力。对实腹式构件,剪力引起的附加变形很小,对临界力的影响只占 3/1 000 左右。因此,在确定实腹式轴心受压构件整体稳定的临界力时,仅仅考虑了由弯矩作用所产生的变形,而忽略了剪力所产生的变形。对于格构式柱,当绕虚轴失稳时,情况有所不同,因肢件并不是连续的板而只是每隔一定距离用缀条或缀件联系起来。柱的剪切变形较大,剪力造成的附加挠曲影响就不能忽略。在格构式柱的设计中,对虚轴失稳的计算,常用加大长细比的办法来考虑剪切变形的影响,加大后的长细比称为换算长细比。

《钢结构设计规范》中对缀条柱和缀板柱采用不同的换算长细比计算公式。

1.双肢缀条柱的换算长细比

根据弹性稳定理论,当考虑剪力的影响后,其临界力可为:

$$N_{cr} = \frac{\pi^2 EA}{\lambda_x^2} \cdot \frac{1}{1 + \frac{\pi^2 EA}{\lambda_x^2} \cdot \gamma} = \frac{\pi^2 EA}{\lambda_{0x}^2} \qquad (4.29)$$

式中　λ_{0x}——格构柱绕虚轴临界力换算为实腹柱临界力的换算长细比，$\lambda_{0x}=$

$$\sqrt{\lambda_x^2 + \pi^2 EA\gamma} \; ; \qquad (4.30)$$

　　　γ——单位剪力作用下的轴线转角。

　　图4.21(a)表示两分肢用缀条联系的格构式轴心受压构件的受力和变形情况。现取出一个缀条节间进行分析，以求出单位剪切角 γ，如图4.21(b)所示，在单位剪力 $V = 1$ 作用下，一侧缀材所受剪力 $V_1 = 1/2$。设一个节间内两侧斜缀条的面积之和为 A_1，其内力 $N_d = 1/\sin\alpha$；斜缀条长 $l_d = l_1/\cos\alpha$，则斜缀条的轴向变形为：

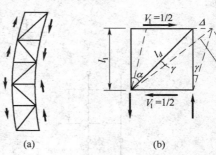

$$\Delta_d = \frac{N_d l_d}{EA_1} = \frac{l_1}{EA_1 \sin\alpha\cos\alpha} \qquad (4.31)$$

假设变形和剪切角是有限的微小值，则由 Δ_d 引起的水平变位 Δ 为：

图4.21　缀条柱的剪切变形

$$\Delta = \frac{\Delta_d}{\sin\alpha} = \frac{l_1}{EA_1 \sin^2\alpha\cos\alpha} \qquad (4.32)$$

故剪切角：

$$\gamma = \frac{\Delta}{l_1} = \frac{1}{EA_1 \sin^2\alpha\cos\alpha} \qquad (4.33)$$

式中　α——斜缀条与柱轴线间的夹角，代入式(4.30)中得：

$$\lambda_{0x} = \sqrt{\lambda_x^2 + \frac{\pi^2}{\sin^2\alpha\cos\alpha} \cdot \frac{A}{A_1}} \qquad (4.34)$$

　　在 $\theta = 40° \sim 70°$ 的范围内，$\pi^2/(\sin^2\theta \cdot \cos\theta) = 25.6 \sim 32.7$。为简化计算，《钢结构设计规范》统一规定使用27，由此得简化式为：

$$\lambda_{0x} = \sqrt{\lambda_x^2 + 27\frac{A}{A_1}} \qquad (4.35)$$

式中　λ_x——整个柱对虚轴的长细比；

　　　A——整个柱的毛截面面积。

　　《钢结构设计规范》规定 θ 应在 $40° \sim 70°$ 之间。当 θ 不在此范围之内时，式(4.35)的误差较大，宜采用式(4.34)计算。还应当注意的是：推导公式(4.35)时，仅考虑了斜缀条由于剪力作用的轴向伸长产生的节间相对侧移，而没有考虑横缀条轴向缩短对相对侧移的影响。因此，式(4.34)和式(4.35)仅适用于不设横缀条或设横缀条但横缀条不参加传递剪力的缀条布置；当用于横缀条参加传递剪力的缀条布置时，式(4.34)和式

(4.35)中,还应当补入横缀条(截面面积总和 A_2)变形影响项,其值为 $\pi^2\tan\theta\cdot\dfrac{A}{A_2}$。

2.双肢缀板柱的换算长细比

由图 4.22 表示缀板式轴心受压格构式构件的弯曲屈曲变形(包括弯曲和剪切变形)情况,内力和变形可按单跨多层刚架进行分析,并假设反弯点在各层分肢和每个缀板(横梁)的中点,如图 4.22(a)所示。若只考虑分肢和缀板在横向剪力作用下的弯曲变形,其分离体如图 4.22(b)所示,可得单位剪力作用下缀板弯曲变形引起的分肢变位 Δ_1 为:

$$\Delta_1 = \frac{l_1}{2}\theta_1 = \frac{l_2}{2}\frac{al_1}{12EI_b} = \frac{al_1^2}{24EI_b}$$

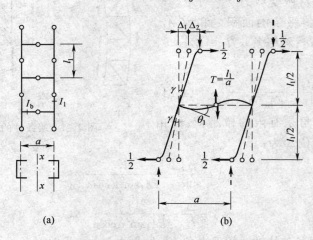

(a) (b)

图 4.22 缀板柱的剪切变形

分肢本身弯曲变形时的变位 Δ_2 为:

$$\Delta_2 = \frac{l_1^3}{48EI_1}$$

由此得剪切角 γ:

$$\gamma = \frac{\Delta_1+\Delta_2}{0.5l_1} = \frac{al_1}{12EI_b}+\frac{l_1^2}{24EI_1} = \frac{l_1^2}{24EI_1}\left(1+2\frac{I_1/l_1}{I_b/a}\right)$$

将此 γ 值代入式(4.30),并令 $K_1=I_1/l_1$,$K_b=I_b/a$,得换算长细比 λ_{ox} 为:

$$\lambda_{0x} = \sqrt{\lambda_x^2+\frac{\pi^2Al_1^2}{24I_1}\left(1+2\frac{K_1}{K_b}\right)}$$

假设分肢截面面积 $A_1=0.5A$,$A_1l_1^2/I_1=\lambda_1^2$,则:

$$\lambda_{0x} = \sqrt{\lambda_x^2+\frac{\pi^2}{12}\left(1+2\frac{K_1}{K_b}\right)\lambda_1^2} \tag{4.36}$$

式中　$\lambda_1 = l_{01}/i_1$ ——分肢的长细比,i_1 为分肢弱轴的回转半径,l_{01} 为缀板间的净距离;

　　　　$K_1 = I_1/l_1$ ——一个分肢的线刚度,l_1 为缀板中心距,I_1 为分肢绕弱轴的惯性矩;

　　　　$K_b = I_b/a$ ——两侧缀板线刚度之和,即 I_b 为两侧缀板的惯性矩,a 为分肢轴线间的距离。

根据《钢结构设计规范》的规定,缀板线刚度之和 K_b 应大于 6 倍的分肢线刚度,即 $K_b/K_1 \geqslant 6$。若取 $K_b/K_1 = 6$,则式(4.36)中的 $\dfrac{\pi^2}{12}\left(1 + 2\dfrac{K_1}{K_b}\right) \approx 1$。因此规范规定柱的换算长细比采用:

当缀件为缀板时:

$$\lambda_{0x} = \sqrt{\lambda_x^2 + \lambda_1^2} \tag{4.37}$$

当缀件为缀条时:

$$\lambda_{0x} = \sqrt{\lambda_x^2 + 27\dfrac{A}{A_{1x}}} \tag{4.38}$$

式中　λ_x ——整个构件对 x 轴的长细比,注意:虚、实轴与 x、y 轴的对应;

　　　　λ_1 ——分肢对最小刚度轴 $1-1$ 的长细比,其计算长度取为:焊接时,为相邻两缀板的净距离;螺栓连接时,为相邻两缀板边缘螺栓的距离;

　　　　A_{1x} ——构件截面中垂直于 x 轴的各斜缀条毛截面面积之和。

3.四肢组合构件[图 4.4 (d)]

当缀件为缀板时:

$$\lambda_{0x} = \sqrt{\lambda_x^2 + \lambda_1^2} \tag{4.39}$$

$$\lambda_{0y} = \sqrt{\lambda_y^2 + \lambda_1^2} \tag{4.40}$$

当缀件为缀条时:

$$\lambda_{0x} = \sqrt{\lambda_x^2 + 40\dfrac{A}{A_{1x}}} \tag{4.41}$$

$$\lambda_{0y} = \sqrt{\lambda_y^2 + 40\dfrac{A}{A_{1y}}} \tag{4.42}$$

式中　λ_y ——整个构件对 y 轴的长细比;

　　　　A_{1y} ——构件截面中垂直于 y 轴的各斜缀条毛截面面积之和。

4.缀件为缀条的三肢组合构件[图 4.4(e)]

$$\lambda_{0x} = \sqrt{\lambda_x^2 + \dfrac{42A}{A_1(1.5 - \cos^2\theta)}} \tag{4.43}$$

$$\lambda_{0y} = \sqrt{\lambda_y^2 + \frac{42A}{A_1 \cos^2 \theta}} \qquad (4.44)$$

式中　A_1——构件截面中各斜缀条毛截面面积之和；

　　　θ——构件截面内缀条所在平面与 x 轴的夹角。

4.6.3　缀材设计

1.轴心受压格构柱的横向剪力

柱在轴心荷载下保持竖直状态时剪力为零,但当格构式柱达临界状态绕虚轴弯曲时,轴心力因挠度而产生弯矩,从而引起横向剪力,此剪力将由缀条或缀板面分担(包括用整体板连接的面)。根据理论推导,《钢结构设计规范》规定轴心受压构件应按下式计算剪力。

轴心受压格构柱平行于缀材面的剪力为：

$$V_{max} = \frac{N}{85\varphi}\sqrt{\frac{f_y}{235}} \qquad (4.45)$$

式中　φ——按虚轴换算长细比确定的整体稳定系数。

令 $N = \varphi Af$,即得《钢结构设计规范》中的最大剪力计算式：

$$V = \frac{Af}{85}\sqrt{\frac{f_y}{235}} \qquad (4.46)$$

式中　$\sqrt{\dfrac{f_y}{235}}$——钢材材质的转换系数；

　　　f_y——钢材的屈服强度。

在设计中,剪力 V 值可认为沿构件全长不变。

2.缀条的设计

缀条的布置一般采用单系缀条[图 4.23(a)],也可采用交叉缀条[图 4.23(b)]。缀条可视为以柱肢为弦杆的平行弦桁架的腹杆,内力与桁架腹杆的计算方法相同。在横向剪力作用下,一个斜缀条的轴心力如图 4.23 所示：

$$N_1 = \frac{V_1}{n\cos\theta} \qquad (4.47)$$

式中　V_1——分配到一个缀材面上的剪力；

　　　n——承受剪力 V_1 的斜缀条数,单系缀条时：$n = 1$,交叉缀条时：$n = 2$；

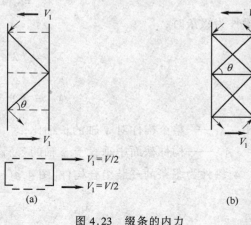

图 4.23　缀条的内力

θ——缀条的倾角。

由于剪力的方向不定,可能受压也可能受拉的斜缀条,应按轴心压杆确定截面。

缀条一般采用单角钢,与柱单面连接。考虑到偏压时的弯扭,当按轴心受力构件设计时,钢材的强度设计值应乘以下列折减系数 η:

①按轴心受力计算构件的强度和连接时,$\eta = 0.85$。

②按轴心受压计算构件的稳定性时,

等边角钢 $\eta = 0.6 + 0.001\,5\lambda \leqslant 1.0$

短边相连的不等边角钢 $\eta = 0.5 + 0.002\,5\lambda \leqslant 1.0$

长边相连的不等边角钢 $\eta = 0.70$。

λ 为缀条的长细比,对中间无联系的单角钢压杆,按最小回转半径计算,当 $\lambda < 20$ 时,取 $\lambda = 20$。交叉缀条体系[图 4.23(b)]的横缀条按受压力 $N = V_1$ 计算。为了减小分肢的计算长度,单系缀条[图 4.23(a)]也可加横缀条,其截面尺寸一般与斜缀条相同,也可按容许长细比 $[\lambda] = 150$ 确定。

3.缀板的设计

缀板柱可视为一多层框架(肢件视为框架立柱,缀板视为横梁)。当它整体挠曲时,假定各层分肢中点和缀板中点为反弯点[图 4.22(a)]。从柱中取出如图 4.24(b)所示的脱离体,可得缀板内力为:

剪力:
$$T = \frac{V_1 l_1}{a} \tag{4.48}$$

弯矩(与肢件连接处):
$$M = T \cdot \frac{a}{2} = \frac{V_1 l_1}{2} \tag{4.49}$$

式中 l_1——缀板中心线间的距离;

a——肢件轴线间的距离。

缀板与肢体间用角焊缝相连,角焊缝承受剪力和弯矩的共同作用。由于角焊缝的强度设计值小于钢材的强度设计值,故只需用上述 M 和 T 验算缀板与肢件间的连接焊缝。

缀板应有一定的刚度。规范规定,同一截面处两侧缀板线刚度之和不得小于一个分肢线刚度的 6 倍。一般取宽度 $d \geqslant 2a/3$[图 4.24(b)],厚度 $t \geqslant a/40$ 并不小于 6 mm。端缀板宜适当加宽,取 $d = a$。

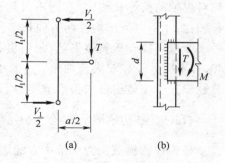

图 4.24 缀板计算简图

4.6.4 格构式柱的设计步骤

格构式柱的设计需首先选择柱肢截面和缀材的形式,一般缀材面剪力较大或宽度较

大的格构式柱,宜采用缀条柱;中小型柱可用缀板或缀条柱。然后按以下步骤进行设计:

(1)通过对实轴($y-y$轴)整体稳定的计算,选出柱的截面,方法和步骤与实腹柱的计算相同。

(2)按对虚轴($x-x$轴)的整体稳定计算确定两分肢的距离。为使虚轴 $x-x$ 轴与实轴 $y-y$ 轴两方向具有相等的稳定性,应使两者的换算长细比相等,即使 $\lambda_{0x} = \lambda_y$。由此可求出虚轴所需回转半径,再按照截面轮廓尺寸与回转半径的近似关系,即可确定肢间距离。具体公式如下:

缀条柱(双肢):
$$\lambda_{0x} = \sqrt{\lambda_x^2 + 27\frac{A}{A_1}} = \lambda_y \tag{4.50}$$

缀板柱(双肢):
$$\lambda_{0x} = \sqrt{\lambda_x^2 + \lambda_1^2} = \lambda_y \tag{4.51}$$

对于缀条柱应预先确定斜缀条的截面 A_1;对于缀板柱应先假定分肢长细比 λ_1。按上式得出 λ_x 后,即可得到对虚轴的回转半径:

$$i_x = l_{0x}/\lambda_x$$

根据表 4.6 可得柱在缀材方向的宽度 $b \approx i_x/\alpha_1$,亦可由已知截面的几何量直接算出柱的宽度 b。

(3)截面验算。包括强度验算、刚度(长细比)验算、整体稳定验算和分肢稳定验算,不合适时应修改柱宽 b 再进行验算。

(4)设计缀条或缀板(包括它们与分肢的连接)。

格构式轴心受压构件的每一个分肢,可看作是单独的实腹式轴心受压构件,所以应保证分肢不能先于构件整体而失去稳定性。《钢结构设计规范》规定用控制分肢长细比的办法来保证分肢的稳定性。所以,进行以上计算时应注意:①柱对实轴的长细比 λ_y 和对虚轴的换算长细比 λ_{0x} 均不得超过容许长细比 $[\lambda]$;②当缀件为缀条时,其分肢的长细比 λ_1 不应大于构件两方向长细比(对虚轴取换算长细比)的较大值 λ_{max} 的 0.7 倍,否则分肢可能先于整体失稳;③当缀件为缀板时,柱的分肢长细比 $\lambda_1 = l_{01}/i_1$ 不应大于 40,并不应大于柱较大长细比 λ_{max} 的 0.5 倍(当 $\lambda_{max} < 50$ 时,取 $\lambda_{max} = 50$),亦是为了保证分肢不先于整体构件失去承载能力。

4.6.5 柱的横隔

格构柱的横截面为中部中空的矩形,抗扭刚度较差。为了提高格构柱的抗扭刚度,保证柱子在运输和安装过程中的截面形式不变,应每隔一段距离设置横隔。另外,大型实腹柱(工字形或箱形)也应设置横隔(图 4.25)。横隔的间距不得大于柱子较大宽度的 9 倍或 8 m,且每个运送单元的端部均应设置横隔。

当柱身某一处受有较大水平集中力作用时,也应在该处设置横隔,以免柱肢局部受弯。横隔可用钢板[图 4.25(a)、(c)、(d)]或交叉角钢[图 4.25(b)]做成。工字形截面实腹柱的横隔只能用钢板,它与横向加劲肋的区别在于与翼缘同宽[图 4.25(c)],而横向加劲肋则通常较窄。箱形截面实腹柱的横隔,有一边或两边不能预先焊接,可先焊两边或三边,装配后再在柱壁钻孔用电渣焊焊接其他边[图 4.25(d)]。

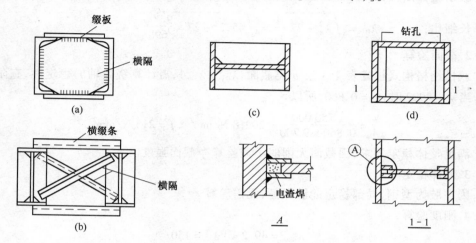

图 4.25 柱的横隔

(a)、(b)格构柱;(c)、(d)大型实腹柱

例 4.7 如图 4.26 所示,某轴心受压缀条柱,格构式柱截面由两个普通槽钢 2[32a 组成,柱肢的中心距为 260 mm,缀条采用单角钢(L45×4)。荷载的设计值为轴心压力 $N = 1\,750$ kN,柱的计算长度为 $l_{0x} = l_{0y} = 6$ m,钢材为 Q235,截面无削弱。试验算柱肢和缀条的强度、稳定及刚度。

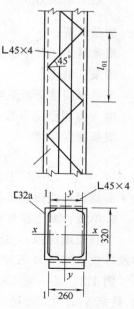

解:

1. 截面特征

截面面积: $A = 2 \times 4\,850 = 9\,700$ mm²

单肢计算长度: $l_{01} = 520$ mm

单肢回转半径: $i_x = 125$ mm

           $i_{1y} = 25$ mm

绕虚轴惯性矩: $I_y = 2 \times (305 + 48.7 \times 13^2)$

           $= 1.707 \times 10^8$ mm⁴

虚轴回转半径: $i_y = \sqrt{\dfrac{I_y}{A}} = \sqrt{\dfrac{1.707 \times 10^8}{9\,700}} = 132.7$ mm

长细比: $\lambda_x = \dfrac{l_{0x}}{i_x} = \dfrac{6\,000}{125} = 48$

图 4.26 例 4.7 图

$$\lambda_y = \frac{l_{0y}}{i_y} = \frac{6\,000}{132.7} = 45.2$$

缀条截面面积：$A_1 = 2 \times 3.49 = 6.98 \text{ cm}^2 = 698 \text{ mm}^2$

换算长细比：
$$\lambda_{0y} = \sqrt{\lambda_y^2 + 27\frac{A}{A_1}} = \sqrt{45.2^2 + 27 \times \frac{9\,700}{698}} = 49.2$$

2. 截面验算

双槽钢格构式柱查表 4.3 为 b 类截面，$\lambda_{0y} > \lambda_x$，只需计算绕虚轴的稳定性，查附表 4.2，当 $\lambda = 49.2$ 时，$\varphi = 0.860$，所以，

$$\frac{N}{\varphi A} = \frac{1\,750\,000}{0.860 \times 9\,700} = 209.8 \text{ N/mm}^2 < f = 215 \text{ N/mm}^2$$

满足整体稳定要求，因截面无削弱不需验算净截面强度。

3. 局部稳定

因柱肢为型钢，局部稳定能够保证，无需验算。

4. 刚度验算

$$\lambda_{\max} = 49.2 < [\lambda] = 150$$

5. 缀条截面验算

$$V = \frac{Af}{85}\sqrt{\frac{f_y}{235}} = \frac{9\,700 \times 215}{85} \times \sqrt{\frac{235}{235}} = 2.45 \times 10^4 \text{ N}$$

一条缀条轴力：
$$N_t = \frac{V}{\cos\alpha} = \frac{2.45 \times 10^4/2}{\sqrt{2}/2} = 1.73 \times 10^4 \text{ N}$$

缀条长度：$\qquad l_t = 260\sqrt{2} = 367.64 \text{ mm}$

缀条最小回转半径：$\qquad i_0 = 8.9 \text{ mm}$

缀条长细比：$\qquad \lambda_0 = l_1/i_0 = 367.64/8.9 = 41.31$

单角钢强度折减系数：$\quad 0.6 + 0.001\,5\lambda = 0.6 + 0.001\,5 \times 41.31 = 0.662$

由 λ 查得稳定系数：$\qquad \varphi = 0.909(b \text{ 类截面})$

缀条稳定验算：

$$\frac{N_1}{\varphi A_1/2} = \frac{1.73 \times 10^4}{0.909 \times 349} = 54.85 \text{ N/mm}^2 < 0.662f = 142.33 \text{ N/mm}^2$$

所选缀条截面满足稳定性要求。

6. 单肢长细比验算

单肢长细比：$\lambda_1 = l_{01}/i_{1y} = 520/25 = 20.8 < 0.7\lambda_{\max} = 0.7 \times 49.4 = 34.58$ 满足《钢结构设计规范》5.1.4 条有关格构式轴心受压构件的长细比限值的规定要求。

例 4.8 某一缀条联系的格构式轴心受压柱，截面采用一对槽钢，翼缘的肢尖向内，柱高 6 m；两端铰接，承受轴心压力设计值 $N = 1\,400$ kN（静载，包括柱自重），钢材为 Q235，焊条 E43 型，截面无削弱。试选择某截面并设计缀条和横隔。

解：

已知条件：$N = 1\,420$ kN，$l_{0x} = l_{0y} = 6$ m，Q235，$f = 215$ N/mm²，$f_v = 125$ N/mm²，E43 型，$f_f^w = 160$ N/mm²。

1.按绕实轴（y 轴）的稳定要求确定分肢截面尺寸

假设 $\lambda_y = 60$，按 Q235，b 类截面查表得 $\varphi = 0.807$。

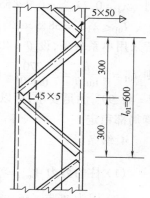

所需的截面面积：$A \geqslant \dfrac{N}{\varphi f} = \dfrac{1\,420 \times 10^3}{0.807 \times 215} = 8\,184$ mm²

所需回转半径：$i_y = \dfrac{l_{0y}}{\lambda} = \dfrac{6 \times 10^3}{60} = 100$ mm

通过以上数据查型钢表选 2⌐28a，实际的 $A = 40.02 \times 2 =$ 80.04 cm² = 8 004 mm²，$i_y = 10.91$ cm = 109.1 mm。
其他截面参数：$i_1 = 2.33$ cm = 23.3 cm，$y_0 = 2.097$ cm = 20.97 mm，$I_1 = 2.18 \times 10^6$ mm⁴。

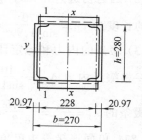

验证绕实轴的稳定：$\lambda_y = \dfrac{l_{0y}}{i_y} = \dfrac{6\,000}{109.1} = 55 < [\lambda] = 150$

满足要求

按 $\lambda_y = 55$，b 类，查得 $\varphi = 0.833$，

则 $\dfrac{N}{\varphi A} = \dfrac{1\,420 \times 10^3}{0.833 \times 80.04 \times 10^2} = 213$ N/mm² $< f = 215$ N/mm²
满足要求。

2.按绕虚轴（x 轴）的稳定确定分肢轴线间距 c 和柱
截面宽度 h

图 4.27　例 4.8 图

根据等稳定性原则 $\lambda_{0x} = \lambda_y$，即有 $\lambda_{0x} = \sqrt{\lambda_x^2 + 27\dfrac{A}{A_1}} = \lambda_y$

因为 N 较小，所以假设斜缀条采用⌐45×5，则 $A_1 = 2 \times 429 = 858$ mm²，

$$\lambda_x = \sqrt{\lambda_y^2 - 27\dfrac{A}{A_1}} = \sqrt{55^2 - 27 \times \dfrac{8\,004}{858}} = 52.7$$

$$i_x = \dfrac{l_{0x}}{\lambda_x} = \dfrac{6\,000}{52.7} = 113.9 \text{ mm}$$

间距：$c = 2\sqrt{i_x^2 - i_1^2} = 2 \times \sqrt{113.9^2 - 23.3^2} = 223$ mm，

柱高：$b = c + 2y_0 = 223 + 20.9 \times 2 = 264.8$ mm，取 $h = 270$ mm，

所以 $\lambda_{0x} = \sqrt{\lambda_x^2 + 27\dfrac{A}{A_1}} = \sqrt{52.7^2 + 27 \times \dfrac{8\,004}{858}} = 55.04 < [\lambda] = 150$，满足要求。

由 $\lambda_{0x} = 55.04$，b 类，查得 $\varphi = 0.833$

$$\dfrac{N}{\varphi A} = \dfrac{1\,420 \times 10^3}{0.833 \times 8\,004} = 213 \text{ N/mm}^2 < f = 215 \text{ N/mm}^2，满足要求。$$

3. 缀条柱的分肢长细比 λ_1

$$\lambda_{\max} = \{\lambda_x = 52.7, \lambda_y = 55\},$$

则　$\lambda_1 = 0.7\lambda_{\max} = 0.7 \times 55 = 38.5,$

$$l_{01} \leqslant \lambda_1 i_1 = 38.5 \times 23.3 = 897 \text{ mm},$$

若采用单系缀条,设 $\theta = 40°$,交汇于分肢槽钢边线,

则　$l_{01} = 2\dfrac{h}{\tan\theta} = 2\dfrac{270}{\tan40°} = 644 \text{ mm}$,取 $l_{01} = 600 \text{ mm}$,则 $\theta = \arctan\dfrac{270}{300} = 41.99°$。

$\theta = 41.99°$,满足要求,所以不必计算分肢的稳定和强度。因为是热轧型钢所以不必验算局部稳定。

4. 缀条设计

(1) 柱的剪力 $V_{\max} = \dfrac{Af}{85}\sqrt{\dfrac{f_y}{235}} = \dfrac{8\,004 \times 215}{85} = 20.24 \text{ kN}$,每侧 $V_1 = \dfrac{V_{\max}}{2} = 10.12 \text{ kN}$

(2) 因为初选 $\angle 45 \times 5$,$A_{d1} = 429 \text{ mm}^2$,$i_{\min} = 8.8 \text{ mm}$,$\theta = 41.99°$,$l_{01} = 600 \text{ mm}$,单侧斜缀条的长度为 $l_{d1} = \dfrac{270}{\sin41.99°} = 403.6 \text{ mm}$,或 $l_{d1} = \sqrt{300^2 + 270^2} = 403.6 \text{ mm}$

(3) 缀条的内力和稳定计算

一根缀条内力 $N_{d1} = \dfrac{10.12}{\sin41.99°} = 15.13 \text{ kN}$

缀条的 $\lambda_1 = \dfrac{l_{d1}}{i_{\min}} = \dfrac{403.6}{8.8} = 45.9 < [\lambda] = 150$,由 $\lambda = 45.9$,按 b 类截面 Q235 查得 $\varphi = 0.874$,单面连接等边单角钢按轴心受压计算整体稳定:

$$\eta = 0.6 + 0.001\,5\lambda = 0.6 + 0.001\,5 \times 45.9 = 0.669$$

所以 $\dfrac{N_{d1}}{\eta\varphi A} = \dfrac{15.13 \times 10^3}{0.669 \times 0.874 \times 429} = 60.3 \text{ N/mm}^2 < f = 215 \text{ N/mm}^2$ 满足要求

(4) 缀条的连接

因为单面连接单角钢按轴心受力计算连接时 f 应乘以 0.85 的系数;

所以用角焊缝,肢背 $h_{f1}l_{w1} = 0.7N_{d1}/0.85 \times 0.7ff_f^w = \dfrac{0.7 \times 15.13 \times 10^3}{0.85 \times 0.7 \times 160} = 111.3 \text{ mm}^2$。

按构造要求:肢背与肢尖均采用,$h_f = 5 \text{ mm}$,$l_w = 50 \text{ mm}$,则

$$h_f l_w = 5 \times 50 \times 0.7 = 175 \text{ mm}^2 > 111.3 \text{ mm}^2$$

5. 横隔

因为柱截面的宽为 280 mm,所以横隔间距 $\leqslant 9 \times 280 = 2.52 \text{ m}$,又因为柱高为 6 m,上有柱头,下有柱脚中间三分点处设有两道横隔,且与缀条节点配合设置。

4.7　柱头和柱脚

结构整体需通过单个构件相互连接才能形成,轴心受压构件(柱)通常通过柱头直

接承受上部结构传来的荷载,再通过柱脚将柱身的内力传给基础。梁与柱的连接节点设计必须遵循传力可靠、构造简单和便于安装的原则。

4.7.1 柱 头

轴心受压柱的柱头只承受由梁传来的压力 N,图 4.28 是典型的柱头构造。图中 a 为实腹柱的柱头,图 b 为格构式柱的柱头。

首先应在柱顶设一块顶板来实放梁。梁的全部压力通过梁端突缘压在柱顶板中部,为了提高顶板的抗弯刚度,应在顶板上加焊一块垫板,在它的下面设加劲肋;这样,柱顶板本身就不需要太厚,一般 ≥14 mm 即可。

对于实腹式柱,梁传来的全部压力 N 通过梁端突缘和垫板间的端面承压传给垫板;垫板又以挤压传给顶板,而垫板只需用一些构造焊缝和顶板焊连。柱顶板将 N 力分传给前后两个加劲肋,每根加劲肋和柱顶板之间可以采用局部承压传入 $N/2$ 力(当力较大时),也可以采用两根焊缝①传力(当力不大时),焊缝①受均布的向下剪力

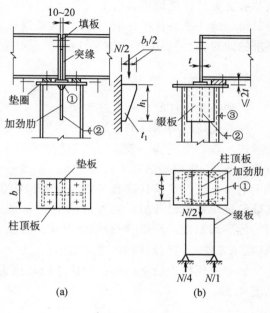

图 4.28 柱头构造

作用。加劲肋在 $N/2$ 的偏心力作用下,用两根角焊缝②把向下剪力 $N/2$ 和偏心弯矩 $\frac{1}{4}b_1N$ 传给柱腹板,犹如悬臂梁的工作一样。通常先假设加劲肋的高度 h_1,它就是焊缝②的长度,再进行焊缝验算。加劲肋的宽度 b_1 参照柱顶板的宽度 b 来定,厚度 t_1 应符合局部稳定的要求,取 $\geq \frac{1}{15}b_1$ 及 ≥10mm。同时不宜比柱腹板厚度超过太多。在验算焊缝②的同时,应按悬臂梁验算加劲肋本身的抗剪和抗弯强度。

有时,上部梁传来的压力 N 很大时,设计成悬臂梁的加劲肋将很高,才能满足焊缝②的强度要求,构造显得不够合理。这时,可把前后二根肋连成一整根,在柱腹板上开一个纵向槽使肋通过,使加劲肋成为双悬挑梁。这对它本身的受力状况并未改变,但使焊缝②只承受向下作用的剪力而不传偏心弯矩,因而可以大大缩短。当然,这时应把柱上端和加劲肋相连的一段腹板换成较厚的板。

为了固定柱顶板的位置,顶板和柱身应用构造焊缝进行围焊相连。为了固定梁在柱头上的位置,常采用四个 C 级螺栓使梁的下翼缘和柱顶板相连。

对于图 4.28(b)所示的格构式柱,不同的是柱头加劲肋的两侧边各用两根角焊缝②连接在柱肢的缀板上,加劲肋近似地按承受均布线荷载 N/a 的简支梁计算,均布荷载由角焊缝①传给加劲肋,然后此加劲肋的支反力($N/2$)又经二根角焊缝②传给缀板,后者也看作简支梁,经焊缝③把力传给柱肢。加劲肋的高度取决于焊缝②的长度;加劲肋的厚度应满足稳定的要求 $\not< a/40$ 且 $\not< 10$ mm。加劲肋按抗弯和抗剪强度验算。作为加劲肢支点的柱端缀板也按简支梁计算,在跨中承受由焊缝②传来的集中为 $N/2$,然后经贴角焊缝③把力传给柱肢。显然,柱端缀板和柱身的缀板不同,在满足简支梁的强度要求的同时,它的高度还应满足焊缝②、③长度的要求,它的厚度要求和加劲肋相同。

4.7.2 柱　脚

1.轴心受压柱的柱脚形式和构造

轴心受压柱与基础的连接部分称为柱脚。柱脚构造可以分为刚接和铰接两种不同的形式。轴心受压柱一般采用铰接柱脚(图 4.29)。柱脚的构造应使柱身的内力可靠地传给基础,并和基础有牢固地连接。基础一般由钢筋混凝土或混凝土做成,强度远远低于钢材。这就要求柱脚有一定的宽度和长度,从而使接触面上的承压力小于或等于基础的抗压强度设计值。同时,也要求柱脚应有一定的强度和刚度,使柱身压力比较均匀的传递到基础。所以,柱脚设计时应当做到传力明确、可靠、简捷、构造简单、节约材料、施工方便、并符合计算模型及简图。

轴心受压柱的铰接柱脚主要传递轴心压力,其通常由底板、靴梁、肋板和锚栓组成见图 4.29。

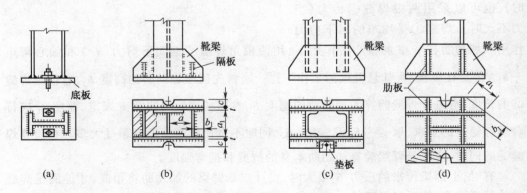

图 4.29　平板式铰接柱脚

(1)铰接柱脚

图 4.29 是几种常用的平板式铰接柱脚。图 4.29(a)所示是一种最简单的单块底板柱脚构造形式,在柱下端仅焊一块底板,柱中压力由焊缝传至底板,再传给基础。这种柱脚只能用于柱轴力较小时。如果用于压力较大的柱,为了增加传力焊缝的长度,也为

了增加底板的刚度,可以在底板上加焊靴梁,靴梁焊于柱的两侧,在靴梁之间用隔板加强,以减小底板的弯矩,并提高靴梁的稳定性[图4.29(c)],当轴力更大时,为了进一步加大柱脚的刚度,还可以再加焊隔板和肋板,以增加柱与底板的连接焊缝长度,并且将底板分隔成几个区格,使底板的弯矩减小,厚度减薄。如图4.29(b)、(d)所示。

此外,在设计柱脚焊缝时,应考虑施焊的可能性。例如图4.29(b)隔板的里侧,图4.29(c)、(d)中靴梁中央部分的里侧,都不宜布置焊缝。

柱脚是通过预埋在基础中的锚栓来固定位置的。为了符合计算图式,铰接柱脚只沿着一条轴线设立两个连接于底板上的锚栓,见图4.29,以使柱端能绕此轴线转动;当柱端绕另一轴线转动时,由于锚栓固定在底板上,底板抗弯刚度很小,在受拉锚栓下的底板会发生弯曲变形,对柱端转动的阻力不大。如果用完全符合力学图形的铰,将给安装工作带来很大困难,且构造复杂,没有必要。

螺栓的直径一般为 $20 \sim 25$ mm。为了便于安装,底板上的锚栓孔径比锚栓直径大 $1 \sim 1.5$ mm,待柱就位并调整到设计位置后,再用垫板套住锚栓并与底板焊牢。垫板上的孔径只比锚栓直径大 $1 \sim 2$ mm。在铰接柱脚中,锚栓不需计算,按构造设计。

铰接柱脚不考虑承受弯矩,只承受轴向压力和剪力。剪力通常考虑由底板与基础表面的摩擦力传递。当此摩擦力太小,不能够承受水平剪力时,应在柱脚底板下设置抗剪键[图4.30],抗剪键可用方钢、短 T 形钢或 H 形钢做成。

铰接柱脚通常仅按承受轴向压力计算,轴向压力 N 一部分由柱身传给靴梁、肋板等,再传给底板,最后传给基础;另一部分是通过柱身与底板间的连接焊缝传给底板,再传给基础。然而实际工程中,柱端难于做到齐平,而且为了便于控制柱长的准确性,柱端可能比靴梁缩进一些[图4.29(c)]。

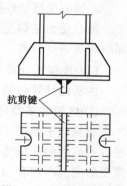

图4.30　柱脚的抗剪键

(2)刚接柱脚

图4.31是常见的刚接柱脚。一般用于偏心受压柱。图4.31(a)是整体式柱脚,用于实腹柱和肢距小于 1.5 m 的格构柱。当格构柱肢距较大时,采用整块底板是不经济的,这时多采用分离式柱脚,如图4.31(b)所示。每个肢件下的柱脚相当于一个轴心受力铰接柱脚,两柱脚用连接件联系起来。在图4.31(b)的形式中,柱下端用剖口焊缝拼接放大的翼缘,起到靴梁的作用,又便于缀条连接的处理。

刚接柱脚不但要传递轴力,也要传递弯矩和剪力。在弯矩作用下,倘若底板范围内产生拉力,就需由锚栓来承受,所以锚栓须经过计算。为了保证柱脚与基础能形成刚性连接,锚栓不宜固定在底板上,而应采用图4.31所示的构造,在靴梁两侧焊接两块间距较小的肋板,锚栓固定在肋板上面的水平板上。为了方便安装,锚栓不宜穿过底板。

刚接柱脚中,当单靠摩擦力不能抵抗柱受到的剪力时,可将柱脚底板与基础上的预埋件用焊缝连接,或在柱脚两侧埋入一段型钢,或在底板下用抗剪键块,如图4.32所示。刚接柱脚的其他构造要求,可参见铰接柱脚的处理方法。

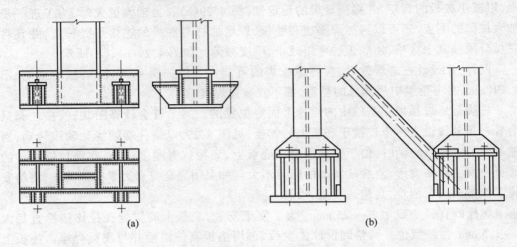

(a) (b)

图 4.31 刚接柱脚

2.轴心受压柱柱脚计算

轴心受力柱脚是一个复杂的空间受力结构,计算时经适当简化,分别对底板、靴梁和隔板等进行计算。

(1)底板的计算

底板的计算包括底板平面尺寸和厚度。

① 底板的平面尺寸

底板的平面尺寸决定于基础材料的抗压能力,基础对底板的压应力可近似认为是均匀分布的,所需要的底板净面积 A_n(底板宽 B 乘以长 L,减去锚栓孔面积)应按下列公式确定:

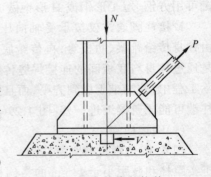

图 4.32 柱脚的抗剪

$$A_n = L \times B - A_0 \geqslant \frac{N}{f_{ce}^h} \qquad (4.52)$$

式中 N——柱的轴心压力;

A_0——锚栓孔面积;

f_{ce}^h——基础所用钢筋混凝土的局部承压设计值。

② 底板的厚度

底板的厚度由板的抗弯强度决定。底板可视为一支承在靴梁、隔板和柱端的平板,它承受基础传来的均匀反力。靴梁、肋板、隔板和柱的端面均可视为底板的支承边,并将底板分隔成不同的区格,其中有 4 边支承、3 边支承、两相邻边支承和一边支承等区格。在均匀分布的基础反力作用下,各区格板单元宽度上的最大弯矩如下。

a. 4 边支承区格:

$$M = \alpha q a^2 \tag{4.53a}$$

b. 3 边支承区格和两相邻边支承区格：

$$M = \beta q a_1^2 \tag{4.53b}$$

c. 一边支承区格（即悬臂板）

$$M = \frac{1}{2} q c^2 \tag{4.53c}$$

$$q = \frac{N}{L \times B - A_0} \tag{4.54}$$

式中　q——作用在底板单位面积上的压力；

　　　a——4 边支承板中短边的长度；

　　　α——系数，由边长比 b/a 查表 4.7 得出，

　其中　b——4 边支承板中长边的长度；

　　　a_1——3 边支承板中自由边长度或两相邻边支承中对角线长度；

　　　β——系数，由 b_1/a_1 查表 4.8 得出，

　其中　b_1——3 边支承板中垂直于自由边方向的长度或两相邻边支承板中内角顶
　　　　　　点至对角线的垂直距离，当 3 边支承板的 $b_1/a_1 \leqslant 0.3$ 时，按照悬臂长
　　　　　　为 b_1 的悬臂板计算；

　　　c——悬臂长度。

表 4.7　4 边支承板弯矩系数 α

b/a	1.0	1.1	1.2	1.3	1.4	1.5	1.6
α	0.047 9	0.055 3	0.062 6	0.069 3	0.075 3	0.081 2	0.086 2
b/a	1.7	1.8	1.9	2.0	2.5	3.0	$\geqslant 4.0$
α	0.090 8	0.094 8	0.098 5	0.101 7	0.113 2	0.118 9	0.125

表 4.8　3 边支承板及两相邻边支承板弯矩系数 β

b/a	0.3	0.35	0.4	0.45	0.5	0.55	0.6	0.65	0.7	0.75
β	0.027 3	0.035 5	0.043 9	0.052 2	0.060 2	0.067 7	0.074 7	0.081 2	0.087 1	0.092 4
b/a	0.8	0.85	0.9	0.95	1.0	1.1	1.2	1.3	$\geqslant 1.4$	
β	0.097 2	0.101 5	0.105 3	0.108 7	0.111 7	0.116 7	0.120 5	0.123 5	0.125 0	

取各区格弯矩中的最大值 M_{max} 来计算板的厚度，即：

$$t = \sqrt{\frac{6 M_{max}}{f}} \tag{4.55}$$

设计时要注意到靴梁和隔板的布置应尽可能使各区格板中的弯矩相差不要太大，

以免所需的底板过厚。在这种情况下,应调整底板尺寸和重新划分区格。

底板的厚度通常为 20～40 mm,最薄一般不得小于 14 mm,以保证底板具有必要的刚度,从而满足基础反力是均布的假设。

(2)靴梁的计算

靴梁可作为承受由底面焊缝传来的均布力并支承于柱边的双悬臂简支梁计算图 4.33 根据所承受的最大弯矩和最大剪力值,验算靴梁的抗弯和抗剪强度。靴梁的高度由其与柱边连接所需要的焊缝长度决定,此连接焊缝承受柱身传来的压力。靴梁的厚度比柱翼缘厚度略小。

(3)隔板与肋板的计算

为了支承底板,隔板应具有一定刚度,因此隔板的厚度不得小于其宽度 b 的 1/50,一般比靴梁略薄些,高度略小些。在较大的柱脚中,隔板需计算。隔板可视为支承于靴梁上的简支梁,荷载可按承受图 4.29(b)中阴影面积的底板反力计算,按此荷载所产生的内力验算隔板与靴梁的连接焊缝以及隔板本身的强度。注意隔板内侧的焊缝不易施焊,计算时不能考虑受力。

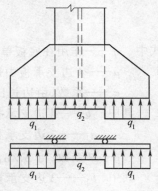

图 4.33 靴梁计算简图

肋板按悬臂梁计算,承受的荷载为图 4.29(d)所示的阴影部分的底板反力。肋板与靴梁间的连接焊缝以及肋板本身的强度均应按其承受的弯矩和剪力来计算。

(4)焊缝计算

柱的压力分为两部分。一部分直接通过柱端与底板之间的焊缝传给底板;另一部分则由柱身通过焊缝传给靴梁、肋板或隔板,再传给柱底板。但制作柱脚时,柱端不一定平齐,有时为控制标高,柱端与底板之间可能出现较大且不均匀的缝隙,从而导致焊缝质量不一定可靠;而靴梁、隔板及肋板的底边可预先刨平,拼装时可任意调整位置,使之与底板密合,而使焊缝质量可靠。所以,计算时可偏安全的假定柱端与底板间的焊缝不受力,靴梁、隔板、肋板与底板的角焊缝则可按柱的轴心压力 N 计算。柱与靴梁间的角焊缝也按受力 N 计算。注意:每条焊缝的计算长度不应大于 $60h_f$。

例 4.9 试设计如图 4.34 所示轴心受压格构式柱的柱脚。轴心受压设计值 $N = 1\ 420$ kN(静力荷载),钢材为 Q235 钢,使用 E43 型焊条,基础混凝土强度等级为 C15。

解:

选用带靴梁的柱脚如图 4.35 所示。

1.确定平面尺寸

C15 混凝土:$f_{cc} = 7.2$ N/mm^2。

采用 $d = 24$ mm 锚栓,其面积为:

$A_0 = 2 \times (50 \times 30 + \pi \times 25^2/2)$ mm$^2 \approx 5\ 000$ mm^2

靴梁厚度取 $t_b = 10$ mm,悬臂 $c = 3d \approx 75$ mm,则

$A = B \times L = N/f_{cc} + A_0 = 1\,420 \times 10^3/7.2 + 5\,000 = 202\,222$ mm^2

$B = b + 2t_b + 2c = 280 + 2 \times 10 + 2 \times 75 = 450$ mm

$L = 202\,222/450 = 449.4$ mm

因此,采用 $B \times L = 450$ mm $\times 500$ mm,则

$$q = 1\,420 \times 10^3/(450 \times 500 - 5\,000) = 6.45 \text{ N/mm}^2$$

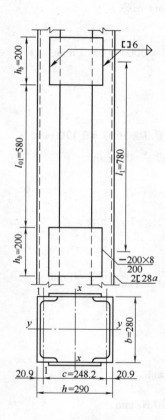

图 4.34　格构式柱脚

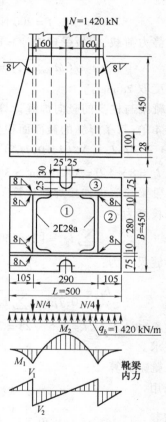

图 4.35　带靴梁的柱脚

2.确定底板厚度

区格①为4边支承板,则

$$b/a = 290/280 = 1.036$$

查表 4.7 得 $\alpha = 0.050\,6$,则

$$M = \alpha q a^2 = 0.050\,6 \times 6.45 \times 280^2 = 25\,587 \text{ N·mm}$$

区格②为3边支承板,则

$$b_1 / a_1 = 105/280 = 0.375$$

查表 4.8 得 $\beta = 0.039\ 7$,则

$$M = \beta q a_1^2 = 0.039\ 7 \times 6.45 \times 280^2 = 20\ 075\ \text{N·mm}$$

区格③为悬臂板,可得

$$M = qc^2/2 = 6.45 \times 75^2/2 = 18\ 140\ \text{N·mm},$$

最大弯矩 $\qquad\qquad M_{\max} = 25\ 590\ \text{N·mm}$

$$f = 200\ \text{N/mm}^2\ (16 < t \leqslant 40\ \text{mm 钢板})$$

柱承受静力荷载,钢板受弯时 $\gamma = 1.2$,则

$$t = \sqrt{6 M_{\max}/\gamma_x f} = \sqrt{6 \times 25\ 590/(1.2 \times 200)} = 25.3\ \text{mm}$$

底板厚度取 28 mm。

3.靴梁与柱身的竖向焊缝计算

焊缝共 4 条,每条焊缝的截面面积为:

$$h_f l_w = N/(4 \times 0.7 f_f^w) = 1\ 420 \times 10^3/(4 \times 0.7 \times 160) = 3\ 170\ \text{mm}^2$$

取 $h_f \times l_w = 8 \times 440 = 3\ 520\ \text{mm}^2 > 3\ 170\ \text{mm}^2$。靴梁高度取 450 mm。

4.靴梁与底板连接焊缝计算

焊缝总长度为:

$$\sum l_w = [2 \times (500 - 10) + 4 \times (105 - 8)] = 1\ 368\ \text{mm}$$

所需焊缝尺寸为:

$$h_f = \frac{N}{0.7 \beta_f f_f^w \sum l_w} = \frac{1\ 420 \times 10^3}{0.7 \times 1.22 \times 160 \times 1\ 368} = 7.60\ \text{mm}$$

取 $h_f = 8\ \text{mm} > 1.5\sqrt{t} = 1.5\ \sqrt{28} = 7.94\ \text{mm}$

满足要求。

5.靴梁验算

截面采用 $\qquad\qquad t_b \times h_b = 10\ \text{mm} \times 450\ \text{mm},$

均布荷载 $\qquad\qquad q_b = \dfrac{N}{2L} = \dfrac{1\ 420 \times 10^3}{2 \times 500} = 1\ 420\ \text{N/mm}.$

支座和跨中的弯矩和剪力分布分别为:

$$M_1 = \frac{q_b l_1^2}{2} = \frac{1\ 420 \times 105^2}{2} = 7.83 \times 10^6\ \text{N·mm}$$

$$M_2 = \frac{q_b l_2^2}{8} - M_1 = \left(\frac{1\ 420 \times 290^2}{8} - 7.83 \times 10^6 \right)$$

$$= (14.93 \times 10^6 - 7.83 \times 10^6) = 7.10 \times 10^6\ \text{N·mm}$$

$$M_{\max} = 7.83 \times 10^6\ \text{N·mm}$$

$$V_1 = q_b l_1 = 1\ 420 \times 105 = 149.1 \times 10^3\ \text{N}$$

$$V_2 = q_b l_2 / 2 = 1\,420 \times 290 / 2 = 205.9 \times 10^3 \text{ N}$$

$$V_{\max} = 205.9 \times 10^3 \text{ N}$$

$$\sigma_{\max} = \frac{6 M_{\max}}{\gamma_x t_b h_b^2} = \frac{6 \times 7.83 \times 10^6}{1.2 \times 10 \times 450^2} = 19.3 \text{ N/mm}^2 < f = 215 \text{ N/mm}^2$$

$$\tau_{\max} = \frac{1.5\,V_{\max}}{t_b h_b} = \frac{1.5 \times 205.9 \times 10^3}{10 \times 450} = 68.6 \text{ N/mm}^2 < f_V = 125 \text{ N/mm}^2$$

满足要求。

思考题与习题

4.1 如图 4.36,请验算由 2 ∟63 × 5 组成的水平放置轴心拉杆的强度和长细比。轴心拉力设计值为 200 kN,只承受重力作用,计算长度为 3.0 m。杆端有一排直径为 20 mm 的孔眼。钢材为 Q235 钢。如果截面尺寸不够,应该改用什么角钢?(注:计算时忽略连接偏心和杆件自重的影响。)

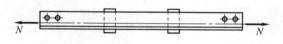

图 4.36 习题 4.1 图

4.2 一块 −400 × 20 的钢板用两块拼接板 −400 × 12 进行拼接。螺栓孔径为 22 mm,排列如图 4.37 所示。钢板轴心受拉,$N = 1\,350$ kN(设计值)。钢材为 Q235 钢,试解答如下问题:(1)钢板 1-1 截面的强度。(2)是否需验算 2-2 截面的强度?假定力 N 在 13 个螺栓中平均分配,2-2 截面如何验算?(3)拼接板的强度是否满足要求?

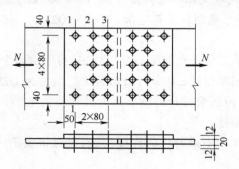

图 4.37 习题 4.2 图

4.3 有一工作平台柱高 6.0 m,两端铰接,截面为焊接工字形,翼缘为轧制边,柱的轴心压力设计值为 5 100 kN,钢材为 Q235B,焊条为 E43 型,采用自动焊。试设计该柱的截面。

4.4　如图 4.38(a)、(b)所示,两种截面(焰切边缘)的截面面积相等,钢材均为 Q235 钢。当作用长度为 10 m 的两端铰接轴心受压柱时,能否安全的承受 3 000 kN 的设计荷载?

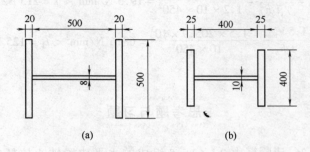

(a)　　　　　　　　　　(b)

图 4.38　习题 4.4 图

4.5　某轴心受压柱的长度为 6.5 m,截面组成如图 4.39 所示,两端铰接,单肢长细比 $\lambda_1 = 35$,采用缀板连接,材料为 Q235 钢。要求确定柱的轴心压力设计值。

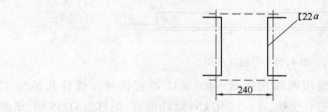

图 4.39　习题 4.5 图

4.6　某工业平台柱承受轴心压力设计值 $N = 4\,800$ kN,柱高 8 m,两端铰接。要求设计 H 形钢或焊接工字形截面柱及其柱脚(钢材为 Q235)。基础混凝土的强度等级为 C15($f_{ce} = 7.5$ N/mm²)。

4.7　试设计某支承工作平台的轴心受压柱,柱身为由两个热轧工字钢组成的缀条柱。单缀条体系,缀条用单角钢∟45×5,倾角为 45°,钢材为 Q235 钢,柱高 10.0 m,上端铰接,下端固定,由平台传递给柱身的轴心压力设计值为 1 500 kN。请选择柱肢工字钢型号,并验算缀条的稳定性。

4.8　试设计习题 4.7 中梁与柱的连接构造,梁直接置于柱的顶端,并请按照比例绘制柱头构造图。

4.9　试设计习题 4.7 中刚性柱脚,并按照比例绘制柱脚构造图。

5 受弯构件

5.1 受弯构件的形式和应用

在建筑结构中,承受横向荷载的构件称为受弯构件,其形式有实腹式和格构式两个系列。

5.1.1 实腹式受弯构件——梁

1.梁的分类

在土木工程中应用较为广泛的实腹式受弯构件通常称为梁,常见的有:房屋建筑中的楼盖梁、工作平台梁、吊车梁、屋面檩条和墙架横梁,以及桥梁、水工闸门、起重机、海上采油平台梁等。

钢梁按制作方法的不同可以分为型钢梁和组合梁两大类,如图 5.1 所示。

型钢梁又分为热轧型钢梁和冷轧薄壁型钢梁。型钢梁构造简单,制造省工,成本较低,因而应优先采用。热轧型钢梁的截面有热轧工字钢[图 5.1(a)]、槽钢[图 5.1(b)]和热轧 H 形钢[图 5.1(c)]三种。其中,工字形钢、H 形钢常用于单向受弯构件,而槽钢、Z 形钢常用于墙梁、檩条等双向受弯构件。从受力上考虑,H 形钢的截面分布最合理,且翼缘内外边缘平行,与其他构件连接较方便,应予优先采用。用于梁的 H 形钢宜为窄翼缘型(HN 形)。槽钢因其截面扭转中心在腹板外侧,弯曲时将同时产生扭转,受荷不利,故只有在构造上使荷载作用线接近扭转中心,或能适当保证截面不发生扭转时才被采用。由于轧制条件的限制,热轧型钢腹板的厚度较大,用钢量较多。当所受荷载较小、跨度不大时某些受弯构件(如檩条)可采用冷弯薄壁 C 形钢[图 5.1(d)、(f)]或 Z 形钢[图 5.1(e)]做梁,可以有效地节约钢材,如檩条和墙梁等,但防腐要求较高。

当荷载和跨度较大时,型钢梁受到尺寸和规格的限制,往往不能满足承载力和刚度的要求,此时应采用组合梁。它的截面组成比较灵活,可使材料在截面上分布的更为合理。按其连接方法和使用材料的不同,组合梁可以分为焊接组合梁(简称为焊接梁)、铆接组合梁(简称为铆接梁)、异种钢组合梁和钢与混凝土组合梁等几种。最常应用的组合梁一般采用 3 块钢板焊接而成的工字形截面组合梁[图 5.1(g)]或由 T 形钢(用 H 形钢剖分而成)中间加板的焊接截面,它们构造简单,加工方便。当焊接组合梁翼缘板需要很厚时,可采用两层翼缘板的截面图[5.1(h)]。承受动力荷载的梁如钢材质量不能满足焊接结构的要求时,可采用高强度的螺栓或铆钉连接而成的工字形截面图[5.1(j)]。荷载很大而高度受到限制或梁的抗扭要求较高时,可采用箱形截面图[5.1(i)]。混凝土适于受压,钢材适于受拉,钢与混凝土组合梁可以充分发挥两种材料的优势,使材料在截面上的分布更为合理,节约钢材,经济效果明显。而异种钢梁则是根据工字形截面梁受弯时应力在截面上分布的特点,将翼缘采用强度较高的钢材,而腹板采用强度较低的钢材。

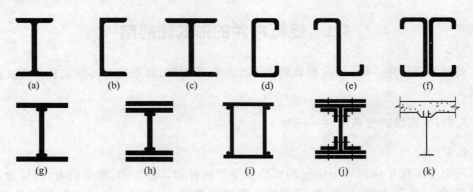

图 5.1 梁的截面类型

根据梁的支承情况,钢梁可做成简支梁、连续梁、悬伸梁等。简支梁的用钢量虽然较多,但由于制造、安装、修理、拆换较方便,而且不受温度变化和支座沉陷的不利影响,因而使用最为广泛。

根据荷载受力情况,梁又分为仅在一个主平面内受弯的单向受弯梁和在两个主平面内受弯的双向受弯梁。双向弯曲梁也称为斜弯曲梁。

为了更好发挥材料的性能,可以做成截面沿梁长度方向变化的变截面梁。常用的有楔形梁,如图 5.2。这种梁仅改变腹板高度,其他尺寸不改变,加工方便,经济性能较好,目前已经广泛地用于轻型门式刚架房屋中。对于简支梁,可以在距支座 $\frac{1}{6}l$ 处开始降低截面高度最经济合理,除节约材料外,还可节省净空,已广泛应用于大跨度吊车梁中(图 5.3)。另外,还可以做成改变翼缘板的宽度和厚度的变截面梁。

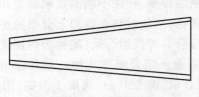

图 5.2 楔形梁

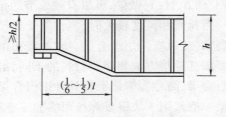

图 5.3 变截面高度吊车梁

2.梁格的布置

钢结构中,除少数情况如吊车梁、起重机大梁或上承式铁路板梁桥等可单根或两根梁成对布置外,通常采用纵横交叉的主、次梁组成梁格,再在梁格上铺设面板,形成结构的承重体系,如屋盖、楼盖、工作平台等。在这种结构中,荷载的传递方式是由面板传到次梁,次梁再传给主梁,主梁传给柱和墙,最后传给基础。

根据主梁和次梁的排列情况,梁格可分为 3 种类型,图 5.4 即为工作平台梁格布置示例。

（1）单向梁格［图 5.5（a）］只有主梁,适用于的跨度较小或面板宽度较大的楼盖或平台结构。

（2）双向梁格［图 5.5（b）］有主梁及一个方向的次梁,次梁由主梁支承,并将板划分为较小区格,减小了面板的跨度和厚度,使梁格更为经济,是最为常用的梁格类型。

（3）复式梁格［图 5.5（c）］在主梁间设纵向次梁,纵向次梁间再设与主梁平行的横向次梁,以减小面板的支承跨度

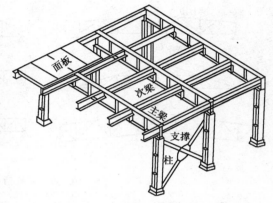

图 5.4 工作平台梁格示例

和厚度,使梁格更为经济。这种梁格荷载传递层次多,构造复杂,故应用较少,只适用于荷载重和主梁间距很大的情况。

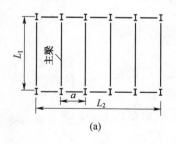 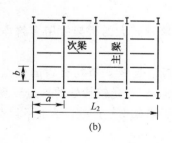 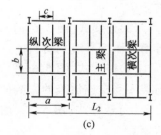

图 5.5 梁格形式

5.1.2 格构式受弯构件——桁架

格构式受弯构件又称为桁架,与梁相比,其特点是以弦杆代替翼缘,以腹杆代替腹板,而在各节点将腹杆与弦杆连接。这样,桁架整体受弯时,弯矩表现为上、下弦杆的轴心压力和拉力,剪力则表现为各腹杆的轴心压力或拉力。钢桁架可以根据不同使用要求制成所需的外形,对跨度和高度较大的构件,其钢材用量比实腹梁有所减少,而刚度

却有所增加。只是桁架的杆件和节点较多,构造较复杂,制造较为费工。

与梁一样,平面钢桁架在土木工程中应用广泛,例如建筑工程中的屋架、托架、吊车桁架(桁架式吊车梁)、桥梁中的桁架桥,还有其他领域,如起重机臂架、水工闸门和海洋平台的主要受弯构件等。大跨度屋盖结构中采用的钢网架,以及各种类型的塔桅结构,则属于空间钢桁架。

钢桁架的结构类型有:

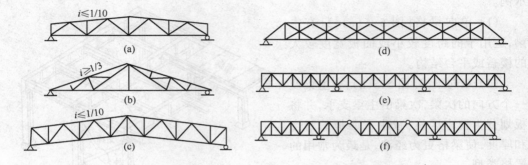

图 5.6 梁式桁架的形式

(1)简支梁式[图 5.6(a)、(b)、(c)、(d)],受力明确,杆件内力不受支座沉陷的影响,施工方便,使用最广。图 5.6(a)、(b)、(c)用作屋架,i 为屋面坡度。

(2)刚架横梁式,将如图 5.6(a)、(c)的桁架端部上下弦与钢柱相连组成单跨或多跨刚架,可提高其水平刚度,常用于单层厂房结构。

(3)连续式[图 5.6(e)],跨越较大的桥架常用多跨连续的桁架,可增加刚度并节约材料。

(4)伸臂式[图 5.6(f)],既有连续式节约材料的优点,又有静定桁架不受支座沉陷的影响的优点,只是铰接处的构造较复杂。

(5)悬臂式[图 5.7],用于塔架等,主要承受水平风荷载引起的弯矩。

图 5.7 悬臂桁架

5.2 受弯构件的强度和刚度的计算

为了确保安全使用、经济合理,钢梁在设计中必须同时考虑承载力极限状态和正常使用极限状态。其中,承载力极限状态包括强度、整体稳定和局部稳定三个方面。它要求在荷载设计值作用下,梁的弯曲正应力、剪应力、局部压应力和折算应力均不超过规范规定的相应强度设计值;整个梁不会侧向弯扭屈曲;组成梁的板件不会出现波状的局部屈曲。而正常使用极限状态主要考虑梁的刚度。设计时要求梁有足够的抗弯刚度,即在荷载标准值作用下,梁的最大挠度不大于《钢结构设计规范》规定的容许挠度。

5.2.1 梁的强度

梁的强度分抗弯强度、抗剪强度、局部承压强度、在复杂应力作用下的强度,其中抗弯强度的计算又是首要的。

1. 梁的抗弯强度

梁截面的弯曲应力随弯矩增加而变化。在屈服点之前其性质接近理想的弹性体,而在屈服点之后又接近于理想的塑性体,因此钢材可以视为理想的弹塑性体。而且,当弯矩由零逐渐增大时,截面中的应变始终符合平面假定。所以,在弯矩作用下,梁截面上的正应力发展过程可分为 3 个阶段:

(1)弹性工作阶段。当作用于梁上的弯矩 M 较小时,梁全截面弹性工作[图 5.8(b)]。即应力与应变成正比,且最外边缘的应力不超过屈服点。对于"需要计算疲劳强度的梁",采用这个阶段作为计算依据,其相应的最大弯矩为:

$$M_{xe} = f_y W_{nx} \tag{5.1}$$

式中 W_{nx} —— 对 x 轴的弹性净截面抵抗矩。

(2)弹塑性工作阶段。当弯矩 M 继续增加,截面边缘区域出现塑性变形,然而中间部分区域仍保持弹性,应力与应变成正比。故整个截面处于弹塑性工作阶段[图 5.8(c)]。在《钢结构设计规范》中,就把这个阶段作为梁抗弯强度的计算依据。

(3)塑性工作阶段。当弯矩 M 再继续增加,梁截面的塑性区不断向内发展,弹性核心不断变小。当弹性核心几乎完全消失[图 5.8(d)]时,弯矩 M_x 不再增加,而变形却继续发展,梁在弯矩作用方向绕该截面中和轴自由转动,形成"塑性铰",梁的承载能力达到极限。其最大弯矩为:

$$M_{xp} = f_y(S_{1nx} + S_{2nx}) = f_y W_{pnx} \tag{5.2}$$

式中 S_{1nx}、S_{2nx} —— 中和轴以上和以下净截面对中和轴 x 的面积矩;

W_{pnx} —— 对 x 轴的塑性净截面抵抗矩,$W_{pnx} = S_{1nx} + S_{2nx}$。

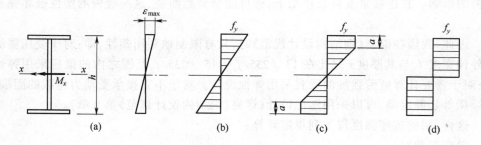

图 5.8 梁受弯时各阶段正应力的分布情况

由式(5.1)、式(5.2)，塑性铰弯矩 M_{xp} 与弹性最大弯矩 M_{xe} 之比为：

$$\gamma_F = \frac{M_{xp}}{M_{xe}} = \frac{W_{pnx}}{W_{nx}} \tag{5.3}$$

此 γ_F 值只取决于截面的几何形状，而与材料的性质及外荷载无关，称为截面形状系数。γ_F 越大，表明截面在弹性阶段以后继续承载的能力越大。一般截面的 γ_F 值如图 5.9：矩形截面 $\gamma_F = 1.5$；圆形截面 $\gamma_F = 1.7$；圆管截面 $\gamma_F = 1.27$；工字形截面绕强轴（x 轴）时 $\gamma_F = 1.07 \sim 1.17$，绕弱轴（$y$ 轴）时 $\gamma_F = 1.5$。就矩形截面而言，γ_F 值说明在边缘屈服后，由于内部塑性变形还能继续承担超过 $50\% M_{xp}$ 的弯矩。

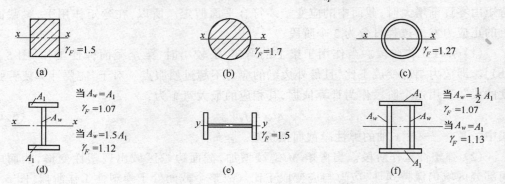

图 5.9　截面形状系数

我们把边缘纤维达到屈服强度视为梁的极限状态的标志叫弹性设计；在一定条件下，考虑塑性变形的发展称为塑性设计。显然，在计算梁的抗弯强度时，塑性设计比弹性设计更充分的发挥了材料的作用，但若采用塑性设计，还存在以下问题：①梁的挠度影响。过大的挠度会影响梁的正常使用。②剪应力的影响。在最大弯矩作用平面上，剪应力与弯应力的共同作用使塑性铰提早出现。此时，应以折算应力是否大于、等于屈服极限 f_y 来判断钢材是否达到塑性状态。③局部稳定的影响。超静定梁在形成塑性铰和内力重分配过程中，要求在塑性铰转动时能保证受压翼缘和腹板的局部稳定。④疲劳的影响。在连续重复荷载作用下，梁可能会突然断裂，这与缓慢的塑性破坏完全不同。

因此，我国在编制《钢结构设计规范》时，只有限制地利用塑性，即：对于受压翼缘自由外伸宽度 b 与其厚度 t 之比在 $13\sqrt{235/f_y} \sim 15\sqrt{235/f_y}$ 范围之内的梁应采用弹性设计；对于需要计算疲劳强度的梁宜采用弹性设计。对于不直接承受动力荷载的固端梁、连续梁等超静定梁，可以采用塑性设计（详见《钢结构设计规范》第9章）。

这样，梁的抗弯强度按下列规定计算：

单向弯曲时：

$$\frac{M}{\gamma W_n} \le f \tag{5.4}$$

双向弯曲时:

$$\frac{M_x}{\gamma_x W_{nx}} + \frac{M_y}{\gamma_y W_{ny}} \leqslant f \tag{5.5}$$

式中　M_x、M_y——同一截面处绕 x 轴和 y 轴的弯矩设计值(对工字形截面:x 轴为强
　　　　　　　轴,y 轴为弱轴);

　　　W_{nx}、W_{ny}——对 x 轴和 y 轴的净截面模量;

　　　　　　f——钢材的抗弯强度设计值;

　　　γ_x、γ_y——截面塑性发展系数,对工字形截面:$\gamma_x = 1.05$,$\gamma_y = 1.20$;对箱形截
　　　　　　　面:$\gamma_x = \gamma_y = 1.05$;对其他截面:可按表 5.1 采用。

表 5.1　截面塑性发展系数 γ_x、γ_y 值

截 面 形 式	γ_x	γ_y	截 面 形 式	γ_x	γ_y
(工字形等截面图)	1.05	1.2	(十字、圆形截面图)	1.2	1.2
(T形、箱形截面图)		1.05	(圆形截面图)	1.15	1.15
(T形截面图)	$\gamma_{x1} = 1.05$	1.2	(箱形截面图)	1.0	1.05
(槽形截面图)	$\gamma_{x2} = 1.2$	1.05	(虚线截面图)		1.0

　　由上可见,为了使梁的塑性变形不致过大,发生早期破坏,保证塑性设计的正确性,
《钢结构设计规范》在弹性设计的基础上引入塑性发展系数 γ_x、γ_y。它与式(5.3)的截
面形状系数 γ_F 的含义有差别,是考虑截面部分发展塑性的系数,故称为"截面塑性发
展系数"。

　　但是对于下面两种情况,《钢结构设计规范》取 $\gamma = 1.0$,即不允许截面有塑性发展,
仅以边缘纤维屈服作为极限状态的弹性设计。①当梁受压翼缘的自由外伸宽度 b 与
其厚度 t 之比大于 $13\sqrt{235/f_y}$ 而不超过 $15\sqrt{235/f_y}$ 时,考虑塑性发展对翼缘局部稳定
的不利影响,应取 $\gamma_x = 1.0$。其中,f_y 为钢材牌号所指屈服点,与 f 不同。即不分钢材
厚度一律取:Q235 钢为 235 N/mm²;Q345 钢为 345 N/mm²;Q390 钢为 390 N/mm²;Q420 钢
为 420 N/mm²。②对于直接承受动力荷载且需计算疲劳的梁,考虑塑性发展会使钢材

硬化,促使疲劳断裂提早出现,这时宜取 $\gamma_x = \gamma_y = 1.0$。

当梁的抗弯强度不够时,增加梁截面的任一尺寸均可,但以增大梁的高度最有效。

2.梁的抗剪强度

一般情况下,梁既承受弯矩又承受剪力。对于工字形和槽形截面,它腹板上的剪应力分布如图 5.10,其最大剪应力在腹板中和轴处。因此,在主平面受弯的实腹构件,其抗剪强度应按下式计算:

$$\tau = \frac{VS}{1\,t_w} \leqslant f_V \tag{5.6}$$

式中　V——计算截面沿腹板平面作用的剪力;

S——计算剪应力处以上(或下)毛截面对中和轴的面积矩;

I——毛截面惯性矩;

t_w——腹板厚度;

f_V——钢材的抗剪强度设计值。

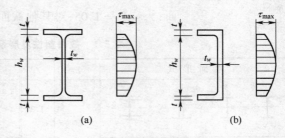

图 5.10　腹板剪应力

当梁的抗剪强度不足时,最有效的办法是增大腹板的面积,但腹板高度 h_w 一般由梁的刚度条件和构造要求确定,故设计时常采用加大腹板厚度 t_w 的办法来增大梁的抗剪强度。

3.梁的局部承压强度

当梁的翼缘受有沿腹板平面作用的固定集中荷载(包括支座反力)且该荷载处又未设置支承加劲肋时[图 5.11(a)]或受有移动的集中荷载(如吊车的轮压)时[图 5.11(b)],腹板受力端边缘局部范围的压应力可能达到钢材的抗压屈服极限,应验算腹板计算高度边缘的局部承压强度。

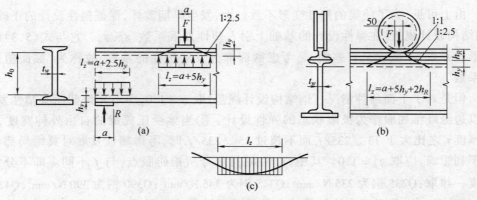

图 5.11　梁局部承压应力

在集中荷载作用下,翼缘(在吊车梁中,还包括轨道)类似支承于腹板的弹性地基梁。腹板计算高度边缘的压应力分布如图5.11(c)的曲线所示。

计算时,假定集中荷载从作用处以1:2.5(在 h_y 高度范围)和1:1(在 h_R 高度范围)扩散,均匀分布于腹板计算高度边缘。按这种假定计算的局部压应力 σ_c 与理论的局部压应力的最大值十分接近。于是,梁的局部承压强度可按下式计算:

$$\sigma_c = \frac{\psi F}{t_w l_Z} \leqslant f \qquad (5.7)$$

式中　F——集中荷载,对动力荷载应考虑动力系数;

　　　ψ——集中荷载增大系数:对重级工作制吊车梁,$\psi = 1.35$,对其他荷载 $\psi = 1.0$;

　　　l_Z——集中荷载在腹板计算高度上边缘的假定分布长度,按下式计算:

　　　　跨中集中荷载　　　　　$l_Z = a + 5h_y + 2h_R$ 　　　(5.8a)

　　　　梁端支反力　　　　　　$l_Z = a + 2.5h_y + a_1$ 　　　(5.8b)

　其中　a——集中荷载沿梁跨度方向的支承长度,对钢轨上的轮压可取为50mm,

　　　　h_y——自梁顶面至腹板计算高度上边缘的距离,

　　　　h_R——轨道的高度,对梁顶无轨道的梁 $h_R = 0$,

　　　　a_1——梁端到支座板外边缘的距离,按实取,但不得大于 $2.5h_y$。

腹板的计算高度 h_0,对轧制型钢梁,为腹板与上、下翼缘相接处两内弧起点间的距离;对焊接组合梁,为腹板高度;对铆接(或高强度螺栓连接)组合梁,为上、下翼缘与腹板连接的铆钉(或高强度螺栓)线间最近距离,见图5.12。

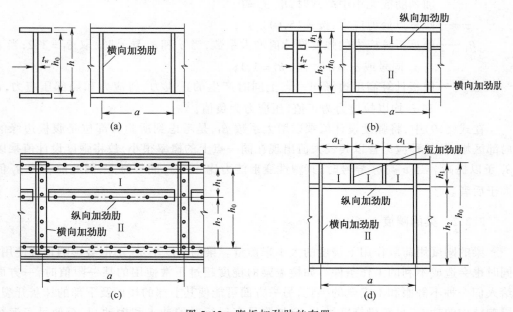

图 5.12　腹板加劲肋的布置

在梁的支座处,当不设置支承加劲肋时,也应按公式(5.7)计算腹板计算高度下边缘的局部压应力,但 ψ 取 1.0。支座集中反力的假定分布长度,参见式(5.8b)。

当计算不能满足时,应在固定集中荷载作用处(包括支座处)应对腹板用支承加劲肋加强。此时认为集中荷载全部由支承加劲肋传递,腹板局部压应力可以不再计算(图 5.13);对移动集中荷载,则只能修改梁截面尺寸,加大腹板厚度或采取各种措施增大 l_z,从而加大荷载扩散长度以减小 σ_c 值。

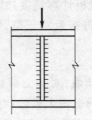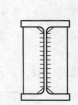

4.梁在复杂应力作用下的强度计算

在组合梁的腹板计算高度边缘处,当同时受有较大的正应力、剪应力和局部压应力时,或同时受

图 5.13　腹板的加强

有较大的正应力和剪应力时(如连续梁的支座处或梁的翼缘截面改变处等),应按下式验算该处的折算应力:

$$\sqrt{\sigma^2 + \sigma_c^2 - \sigma\sigma_c + 3\tau^2} \leqslant \beta_1 f \tag{5.9}$$

式中　σ——验算点处弯曲正应力,$\sigma = \dfrac{M}{I_n} y_1$;

M——验算截面处的弯矩;

y——验算点至中和轴的距离;

σ_c——计算点处的局部压应力,按式(5.7)"$\leqslant$"号的左端计算,当验算截面处设有加劲肋或无集中荷载时,取 $\sigma_c = 0$;

τ——验算点处剪应力,按式(5.6)计算;

β_1——验算折算应力的强度设计值增大系数,当 σ 和 σ_c 异号时,取 $\beta_1 = 1.2$;当 σ 与 σ_c 同号或 $\sigma_c = 0$ 时,取 $\beta_1 = 1.1$;

σ、τ、σ_c——腹板计算高度边缘同一点上同时产生的正应力、剪应力和局部压应力,σ 和 σ_c 均以拉应力为正值,压应力为负值。

在式(5.9)中,将强度设计值乘以增大系数 β_1,是考虑到所验算部位是腹板边缘的局部区域,且几种应力皆以其较大值出现在同一点上的概率很小,故将强度设计值乘以 β_1 予以提高。当 σ 与 σ_c 异号时,其塑性变形能力比 σ 与 σ_c 同号时大,因此前者的 β_1 值大于后者。

5.2.2　梁的刚度

梁的刚度用荷载作用下挠度的大小来衡量。梁的刚度不足,不但会影响正常使用,同时也会造成不利的工作条件。如楼盖梁的挠度超过正常使用的某一限值时,一方面给人们一种不舒服和不安全的感觉,另一方面可能使其上部的楼面及下部的抹灰开裂,影响结构的功能;吊车梁挠度过大,会加剧吊车运行时的冲击和振动,甚至使吊车运行困难等。

　　梁的截面一般常由抗弯强度决定,但对于截面大、跨度小的梁可能由抗剪强度控制,而对于细长的梁可能由刚度条件控制,因此刚度一般在截面强度验算后进行。我国的《钢结构设计规范》从感观和使用条件角度出发,规定梁的挠度验算公式如下:

$$v_T \leqslant [v_T] \tag{5.10a}$$

$$v_Q \leqslant [v_Q] \tag{5.10b}$$

或

$$\frac{v_T}{l} \leqslant \frac{[v_T]}{l} \tag{5.10c}$$

$$\frac{v_Q}{l} \leqslant \frac{[v_Q]}{l} \tag{5.10d}$$

式中　　v_T、v_Q——全部荷载(包括永久荷载和可变荷载)、可变荷载标准值(不考虑荷载
　　　　　　　　分项系数和动力系数)产生的最大挠度(如有起拱应减去拱度);

　　　　$[v_T]$、$[v_Q]$——梁的全部荷载(包括永久荷载和可变荷载)、可变荷载标准值产生的
　　　　　　　　挠度容许值,对某些常用的受弯构件,规范根据实践经验规定的容许
　　　　　　　　挠度值$[v]$见附表2.1。

表5.2　等截面简支梁的最大挠度计算公式

荷载情况				
计算公式	$\dfrac{5}{384} \cdot \dfrac{ql^4}{EI}$	$\dfrac{1}{48} \cdot \dfrac{Fl^3}{EI}$	$\dfrac{23}{1\,296} \cdot \dfrac{Fl^3}{EI}$	$\dfrac{19}{1\,152} \cdot \dfrac{Fl^3}{EI}$

　　例5.1　某楼盖抹灰顶棚的次梁为简支梁,计算跨度为6 m,采用型钢梁I32a,材料为Q235。跨中承受集中荷载,其中永久荷载10 kN,可变荷载50 kN,集中荷载沿梁跨度方向的支承长度为50 mm。试验算梁的强度和刚度。

　　解:

　　1.截面特征确定

　　查型钢表可得I32a的截面特征为:

$$W_x = 692.5 \text{ cm}^3; \quad I_x = 11\,080 \text{ cm}^4; \quad \frac{I_x}{S_x} = 27.7 \text{ cm}; \quad t_w = 9.5 \text{ mm};$$

$$h_y = 26.5 \text{ cm}; \quad 自重为 q_b = 52.7 \text{ kg/m}。$$

　　2.内力计算

　　集中荷载标准值:　　　　　$F_k = 10 + 50 = 60 \text{ kN}$

　　集中荷载设计值:　　　　　$F = 1.2 \times 10 + 1.4 \times 50 = 82 \text{ kN}$

　　自重产生的均布荷载标准值:　$q_k = 0.516 \text{ kN/m}$

自重产生的均布荷载设计值：$q = 1.2 \times 0.516 = 0.62 \text{ kN/m}$

跨中最大弯矩设计值：

$$M_x = \frac{1}{4} Fl + \frac{1}{8} ql^2 = \frac{1}{4} \times 82 \times 6 + \frac{1}{8} \times 0.62 \times 6^2 = 125.8 \text{ kN·m}$$

支座最大剪力设计值：

$$V = \frac{F}{2} + \frac{1}{2} ql = \frac{82}{2} + \frac{1}{2} \times 0.62 \times 6 = 42.9 \text{ kN}$$

跨中剪力设计值：

$$V_1 = \frac{F}{2} = \frac{82}{2} = 41 \text{ kN}$$

3.强度验算

(1)抗弯强度验算(跨中截面)

$$\sigma = \frac{M_x}{\gamma_x W_{nx}} = \frac{125.8 \times 10^6}{1.05 \times 692.5 \times 10^3} = 173.0 \text{ N/mm}^2 < f = 215 \text{ N/mm}^2$$

(2)抗剪强度验算(支座截面)

$$\tau = \frac{V S_x}{I_x t_w} = \frac{42.9 \times 10^3}{277 \times 9.5} = 16.3 \text{ N/mm}^2 < f_v = 125 \text{ N/mm}^2$$

(3)局部承压验算(集中荷载作用处)

$$l_Z = a + 5 h_y + 2 h_R = 50 + 5 \times 26.5 + 0 = 182.5 \text{ mm}$$

$$\sigma_c = \frac{\psi F}{t_w l_Z} = \frac{1.0 \times 82 \times 10^3}{9.5 \times 182.5} = 47.3 \text{ N/mm}^2 \leqslant f = 215 \text{ N/mm}^2$$

(4)折算应力的验算(跨中集中荷载作用处翼缘与腹板连接处)

$$\sigma = \frac{M_x}{I_x} y_1 = \frac{82 \times 10^6}{11\,080 \times 10^4} \times 133.5 = 151.6 \text{ N/mm}^2$$

$$\tau_1 = \frac{V_1 S_1}{I_x t_w} = \frac{41 \times 10^3 \times 297\,375}{11\,080 \times 10^4 \times 9.5} = 11.5 \text{ N/mm}^2$$

$$\sqrt{\sigma^2 + \sigma_c^2 - \sigma \sigma_c + 3 \tau_1^2} = \sqrt{151.6^2 + 47.3^2 - 151.6 \times 47.3 + 3 \times 11.5} = 135.8 \text{ N/mm}^2$$

$$\leqslant \beta_1 f = 1.1 \times 215 = 236.5 \text{ N/mm}^2$$

计算表明，型钢腹板上剪应力很小。

4.刚度验算

根据已知条件查附表 2.1 得：$\dfrac{[v_1]}{l} = \dfrac{1}{250}$

$$\frac{v}{l} = \frac{F_k l^2}{48 EI_x} + \frac{5 q_k l^3}{384 EI_x}$$

$$= \frac{60 \times 10^3 \times 6\,000^2}{48 \times 206 \times 10^3 \times 11\,080 \times 10^4} + \frac{5 \times 0.516 \times 6\,000^3}{384 \times 206 \times 10^3 \times 11\,080 \times 10^4}$$

$$= \frac{1}{490} < \frac{[v]}{l} = \frac{1}{250}$$

所以,此梁的强度、刚度均满足要求。

5.3 梁的稳定设计

5.3.1 梁整体稳定的概念

为了提高抗弯强度,节省钢材,钢梁截面一般做成高而窄的形式,受荷方向刚度大,侧向刚度较小,如果梁的侧向支承较弱(比如仅在支座处有侧向支承),梁的弯曲会随荷载大小的不同而呈现两种截然不同的平衡状态。

计算梁的强度时,认为荷载作用于梁截面的垂直对称轴(图 5.14 中的 y 轴)平面,即最大刚度平面,且它只产生沿 y 轴方向的弯曲变形。但实际上荷载不可能准确对称作用于梁的垂直平面,同时不可避免地也会有各种偶然因素所产生的横向作用,所以梁不但产生沿 y 轴的垂直变形,同时也会产生沿 x 轴的水平位移。梁在 x 轴的水平位移一般不大,但由于设计时为了提高抗弯与抗剪强度,节约钢材,钢梁截面一般做成高而窄的形式,受荷方向刚度大而侧向刚度较小,所以 x 轴方向的位移虽小,影响却很大。试验表明,在最大刚度平面内受弯的梁,当荷载较小时,梁的弯曲平衡状态是稳定的。虽然外界各种因素会使梁产生微小的侧向弯曲和扭转变形,但外界影响消失后,梁仍能恢复原来的弯曲平衡状态。然而,当荷载增大到某一数值后,梁在向下弯曲的同时,将突然发生侧向弯曲和扭转变形而破坏,这种现象称之为梁的侧向弯扭屈曲或整体失稳。梁维持其稳定平衡状态所承担的最大荷载或最大弯矩,称为临界荷载或临界弯矩。此时,受压翼缘相应的最大应力就叫临界应力,如图 5.14 的工字形梁所示。

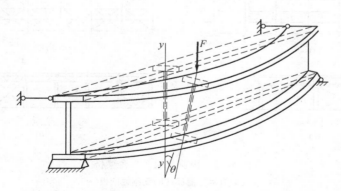

图 5.14 梁的整体失稳

梁整体失稳是突发的,并无明显预兆,因此比强度破坏更为危险,设计、施工中要特别注意。整体稳定计算就是要保证梁在荷载作用下产生的最大正应力不超过丧失稳定时的临界应力。梁整体稳定的临界应力与梁的侧向抗弯刚度、抗扭刚度、荷载沿梁跨分布情况及其在截面上的作用点位置有关。一般来讲,梁的抗弯刚度 EI_y、抗扭刚度 GI_t 愈大,相应梁的整体稳定临界应力愈高;纯弯构件、承受均布荷载的构件以及承受集中荷载的梁的临界应力依次递增;在均布荷载和集中荷载情况下,荷载作用于上翼缘比作用在下翼缘时,临界应力要小;梁受压翼缘的自由长度 l_1 越大,临界弯矩 M_{cr} 越小。最后值得注意的是,设计梁时必须从构造上保证梁的支座及侧向支撑能有效的阻止梁的侧向弯曲和扭转,提高梁的整体稳定性。

5.3.2 梁的整体稳定性计算

(1)梁整体稳定的保证

为保证梁的整体稳定或增强梁抗整体失稳的能力,当梁上有密铺的刚性铺板(楼盖梁的楼面板或公路桥、人行天桥的面板等)时,应使之与梁的受压翼缘连牢[图 5.15(a)];若无刚性铺板或铺板与梁受压翼缘连接不可靠,则应设置平面支撑[图 5.15(b)]。楼盖或工作平台梁格的平面支撑有横向平面支撑和纵向平面支撑两种,横向支撑使主梁受压翼缘的自由长度由其跨长减小为 l_1(次梁间距);纵向支撑是为了保证整个楼面的横向刚度。不论有无连牢的刚性铺板,支承工作平台梁格的支柱间均应设置柱间支撑,除非柱列设计为上端铰接、下端嵌固于基础的排架。

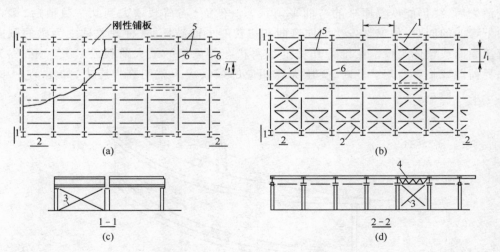

图 5.15 楼盖或工作平台梁格

(a)有刚性铺板;(b)无刚性铺板

1—横向平面支撑;2—纵向平面支撑;3—柱间垂直支撑;4—主梁间垂直支撑;5—次梁;6—主梁

《钢结构设计规范》规定,当符合下列情况之一时,梁的整体稳定可以得到保证,不必计算:①有刚性铺板密铺在梁的受压翼缘上并与其牢固连接,能阻止梁受压翼缘的侧向位移时,如图 5.15a 中的次梁即属于此种情况。②H 形钢或等截面工字形简支梁受

压翼缘的自由长度 l_1 与其宽度 b_1 之比不超过表5.3所规定的数值。对跨中无侧向支承点的梁，l_1 为其跨度；图5.15(b)中的次梁 l_1 等于其跨度 l；对跨中有侧向支承点的梁，l_1 等于受压翼缘侧向支承点间的距离（梁的支座处视为有侧向支承）；对主梁，则 l_1 等于次梁间距。

③箱形截面简支梁，其截面尺寸（图5.16）满足 $h/b_0 \leqslant 6$，且 $l_1/b_0 \leqslant 95(235/f_y)$ 时（箱形截面的此条件很容易满足）。

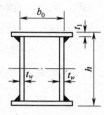

图5.16 箱形截面

表5.3 工字形截面简支梁不需计算整体稳定性的最大 l_1/b_1 值

钢号	跨中无侧向支承点的梁		跨中受压翼缘有侧向支承点的梁，不论荷载作用在何处
	荷载作用上翼缘	荷载作用在下翼缘	
Q235	13.0	20.0	16.0
Q345	10.5	16.5	13.0
Q390	10.0	15.5	12.5
Q420	9.5	15.0	12.0

注：其他钢号的梁不需计算整体稳定性的最大 l_1/b_1 值，应取 Q235 钢的数值乘以 $\sqrt{235/f_y}$。

(2)梁整体稳定的计算方法

当不满足前述不必计算整体稳定条件时，应对梁的整体稳定进行计算。计算时根据梁整体稳定临界弯矩 M_{cr}，可求出相应的临界应力 $\sigma_{cr} = M_{cr}/W_x$，并考虑钢材抗力分项系数 γ_R，对于在最大刚度主平面内单向弯曲的构件，其整体稳定条件为：

$$\sigma = \frac{M_x}{W_x} \leqslant \frac{\sigma_{cr}}{\gamma_R} = \frac{\sigma_{cr} f_y}{f_y \gamma_R}$$

令 $\sigma_{cr}/f_y = \varphi_b$，则在最大刚度主平面内受弯的构件，其整体稳定性应按下式计算：

$$\frac{M_x}{\varphi_b W_x} \leqslant f \tag{5.11}$$

式中　M_x——绕强轴作用的最大弯矩；

　　　W_x——按受压纤维确定的梁毛截面模量；

　　　φ_b——梁的整体稳定系数，$\varphi_b = \sigma_{cr}/f_y$，按附录3确定。

在两个主平面内同时受有弯矩作用的双向受弯构件，其整体失稳亦将在弱轴侧向弯扭屈曲，但理论分析较为复杂，一般按经验近似计算。

《钢结构设计规范》规定：在两个主平面内受弯的 H 形钢截面和工字形截面构件，按下式计算：

$$\frac{M_x}{\varphi_b W_x} + \frac{M_y}{\gamma_y W_y} \leqslant f \tag{5.12}$$

式中 M_x、M_y——绕强轴、弱轴作用的最大弯矩;

W_x、W_x——按受压纤维确定对 x 轴、y 轴的毛截面模量;

φ_b——绕强轴弯曲所确定的梁整体稳定系数,应按附录 3 确定;

γ_y——对弱轴的截面塑性发展系数。

现以受纯弯曲的双轴对称工字形截面简支梁为例,导出 φ_b 的计算公式。

$$\sigma_{cr} = \frac{M_{cr}}{W_x} = \beta\frac{\sqrt{EI_yGI_t}}{l_1W_x},$$

从而

$$\varphi_b = \frac{\sigma_{cr}}{f_y} = \pi\sqrt{1+\left(\frac{\pi h}{2l_1}\right)^2\frac{EI_y}{GI_t}}\cdot\frac{\sqrt{EI_yGI_t}}{W_xl_1f_y} = \frac{\pi^2 EI_yh}{2l_1^2W_xf_y}\sqrt{1+\left(\frac{2l_1}{\pi h}\right)^2\frac{GI_t}{EI_y}}$$

上式中,代入数值 $E = 206\times10^3$ N/mm^2,$E/G = 2.6$,令 $I_y = Ai_y^2$,$l_1/i_y = \lambda_y$,并假定扭转惯性矩近似值为 $I_t \approx \frac{1}{3}At_1^2$,可得:

$$\varphi_b = \frac{4\,320\,Ah}{\lambda_y^2W_x}\sqrt{1+\left(\frac{\lambda_yt_1}{4.4\,h}\right)^2\frac{235}{f_y}} \tag{5.13}$$

这就是受纯弯曲的双轴对称焊接工字形截面简支梁的整体稳定系数计算公式。式中 A 为梁毛截面面积;t_1 为受压翼缘厚度;f_y 为钢材屈服点(N/mm^2)。实际上梁受纯弯曲的情况是不多的。当梁受任意横向荷载,或梁为单轴对称截面时,式(5.13)应加以修正。《钢结构设计规范》对梁的整体稳定系数 φ_b 的规定,见附录 3。

上述整体稳定系数是按弹性稳定理论求得的。研究证明,当求得的 φ_b 大于 0.6 时,梁已进入非弹性工作阶段,整体稳定临界应力有明显的降低,必须对 φ_b 进行修正。规范规定,当按上述公式或表格确定的 $\varphi_b > 0.6$ 时,用下式求得的 φ'_b 代替 φ_b 进行梁的整体稳定计算。

$$\varphi'_b = 1.07 - 0.282/\varphi_b$$

但不大于 1.0。

当梁的整体稳定承载力不足时,可采用加大梁的截面尺寸或增加侧面支承的方法予以解决,前一种方法中尤其是增加受压翼缘的宽度最有效。

必须指出的是:不论梁是否需要计算整体稳定性,梁的支承处均应采取构造措施以阻止其端截面的扭转(在力学意义上称为"夹支"),见图 5.17。

例 5.2 某简支梁跨度为 5 m,选用 Q235 钢,型号为 I40a。梁上翼缘作用均布荷载,其中永久荷载标准值为 12 kN/m(含自重),可变荷载 25 kN/m,跨中无侧向支承。

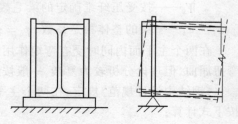

图 5.17 梁支座夹支的力学图形

试求验算该梁的整体稳定是否满足要求？

解：

经分析次梁的整体稳定没有保证，应对其进行验算。

1.内力计算

$$q = 1.2 \times 12 + 1.4 \times 25 = 49.4 \text{ kN/m}$$

最大弯矩设计值为：

$$M_x = \frac{1}{8} ql^2 = \frac{1}{8} \times 49.4 \times 5^2 = 154.4 \text{ kN·m}$$

2.整体稳定验算

由表5.6查得，跨中无侧向支承点的梁，当上翼缘作用均布荷载时，

$$\varphi_b = 0.73 > 0.6,$$

应用公式(5.15)换算为 φ'_b，即：

$$\varphi'_b = 1.07 - 0.282/\varphi_b = 1.07 - 0.282/0.73 = 0.68 \leqslant 1.0$$

进行整体稳定验算：

$$\frac{M_x}{\varphi'_b W_x} = \frac{154.4 \times 10^6}{0.68 \times 1\,086 \times 10^3} = 209.1 \text{ N/mm}^2 > f = 215 \text{ N/mm}^2$$

所以，此梁满足整体稳定的要求。

5.4 梁的局部稳定和腹板加劲肋设计

从用材经济的角度出发，选择组合梁截面时总是力求采用高而薄的腹板以增大截面的惯性矩和抵抗矩，同时也希望采用宽而薄的翼缘以提高梁的稳定性，但是，如果将这些板件不适当地减薄加宽，板中压应力或剪应力尚未达到强度限值或在梁未丧失整体稳定前，腹板或受压翼缘有可能偏离其平面位置，出现波形鼓曲图5.18，这种现象称

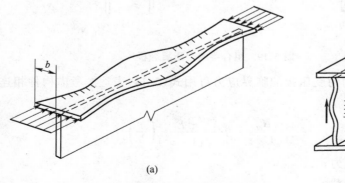

(a)　　　　　　　　　　　　　(b)

图 5.18　梁局部失稳

(a)翼缘；(b)腹板

为梁局部失稳或称失去局部稳定。

如果梁的腹板或翼缘局部失稳，整体构件一般不致于立即丧失承载能力，但由于对称截面转化为非对称截面而产生扭转、部分截面退出工作等原因，大大降低了构件的承载能力。所以，虽说局部失稳的危险性小于整体失稳，但它往往导致了钢结构早期破坏。

热轧型钢由于轧制条件，其板件宽厚比较小，都能满足局部稳定的要求，不需要计算。对冷弯薄壁型钢梁的受压或受弯板件，宽厚比不超过规定的限制时，认为板件全部有效；当超过此限制时，则只考虑一部分宽度有效（称为有效宽度），应按现行《冷弯薄壁型钢结构技术规范》计算。这里主要叙述一般钢结构组合梁中翼缘和腹板的局部稳定。为了避免组合梁出现局部失稳的现象主要采用以下两种措施：①限制板件的宽厚比或高厚比；②在垂直于钢板平面方向设置加劲肋。

5.4.1 受压翼缘的局部稳定

梁的受压翼缘板主要受均布压应力作用图 5.19。为了充分发挥材料强度，翼缘的合理设计是采用一定厚度的钢板，让其临界应力 σ_{cr} 不低于钢材的屈服点 f_y，从而使翼缘不丧失稳定。一般采用限制宽厚比的办法来保证梁受压翼缘板的稳定性。

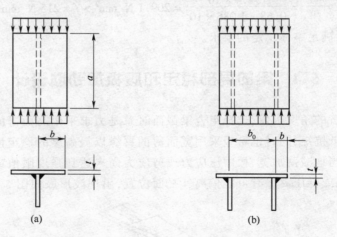

图 5.19　组合梁的受压翼缘板

根据推导，单向均匀受压板的临界应力可用式（5.14）表达。考虑构件相连接的板之间

$$\sigma_{crx} = \frac{N_{crx}}{1 \times t} = \beta \cdot \frac{\pi^2 E}{12(1 - \nu^2)} \left(\frac{t}{b} \right)^2 \qquad (5.14)$$

式中　σ_{crx}——临界应力；

　　　N_{crx}——临界荷载；

　　　t——薄板厚度；

β——屈曲系数;

ν——材料泊松比,取 0.3。

除相互支承,还有部分约束作用,即嵌固作用。嵌固的程度取决于相连接板的相对刚度。因此,引入一个大于 1 的弹性约束系数 χ 得

$$\sigma_{cr} = \beta\chi \, \frac{\pi^2 E}{12(1-\nu^2)}\left(\frac{t}{b}\right)^2 \tag{5.15}$$

式中 t——板的厚度;

d——板的宽度;

ν——钢材的泊松比;

β——屈曲系数。

将 $E = 206 \times 10^3 \text{ N/mm}^2$ 和 $\nu = 0.3$ 代入得

$$\sigma_{cr} = 18.6\beta\chi\left(\frac{100 \, t}{b}\right)^2 \tag{5.16}$$

当构件按截面部分发展塑性设计时,整个翼缘板已进入塑性,但在和压应力相垂直的方向,材料仍然是弹性的。因此,翼缘板已经进入弹塑性阶段,钢材沿受力方向的弹性模量 E 将为切线模量 E_t,$E_t/E = \eta$,而垂直压应力的方向变形模量仍为 E,这时薄板成为正交异性板,用 $\sqrt{\eta}E$ 代替 E,可得

$$\sigma_{cr} = 18.6\beta\chi \sqrt{\eta}\left(\frac{100 \, t}{b}\right)^2 \tag{5.17}$$

受压翼缘板的悬伸部分,为 3 边简支板而板长 a 趋于无穷大的情况,其屈曲系数 $\beta \approx 0.425$。支承翼缘板的腹板一般较薄,对翼缘板没有什么约束作用,因此取弹性约束系数 $\chi = 1.0$。如取 $\eta = 0.25$,由条件 $\sigma_{cr} \geqslant f_y$ 得:

$$\sigma_{cr} = 18.6 \times 0.425 \times 1.0 \sqrt{0.25}\left(\frac{100 \, t}{b}\right)^2 \geqslant f_y$$

则

$$\frac{b}{t} \leqslant 13\sqrt{\frac{235}{f_y}} \tag{5.18}$$

当按弹性设计时(即取 $\gamma_x = 1.0$),翼缘平均应力只达到 $(0.95 \sim 0.98)f$,令 $\sigma_{cr} \geqslant 0.95f_y$,相应 $\eta = 0.4$,得出:

$$\frac{b}{t} \leqslant 15\sqrt{\frac{235}{f_y}} \tag{5.19}$$

所以,我国的《钢结构设计规范》采用以下条款来保证翼缘板的局部稳定:

(1)梁的受压翼缘自由外伸宽度 b 与其厚度 t 之比,应符合下式要求:

$$\frac{b}{t} \leqslant 13\sqrt{\frac{235}{f_y}} \tag{5.20a}$$

(2)当梁在绕强轴的弯矩 M_x 作用下的强度按弹性设计(即取 $\gamma_x = 1.0$)时,b/t 值可放宽为:

$$\frac{b}{t} \leqslant 15\sqrt{\frac{235}{f_y}} \qquad (5.20b)$$

翼缘板自由外伸宽度 b 的取值为：对焊接构件，取腹板边至翼缘板（肢）边缘的距离；对轧制构件，取内圆弧起点至翼缘板（肢）边缘的距离。

(3)箱形梁翼缘板(图 5.19)在两腹板之间的部分，相当于 4 边简支单向均匀受压板，《钢结构设计规范》要求两腹板之间的无支承宽度 b_0 与其厚度之比，应符合下式要求：

$$\frac{b_0}{t} \leqslant 40\sqrt{\frac{235}{f_y}} \qquad (5.21)$$

当箱形截面梁受压翼缘板设有纵向加劲肋时，则上式中的 b_0 取为腹板与纵向加劲肋之间的翼缘板无支承宽度。

5.4.2 腹板的局部稳定

梁的腹板以承受剪力为主，按抗剪所需的厚度一般很小，为了使梁截面设计更加经济合理，梁腹板经常做的高而薄。因此，稳定问题较为突出。为了提高腹板的局部稳定性，可采取下列措施：①增加腹板的厚度；②设置合适的加劲肋。此时如果仅为保证局部稳定而加厚腹板或降低梁高，显然是不经济的。因此，组合梁主要是通过采用加劲肋将腹板分割成较小的区格来提高其抵抗局部屈曲的能力。加劲肋作为腹板的支承，可以提高其临界应力。这一措施往往是比较经济的。梁的加劲肋和翼缘使腹板成为若干4 边支承的矩形板区格。这些区格一般受有弯曲正应力、剪应力，以及局部压应力。在弯曲正应力单独作用下，腹板的失稳形式如图 5.20 所示，凸凹波形的中心靠近其压应

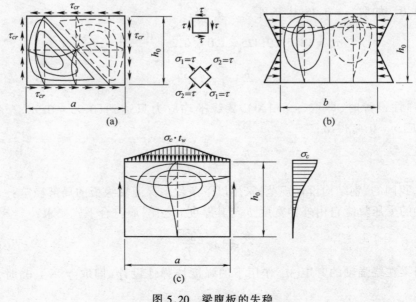

图 5.20 梁腹板的失稳

力合力的作用线。在剪应力单独作用下,腹板在 45°方向产生主应力,主拉应力和主压应力数值上都等于剪应力。在主压应力作用下,腹板失稳形式如图 5.20(a)所示,为大约 45°方向倾斜的凸凹波形。在局部压应力单独作用下,腹板的失稳形式如图 5.20(c)所示,产生一个靠近横向压应力作用边缘的鼓曲面。

《钢结构设计规范》明确规定:受静力荷载和间接承受动力荷载的组合梁,一般考虑腹板屈曲后强度,按本章 5.4 节的规定布置加劲肋并计算其抗弯和抗剪承载力,而直接承受动力荷载的吊车梁及类似构件,或其他不考虑屈曲后强度的组合梁,则应按下列规定配置加劲肋,并计算各板段的稳定性。

(1)当 $h_0/t_w \leqslant 80\sqrt{235/f_y}$ 时,对有局部压应力($\sigma_c \neq 0$)的梁,应按构造配置横向加劲肋($a \leqslant 7.0h_0$);但对无局部压应力($\sigma_c = 0$)的梁,可不配置加劲肋[图 5.12(a)]。

(2)当 $h_0/t_w > 80\sqrt{235/f_y}$ 时,应按计算配置横向加劲肋[图 5.12(a)]。其中,当 $h_0/t_w > 170\sqrt{235/f_y}$(受压翼缘扭转受到约束,如连有刚性铺板、制动板或焊有钢轨时)或 $h_0/t_w > 150\sqrt{235/f_y}$(受压翼缘扭转未受到约束时)或按计算需要时,应在弯曲应力较大区格的受压区增加配置纵向加劲肋[图 5.12(b)、(c)]。局部压力很大的梁,必要时宜在受压区配置短加劲肋[图 5.12(d)]。

需要注意的是,任何情况下,h_0/t_w 均不应超过 $250\sqrt{235/f_y}$。以上叙述中,h_0 称为腹板计算高度,对焊接梁 h_0 等于腹板高度 h_w;对铆接梁为腹板与上、下翼缘连接铆钉的最近距离(图 5.12);对单轴对称梁,h_0 应取腹板受压区高度 h_c 的 2 倍。

(3)梁的支座处和上翼缘受有较大固定集中荷载处宜设置支承加劲肋。为避免焊接后的不对称残余变形并减少制造工作量,焊接吊车梁宜尽量避免设置纵向加劲肋,尤其是短加劲肋。

加劲肋的布置形式如图 5.12 所示。图 5.12(a)仅布置横向加劲肋,图 5.12(b)同时布置横向、纵向加劲肋,图 5.12(d)除布置横向、纵向加劲肋外,还布置短向加劲肋。

横向加劲肋主要是防止由剪应力和局部压应力可能引起的腹板失稳,纵向加劲肋主要防止由弯曲压应力可能引起的腹板失稳,短向加劲肋主要防止由局部压应力可能引起的腹板失稳。梁腹板的主要作用是抗剪,与其他应力相比,剪应力最易引起腹板失稳。所以,3 种加劲肋中横向加劲肋是最常用的。且当横向、纵向加劲肋交叉时,应切断纵向加劲肋,让横向加劲肋通过,并尽可能使纵向加劲肋两端支承于横向加劲肋上。具体计算时,先布置加劲肋,再计算各区格板的平均作用应力和相应的临界应力,使其满足稳定条件。若不满足(不足或太富裕),再调整加劲肋间距,重新计算。以下介绍各种加劲肋配置时的腹板稳定计算方法。

5.4.3 仅用横向加劲肋加强的腹板

腹板在每两个横向加劲肋之间的区格,同时受有弯曲正应力 σ,剪应力 τ,可能还

有一个边缘压应力 σ_c 共同作用(图 5.21),综合考虑三种应力,取抗力分项系数 $\gamma_R = 1.0$,《钢结构设计规范》规定按下列近似稳定经验公式计算其局部稳定性,即

$$\left(\frac{\sigma}{\sigma_{cr}}\right)^2 + \left(\frac{\tau}{\tau_{cr}}\right)^2 + \frac{\sigma_c}{\sigma_{c,cr}} \leqslant 1 \qquad (5.22)$$

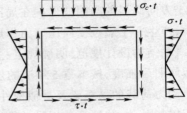

图 5.21　腹板受三种应力同时作用

式中　σ——所计算腹板区格内,由平均弯矩产生的腹板计算高度边缘的弯曲压应力;

τ——所计算腹板区格内,由平均剪力产生的腹板平均剪应力,应按 $\tau = V/(h_w t_w)$ 计算, h_w 为腹板高度;

σ_c——腹板计算高度边缘的局部压应力,应按下式计算,但取式中的 $\psi = 1.0$,

$$\sigma_c = \frac{\psi F}{t_w\, l_z} \leqslant f;$$

σ_{cr}、τ_{cr}、$\sigma_{c,cr}$——各种应力单独作用下的临界应力。

1. σ_{cr} 的表达式

当 $\lambda_b \leqslant 0.85$ 时,　　　　　　　　　 $\sigma_{cr} = f$　　　　　　　　　　　　　(5.23a)

当 $0.85 < \lambda_b \leqslant 1.25$ 时,　　$\sigma_{cr} = [1 - 0.75(\lambda_b - 0.85)]f$　　　　　　(5.23b)

当 $\lambda_b > 1.25$ 时,　　　　　　　　　 $\sigma_{cr} = 1.1f/\lambda_b^2$　　　　　　　　　(5.23c)

式中　λ_b——用于腹板受弯计算时的通用高厚比。

当梁受压翼缘扭转受到约束时:

$$\lambda_b = \frac{2h_c/t_w}{177}\sqrt{\frac{f_y}{235}} \qquad (5.23d)$$

当梁受压翼缘未受到约束时:

$$\lambda_b = \frac{2h_c/t_w}{153}\sqrt{\frac{f_y}{235}} \qquad (5.23e)$$

式中　h_c——梁腹板弯曲受压区高度,对双轴对称截面 $2h_c = h_0$。

2. τ_{cr} 的表达式

当 $\lambda_s \leqslant 0.8$ 时,　　　　　　　　　 $\tau_{cr} = f_V$　　　　　　　　　　　　(5.24a)

当 $0.8 < \lambda_s \leqslant 1.2$ 时,　　　$\tau_{cr} = [1 - 0.59(\lambda_s - 0.8)]f_V$　　　　　　(5.24b)

当 $\lambda_s > 1.2$ 时,　　　　　　　　　 $\tau_{cr} = 1.1f_V/\lambda_s^2$　　　　　　　　(5.24c)

式中　λ_s——用于腹板受剪计算时的通用高厚比。

当 $a/h_0 \leqslant 1.0$ 时,　　$\lambda_s = \dfrac{h_0/t_w}{41\sqrt{4 + 5.34(h_0/a)^2}}\sqrt{\dfrac{f_y}{235}}$　　　(5.24d)

当 $a/h_0 > 1.0$ 时,　　$\lambda_s = \dfrac{h_0/t_w}{41\sqrt{5.34 + 4(h_0/a)^2}}\sqrt{\dfrac{f_y}{235}}$　　　(5.24e)

3. $\sigma_{c,cr}$ 的计算式

当 $\lambda_c \leqslant 0.9$ 时： $\sigma_{c,cr} = f$ (5.25a)

当 $0.9 < \lambda_c \leqslant 1.2$ 时： $\sigma_{c,cr} = [1 - 0.79(\lambda_c - 0.9)]f$ (5.25b)

当 $\lambda_c > 1.2$ 时： $\sigma_{c,cr} = 1.1f/\lambda_c^2$ (5.25c)

式中 λ_c——用于腹板受局部压力计算时的通用高厚比。

当 $0.5 \leqslant a/h_0 \leqslant 1.5$ 时， $\lambda_c = \dfrac{h_0/t_w}{28\sqrt{10.9 + 13.4(1.83 - a/h_0)^3}}\sqrt{\dfrac{f_y}{235}}$ (5.25d)

当 $1.5 < a/h_0 \leqslant 2.0$ 时， $\lambda_c = \dfrac{h_0/t_w}{28\sqrt{18.9 - 5a/h_0}}\sqrt{\dfrac{f_y}{235}}$ (5.25e)

5.4.4 同时用横向加劲肋和纵向加劲肋加强的腹板

这种情况[图 5.12(b)、(c)]，纵向加劲肋将腹板分隔成区格Ⅰ和Ⅱ，应分别计算这两个区格的局部稳定性。

1. 受压翼缘与纵向加劲肋之间的区格Ⅰ

$$\frac{\sigma}{\sigma_{cr1}} + \left(\frac{\tau}{\tau_{cr1}}\right)^2 + \left(\frac{\sigma_c}{\sigma_{c,cr1}}\right)^2 \leqslant 1.0 \qquad (5.26)$$

式中 σ_{cr1}、τ_{cr1}、$\sigma_{c,cr1}$ 分别按下列方法计算：

(1) σ_{cr1} 按式(5.23)计算，但式中的 λ_b 改用下列 λ_{b1} 代替：

当梁受压翼缘扭转受到约束时，

$$\lambda_{b1} = \frac{h_1/t_w}{75}\sqrt{\frac{f_y}{235}} \qquad (5.27a)$$

当梁受压翼缘扭转未受到约束时，

$$\lambda_{b1} = \frac{h_1/t_w}{64}\sqrt{\frac{f_y}{235}} \qquad (5.27b)$$

式中 h_1——纵向加劲肋至腹板计算高度受压边缘的距离。

(2) τ_{cr1} 按式(5.24)计算，但式中 h_0 改为 h_1。

(3) $\sigma_{c,cr1}$ 借用式(5.23)计算，但公式中的 λ_b 改用下列 λ_{c1} 代替：

当受压翼缘扭转受到约束时， $\lambda_{c1} = \dfrac{h_1/t_w}{56}\sqrt{\dfrac{f_y}{235}}$ (5.28a)

当受压翼缘扭转未受到约束时， $\lambda_{c1} = \dfrac{h_1/h_w}{40}\sqrt{\dfrac{f_y}{235}}$ (5.28b)

2. 受拉翼缘与纵向加劲肋之间的区格Ⅱ

稳定条件与式(5.22)的形式相似，为：

$$\left(\frac{\sigma_2}{\sigma_{cr2}}\right)^2 + \left(\frac{\tau}{\tau_{cr2}}\right)^2 + \frac{\sigma_{c2}}{\sigma_{c,cr2}} \leqslant 1.0 \qquad (5.29)$$

式中　σ_2——所计算区格内由平均弯矩产生的腹板在纵向加劲肋处的弯曲压应力；

σ_{c2}——腹板在纵向加劲肋处的横向压应力，取 $0.3\sigma_c$。

(1) σ_{cr2} 按式(5.23)计算，但式中的 λ_b 改用下列 λ_{b2} 代替：

$$\lambda_{b2} = \frac{h_2/t_w}{194}\sqrt{\frac{f_y}{235}} \tag{5.30}$$

(2) τ_{cr2} 按式(5.24)计算，但式中 h_0 改为 $h_2(h_2 = h_0 - h_1)$。

(3) $\sigma_{c,cr2}$ 借用式(5.25)计算，但公式中的 h_0 改为 h_2，当 $a/h_2 > 2$ 时，取 $a/h_2 = 2$。

3. 在受压翼缘与纵向加劲肋之间设有短加劲肋的区格[图 5.12(d)]

其局部稳定性应按式(5.26)计算，式中的 σ_{cr1} 按 5.4.4 的 1 之(1)那样计算取值；τ_{cr1} 按式(5.24)计算，但式中 h_0 和 a 改为 h_1 和 a_1(a_1 为短向加劲肋间距)；$\sigma_{c,cr1}$ 借用式(5.23)计算，但公式中的 λ_b 改用下列 λ_{c1} 代替。

当受压翼缘扭转受到约束时，　$\lambda_{c1} = \dfrac{a_1/t_w}{87}\sqrt{\dfrac{f_y}{235}}$ (5.31a)

当受压翼缘扭转未受到约束时，　$\lambda_{c1} = \dfrac{a_1/t_w}{73}\sqrt{\dfrac{f_y}{235}}$ (5.31b)

对 $a_1/h_1 > 1.2$ 的区格，式(5.31)右侧应乘以 $1/(0.4 + 0.5a_1/h_1)^{\frac{1}{2}}$。

5.4.5　加劲肋的构造和截面尺寸

焊接梁的加劲肋一般用钢板做成，并在腹板两侧成对布置图 5.22。为了节约钢材和制造工作量，也可单侧布置。但支承加劲肋、重级工作制吊车梁的加劲肋不应单侧布置。

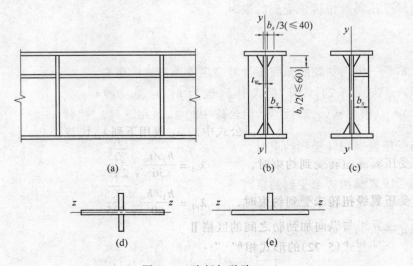

图 5.22　腹板加劲肋

横向加劲肋的最小间距 a 不得小于 $0.5 h_0$，也不得大于 $2 h_0$（对无局部压应力的梁，当 $h_0/t_w \leqslant 100$ 时，可采用 $2.5 h_0$）。纵向加劲肋至腹板计算高度受压边缘的距离应在 $h_c/2.5 \sim h_c/2$ 范围内。

加劲肋应有足够的刚度才能作为腹板的可靠支承，所以对加劲肋的截面尺寸和截面惯性矩应有一定要求。

双侧布置的钢板横向加劲肋，其截面尺寸应满足下列公式要求：

外伸宽度：
$$b_s \geqslant \frac{h_0}{30} + 40 \quad (\text{mm}) \tag{5.32}$$

厚度：
$$t_s \geqslant \frac{b_s}{15} \quad (\text{mm}) \tag{5.33}$$

在腹板一侧配置的钢板横向加劲肋，其外伸宽度应大于按上式算得的 1.2 倍，加劲肋的厚度不应小于实际取用外伸宽度的 1/15。

当腹板同时用横向加劲肋和纵向加劲肋加强时，横向肋的断面尺寸除应符合上述规定外，其截面惯性矩 I_z 尚应满足下式要求：
$$I_z \geqslant 3 h_0 t_w^3 \tag{5.34}$$

纵向加劲肋的截面惯性矩 I_y，应满足下列公式的要求：

当 $a/h_0 \leqslant 0.85$ 时，
$$I_y \geqslant 1.5 h_0 t_w^3 \tag{5.35a}$$

当 $a/h_0 > 0.85$ 时，
$$I_y \geqslant \left(2.5 - 0.45 \frac{a}{h_0} \right) \left(\frac{a}{h_0} \right)^2 h_0 t_w^3 \tag{5.35b}$$

短向加劲肋的最小间距为 $0.75 h_1$。短向加劲肋外伸宽度应取横向加劲肋外伸宽度的 $0.7 \sim 1.0$ 倍，厚度不应小于短向加劲肋外伸宽度的 1/15。

用型钢（H 形钢、工字钢、槽钢、肢尖焊于腹板的角钢）做成的加劲肋，其截面惯性矩不得小于相应钢板加劲肋的惯性矩。

在腹板双侧成对配置的加劲肋，其截面惯性矩应按梁腹板中心线为轴线进行计算。

在腹板一侧配置的加劲肋，其截面惯性矩应按与加劲肋相连的腹板边缘为轴线进行计算。

为了避免焊缝交叉，减少焊接应力，在加劲肋端部应切去宽约 $b_s/3$ 且 $\leqslant 40$ mm、高约 $b_s/2$ 且 $\leqslant 60$ mm 的斜角（图 5.23）。对直接承受动力荷载的梁（如吊车梁），中间横向加劲肋下端不应与受拉翼缘焊接（若焊接，将降低受拉翼缘的疲劳强度），一般在距受拉翼缘 $50 \sim 100$ mm 处断开。

5.4.6　支承加劲肋的计算

支承加劲肋是指承受固定集中荷载或者支座反力的横向加劲肋。此种加劲肋应在腹板两侧成对设置，并应进行整体稳定和端面承压计算，其截面往往比中间横向加劲肋大。

（1）梁的支承加劲肋，应按承受梁支座反力或固定集中荷载的轴心压杆计算其在腹板平面外的稳定性。此压杆的截面包括加劲肋以及每侧各 $15\,t_w\sqrt{\dfrac{235}{f_y}}$ 范围内的腹板面积(图 5.23 中阴影部分),其计算长度近似取为 h_0。

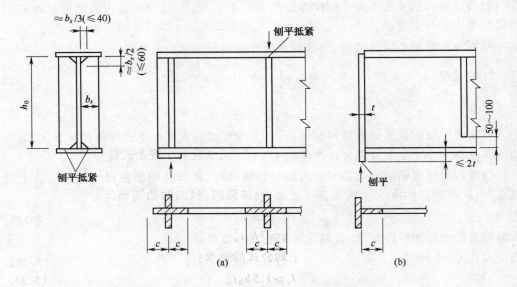

图 5.23　支承加劲肋 $(c = 15\,t_w\sqrt{235/f_y})$

(2)支承加劲肋一般刨平顶紧于梁的翼缘[图 5.23(a)]或柱顶[图 5.23(b)],并按其所承受的支座反力或固定集中荷载计算其端面承压强度按下式计算:

$$\sigma_{ce} = \frac{F}{A_{ce}} \leqslant f_{ce} \tag{5.36}$$

式中　F——集中荷载或支座反力;

　　　A_{ce}——端面承压面积;

　　　f_{ce}——钢材端面承压强度设计值。

突缘支座[图 5.23(b)]的伸出长度不应大于加劲肋厚度的 2 倍。

(3)支承加劲肋与腹板的连接焊缝,应按承受全部集中力或支反力进行计算。计算时假定应力沿焊缝长度均匀分布。

5.5　考虑腹板屈曲后强度的梁设计

在 5.4 节已讲过,承受静力荷载和间接承受动力荷载的组合梁,腹板屈曲不会导致整个梁迅速丧失承载能力,宜考虑腹板屈曲后强度。这样,腹板可更薄,且可仅在支座处和固定集中荷载处设置支承加劲肋,或尚有中间横向加劲肋,其高厚比可以达到 250 也不必设置纵向加劲肋,经济效果好。

这里介绍我国规范规定的实用计算方法。此计算方法不适用于直接承受动力荷载的吊车梁,原因为腹板反复屈曲可能导致其边缘出现裂纹,并且有关研究资料也不充分。

承受静力荷载或间接承受动力荷载的组合梁,腹板在横向加劲肋之间的各区段,通常同时承受弯矩和剪力。此时,腹板屈曲后对梁的承载力影响比较复杂,我国规范采用如图 5.24 所示的剪力 V 和弯矩 M 的无量纲化的相关曲线,写成数学计算表达式(即考虑腹板屈曲后强度的计算公式)则为:

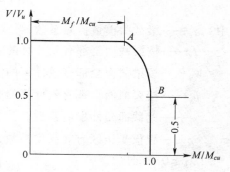

图 5.24　剪力 V 与弯矩 M 的无量纲化相关曲线

$$\left(\frac{V}{0.5V_u}-1\right)^2+\frac{M-M_f}{M_{eu}-M_f}\leqslant 1.0 \tag{5.37}$$

式中　M、V——梁的同一截面上同时产生的弯矩和剪力设计值,当 $V<0.5V_u$,取 $V=0.5V_u$;当 $M<M_f$,取 $M=M_f$;

M_f——梁两翼缘所承担的弯矩设计值;

A_{f1}、h_1——较大翼缘的截面面积及其形心至梁中和轴的距离;

A_{f2}、h_2——较小翼缘的截面面积及其形心至梁中和轴的距离;

V_u、M_{eu}——梁的抗剪和抗弯承载力设计值,按以下公式(5.38)和公式(5.39)计算。

5.5.1　腹板屈曲后的抗剪承载力 V_u

腹板屈曲后的抗剪承载力 V_u 应为屈曲剪力 V_{cr} 与张力场剪力 V_t 之和。根据理论和试验研究,我国《钢结构设计规范》规定抗剪承载力设计值 V_u 可用下列公式计算:

当 $\lambda_s\leqslant 0.8$ 时　　　　$V_u=h_wt_wf_V$ (5.38a)

当 $0.8<\lambda_s\leqslant 1.2$ 时　　$V_u=h_wt_wf_V[1-0.5(\lambda_s-0.8)]$ (5.38b)

当 $\lambda_s>1.2$ 时　　　　$V_u=h_wt_wf_V/\lambda_s^{1.2}$ (5.38c)

式中　λ_s——用于抗剪计算的腹板通用高厚比,按式(5.24d、e)计算。

当组合梁仅设置支座加劲肋时,式(5.24e)中则可取 $h_0/a=0$。

5.5.2　腹板屈曲后的抗弯承载力 M_{eu}

腹板屈曲后考虑张力场的作用,使得抗剪承载力比按弹性理论计算的承载力有所提高。但由于弯矩作用下腹板受压区屈曲后不能承担弯曲压应力,使梁的抗弯承载力有所下降,不过下降很少。我国《钢结构设计规范》采用了近似计算公式来计算梁的抗弯承载力 M_{eu},即:

$$M_{eu}=\gamma_x\alpha_eW_xf \tag{5.39}$$

$$\alpha_e = 1 - \frac{(1 - \rho) h_c^3 t_w}{2I_x} \tag{5.40}$$

式中　α_e——梁截面模量折减系数；

$\quad\quad I_x$——按梁截面全部有效计算的绕 x 轴的惯性矩；

$\quad\quad W_x$——按梁截面全部有效计算的绕 x 轴的截面模量；

$\quad\quad h_c$——按梁截面全部有效计算的腹板受压区高度；

$\quad\quad \gamma_x$——梁截面塑性发展系数；

$\quad\quad \rho$——腹板受压区有效高度系数，

当 $\lambda_b \leqslant 0.85$ 时　　　　　$\rho = 1.0$ \hfill (5.41a)

当 $0.85 < \lambda_b \leqslant 1.25$ 时　$\rho = 1.0 - 0.82(\lambda_b - 0.85)$ \hfill (5.41b)

当 $\lambda_b > 1.25$ 时　　　　　$\rho = (1.0 - 0.2/\lambda_b)/\lambda_b$ \hfill (5.41c)

$\quad\quad \lambda_b$——用于腹板受弯计算时的通用高厚比，按式(5.23d、e)计算。

例 5.3　某简支梁内力图和几何尺寸见图 5.25。集中荷载通过次梁传递到主梁上，采用 Q235 钢。(1)跨中截面：$I_x = [bh^3 - (b - t_w)h_0^3]/12 = (440 \times 1\,493^3 - 430 \times 1\,450^3)/12 = 13.03 \times 10^9\ mm^4$；(2)端部截面：$I'_x = (200 \times 1\,494^3 - 190 \times 1\,450^3)/12 = 7.308 \times 10^9\ mm^4$。试验算该梁的局部稳定。

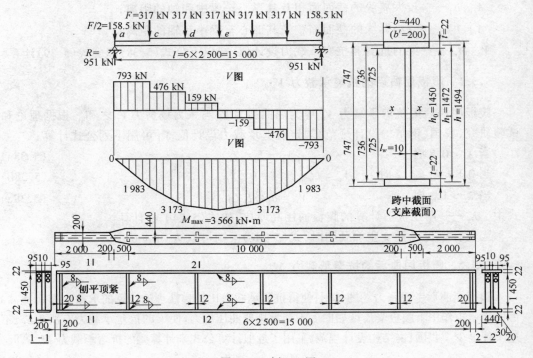

图 5.25　例 5.3 图

解：

1.翼缘局部稳定性验算

跨中截面：翼缘外伸肢　　$b/t = 215/22 = 9.8 < 15\sqrt{\dfrac{235}{f_y}} = 15$

端部截面：　　　　　　　$b/t = 95/22 = 4.3 < 15$。

2.加劲肋设计校核

在次梁处设横向加劲肋，间距 2.5 m 现检验是否符合规定要求。$h_0/t_w = 1\,450/10 = 145 > 80$ 但 < 150，应设置横向加劲肋。横向加劲肋按构造要求设置，其间距 $a = (0.5 \sim 2.0)h_0 = 725 \sim 2\,900$ mm。在次梁处设置横向加劲肋加强腹板并传递次梁集中反力。

3.腹板局部稳定性验算

（1）支座区格（图 5.25 ac 段）

最大剪力 $V = 793$ kN，全区格相等，弯矩取区格内的平均值。

$$M = 1\,983/2 = 991.5 \text{ kN·m}$$

$$\sigma = \frac{M(h_0/2)}{I_x} = \frac{991.5 \times 10^6 \times 725}{7.308 \times 10^9} = 98.35 \text{ N/mm}^2$$

$$\tau = \frac{V}{h_0 t_w} = \frac{793 \times 10^3}{1\,450 \times 10} = 54.7 \text{ N/mm}^2$$

因梁的受压翼缘扭转未受到约束，应用式（5.23e）来求受弯计算时用的通用高厚比 λ_b。

因截面是双轴对称取 $2h_c = h_0 = 1\,450$ mm

故　$\lambda_b = \dfrac{2h_c/t_w}{153}\sqrt{\dfrac{f_y}{235}} = \dfrac{1\,450/10}{153}\sqrt{\dfrac{235}{235}} = 0.948 > 0.85(<1.25)$

根据式（5.23b）得临界应力 σ_{cr}：

$$\sigma_{cr} = [1 - 0.75(\lambda_b - 0.85)]f = [1 - 0.75(0.948 - 0.85)] \times 215 = 199 \text{ N/mm}^2$$

因 $a/h_0 = 2\,500/1\,450 = 1.72 > 1.0$，故应用式（5.24e）求受剪计算时用的通用高厚比 λ_s。

$$\lambda_s = \frac{h_0/t_w}{41\sqrt{5.34 + 4(h_0/a)^2}}\sqrt{\frac{f_y}{235}} = \frac{1\,450/10}{41\sqrt{5.34 + 4(1\,450/2\,500)^2}}\sqrt{\frac{235}{235}} = 1.368 > 1.2$$

根据式（4.24c）得临界应力 τ_{cr}：

$$\tau_{cr} = 1.1 f_V/\lambda_s^2 = 1.1 \times 125/1.368^2 = 73.5 \text{ N/mm}^2$$

根据式（5.22）

$$\left(\frac{\sigma}{\sigma_{cr}}\right)^2 + \left(\frac{\tau}{\tau_{cr}}\right)^2 + \frac{\sigma_c}{\sigma_{c,cr}} = \left(\frac{98.35}{199}\right)^2 + \left(\frac{54.7}{73.5}\right)^2 + 0 = 0.244 + 0.554 = 0.798 < 1.0,$$

满足要求。

（2）第二区格（图 5.25 cd 段）

$$V = 476 \text{ kN}, M = (3\,173 + 1\,983)/2 = 2\,578 \text{ kN·m}$$

$$\sigma = \frac{2\,578 \times 10^2 \times 725}{13.03 \times 10^9} = 143.4 \text{ N/mm}^2$$

$$\tau = \frac{476 \times 10^3}{1\,450 \times 10} = 32.8 \text{ N/mm}^2$$

$$\sigma_c = 0$$

$$\left(\frac{\sigma}{\sigma_{cr}}\right)^2 + \left(\frac{\tau}{\tau_{cr}}\right)^2 + \frac{\sigma_c}{\sigma_{c,cr}} = \left(\frac{143.4}{199}\right)^2 + \left(\frac{32.8}{73.5}\right)^2 + 0$$

$$= 0.519 + 0.199 = 0.718 < 1.0,满足要求。$$

综合以上验算,全梁横向加劲肋仅在次梁处配置已足够,符合规范要求。

4.加劲肋尺寸

采用钢板加劲肋在腹板两侧成对配置。

外伸宽度: $b_s \geqslant \dfrac{h_0}{30} + 40 = 1\,450/30 + 40 = 88 \text{ mm}$

厚度: $t_s \geqslant b_s/15 = 88/15 = 6 \text{ mm}$

考虑传递反力,采用 95×12,符合要求。

5.6 型钢梁与组合梁的设计

受弯构件截面设计通常是先初选截面,后进行验算。若不满足要求,则需重新修改,直到符合要求为止,这是一个试算的过程。本节主要介绍型钢梁与组合梁的截面设计过程。

5.6.1 型钢梁的设计

1.单向弯曲型钢梁

单向弯曲型钢梁的设计一般是先按抗弯强度(当梁的整体稳定有保证时)或整体稳定(当需要计算整体稳定时)求出需要的截面模量:

$$W_{nx} = M_{\max}/(\gamma_x f) \tag{5.42a}$$

$$或 \quad W_x = M_{\max}/(\varphi_b f) \tag{5.42b}$$

式中,整体稳定系数 φ_b 可估计假定。由截面模量查型钢表选出合适的型钢(一般为H形钢或普通工字钢),然后对其进行验算即可。由于型钢截面的翼缘和腹板厚度较大,不必验算局部稳定;端部无大的削弱时,也不必验算剪应力。而局部压应力也只有在有较大集中荷载或支座反力处才验算,所以只需验算其它项目。

2.双向弯曲型钢梁

双向弯曲型钢梁承受两个主平面方向的荷载,设计方法与单向弯曲型钢梁相同,应考虑抗弯强度、整体稳定、挠度等的计算,而剪应力和局部稳定一般不必计算,局部压应力只有在有较大集中荷载或支座反力的情况下,必要时才验算。

双向弯曲梁的抗弯强度按下式计算,即:

$$\frac{M_x}{\gamma_x W_{nx}} + \frac{M_y}{\gamma_y W_{ny}} \leq f \tag{5.43}$$

双向弯曲梁的整体稳定的理论分析较为复杂,一般按经验近似公式计算,规范规定双向受弯的 H 形钢或工字钢截面梁应按下式计算其整体稳定:

$$\frac{M_x}{\varphi_b W_x} + \frac{M_y}{\gamma_y W_y} \leq f \tag{5.44}$$

式中 φ_b——绕强轴(x 轴)弯曲所确定的梁整体稳定系数。

双向弯曲型钢梁,通常,按抗弯强度条件选择型钢截面,并由下式估算所需净截面模量,即:

$$W_{nx} = \frac{1}{\gamma_x f}\left(M_x + \frac{\gamma_x}{\gamma_y}\cdot\frac{W_{nx}}{W_{ny}}M_y\right) = \frac{M_x + \alpha M_y}{\gamma_x f} \tag{5.45}$$

对于热轧型钢,可近似取 $\alpha = 6$(窄翼缘 H 形钢、工字钢)或 $\alpha = 5$(槽钢)。

5.6.2 组合梁的设计

1.试选截面

选择组合梁的截面时,首先要初步估算梁的截面高度、腹板厚度和翼缘尺寸。下面介绍焊接组合梁试选截面的方法。

(1)梁的截面高度

确定梁的截面高度应考虑建筑高度、刚度条件和经济条件。建筑高度决定梁的最大高度 h_{max},它是由生产工艺和使用要求决定。而梁的最小高度 h_{min} 是由刚度条件决定的。它要求梁在全部荷载标准值作用下的挠度 v 不大于容许挠度 v_T。即式:

$$h_{min} = 0.16\frac{fl^2}{E[v]} \tag{5.46}$$

式(5.46)是以受均布荷载作用的简支梁导出的,但对集中荷载作用、非简支梁、变截面梁等情况一般也按此式估算最小梁高。

从用料最省出发,可以定出梁的经济高度。即不但满足强度、刚度、整体稳定和局部稳定的条件,而且梁用钢量最少的高度。对楼盖和平台结构来说,组合梁一般用做主梁。由于主梁的侧向有次梁支承,整体稳定不是最主要的,所以,梁的截面一般由抗弯强度控制。以下计算的便是满足抗弯强度的、梁用钢量最少的梁的经济高度。由图 5.26 所示:

$$h_e = 2W_x^{0.4} \tag{5.47a}$$

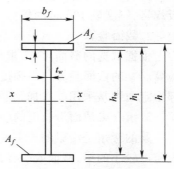

图 5.26 组合梁的截面尺寸

$$\text{或 } h_e = 7\sqrt[3]{W_x} - 300 \tag{5.47b}$$

式中,W_x 的单位为 mm³,h_e 的单位为 mm。W_x 可按下式求出:

$$W_x = \frac{M_x}{\alpha f} \tag{5.48}$$

式中,α 为系数,对一般单向弯曲梁,当最大弯矩处无孔眼时 $\alpha = \gamma_x = 1.05$;有孔眼时 $\alpha = 0.85 \sim 0.9$;对吊车梁,考虑横向水平荷载的作用可取 $\alpha = 0.7 \sim 0.9$。

实际采用的梁高,应大于由刚度条件确定的最小高度 $h_{\min}$,同时不能影响建筑物使用要求所需的净空尺寸,既不能大于建筑物的最大允许梁高,而应大约等于或略小于经济高度 h_e。此外,一般应先选择腹板高度 h_0,即选择略小于梁高的 h_0,适当考虑腹板的规格尺寸,一般取腹板高度为 50 mm 的倍数。

(2)腹板厚度

腹板厚度应满足抗剪强度的要求。同时,考虑局部稳定和构造等因素,腹板厚度一般用下列经验公式进行估算:

$$t_w = \sqrt{h_0}/3.5 \tag{5.49}$$

式中,t_w 和 h_w 的单位均为 mm。实际采用的腹板厚度应考虑钢板的现有规格,一般为 2 mm 的倍数。对于非吊车梁,腹板厚度取值宜比上式计算值略小;对考虑腹板屈曲后强度的梁,腹板厚度可更小,但不得小于 6 mm,也不宜使高厚比超过 $250\sqrt{235/f_y}$。

(3)翼缘尺寸

初选截面时,根据抗弯强度条件(即所需截面模量 W_x),经简化整理翼缘面积可取:

$$A_f = b_f t_f \geqslant \frac{W_x}{h_0} - \frac{h_0 t_w}{6} \tag{5.50}$$

选定 b_f、t_f 时应注意以下要求:①已知腹板尺寸,翼缘板的宽度通常为 $b_f = (1/5 \sim 1/3)h$,b_f 的取值不可太大,否则翼缘上应力分布不均匀。厚度 $t = A_f/b_f$。翼缘板常用单层板做成,当厚度过大时,可采用双层板。②确定翼缘板的尺寸时,应注意满足局部稳定要求,使受压翼缘的外伸宽度 b 与其厚度 t 之比 $b/t \leqslant 15\sqrt{235/f_y}$(弹性设计,即取 $\gamma_x = 1.0$)或 $13\sqrt{235/f_y}$(考虑塑性发展,即取 $\gamma_x = 1.05$)。③选择翼缘尺寸时,同样应符合钢板规格,宽度取 10 mm 的倍数,厚度取 2 mm 的倍数。

2.截面验算

根据试选的截面尺寸,求出截面得各种几何数据,如惯性矩、截面模量等,然后进行验算。梁的截面验算包括强度、刚度、整体稳定和局部稳定几个方面。其中,腹板的局部稳定通常是采用配置加劲肋来保证的。

3.组合梁截面沿长度的改变

梁的弯矩是沿梁的长度变化的,因此,梁的截面如能随弯矩而变化,则可节约钢材。对跨度较小的梁,截面改变经济效果不大,或者改变截面节约的钢材不能抵消构造复杂带来的加工困难时,则不宜改变截面。

　　单层翼缘板的焊接梁改变截面时,宜改变翼缘板的宽度(图5.27)而不改变其厚度。因改变厚度时,该处应力集中严重,且使梁顶部不平,且不便支承其他构件。

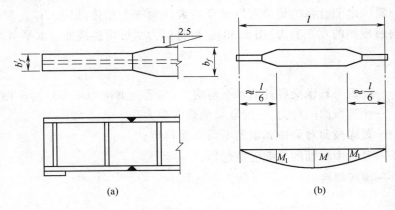

图5.27　梁翼缘宽度的改变

　　梁改变一次截面约可节约钢材 10%～20%。如再多改变一次,约再多节约3%～4%,效果不明显。为了便于制造,一般只改变一次截面。

　　对承受均布荷载的梁,截面改变位置在距支座 $l/6$ 处[图5.27(b)]最有利。较窄翼缘板宽度 b'_f 应由截面开始改变处的弯矩 M_1 确定。为了减少应力集中,宽板应从截面开始改变处向弯矩减小的一方以不大于1:2.5的斜度切斜延长,然后与窄板对接。

　　多层翼缘板的梁,可用切断外层板的办法来改变梁的截面[图5.28]。理论切断点的位置可由计算确定。为了保证被切断的翼缘板在理论切断处能正常参加工作,其外伸长度 l_1 应满足下列要求:

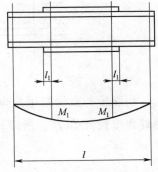

图5.28　翼缘板的切断

　　端部有正面角焊缝:

　　当 $h_f \geqslant 0.75 t_1$ 时, 　　$l_1 \geqslant b_1$

　　当 $h_f < 0.75 t_1$ 时, 　　$l_1 \geqslant 1.5 b_1$

　　端部无正面角焊缝时, 　　$l_1 \geqslant 2 b_1$

　　b_1 和 t_1 分别为被切断翼缘板的宽度和厚度;h_f 为侧面角焊缝和正面角焊缝的焊脚尺寸。有时为了降低梁的建筑高度,简支梁可以在靠近支座处减小其高度,而使翼缘截面保持不变(图5.29),其图5.29(a)构造简单制作方便。梁端部高度应根据抗剪强度要

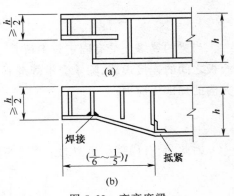

图5.29　变高度梁

求确定,但不宜小于跨中高度的1/2。

4.焊接组合梁翼缘与腹板焊缝的计算

腹板与翼缘之间合格的焊缝可以保证二者作为一个整体共同工作。弯曲时,焊缝承受翼缘与腹板间的水平剪力[图 5.30]。由材料力学可得连接处的水平剪力为:

$$\tau_1 = \frac{VS_1}{I_x t_w} \qquad (5.51)$$

式中　τ_1——腹板与翼缘交界处的水平剪应力(与竖向剪应力相等),$\tau_1 = VS_1/(I_x t_w)$;

　　　V——计算截面的剪力,一般取梁的最大剪力;

　　　S_1——翼缘截面对梁中和轴的毛截面面积矩;

　　　I_x——梁对中和轴的毛截面惯性矩;

　　　t_w——腹板厚度。

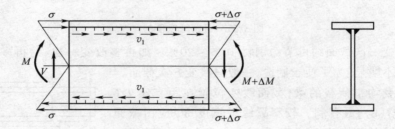

图 5.30　翼缘焊缝的水平剪力

当腹板与翼缘板用角焊缝连接时,角焊缝有效截面上承受的剪应力 τ_1 不应超过角焊缝强度设计值 f_f^w。所以,焊缝计算公式为:

$$\tau_f = \frac{\tau_1 t_w}{2 \times 0.7 h_f} \leqslant f_f^w \qquad (5.52)$$

则所需的焊脚尺寸为:

$$h_f \geqslant \frac{VS_1}{1.4 I_x f_f^w} \qquad (5.53)$$

当梁的翼缘上受有固定集中荷载(如吊车梁)且又未设置支承加劲肋时,上翼缘与腹板之间的连接焊缝,除承受沿焊缝长度方向的剪应力 τ_f 外,还承受垂直于焊缝长度方向的局部压应力:

$$\sigma_f = \frac{\psi F}{2 h_e l_z} = \frac{\psi F}{1.4 h_f l_z} \qquad (5.54)$$

因此,受有局部压应力的上翼缘与腹板之间的连接焊缝应按下式计算强度:

$$\frac{1}{1.4 h_f} \sqrt{\left(\frac{\psi F}{\beta_f l_z}\right)^2 + \left(\frac{VS_1}{I_x}\right)^2} \leqslant f_f^w \qquad (5.55)$$

从而，
$$h_f \geq \frac{1}{1.4 f_f^w} \sqrt{\left(\frac{\psi F}{\beta_f l_z}\right)^2 + \left(\frac{VS_1}{I_x}\right)^2} \qquad (5.56)$$

式中 β_f——系数。对直间承受动力荷载的梁（如吊车梁），$\beta_f = 1.0$；对其他梁，$\beta_f = 1.22$。

对承受动力荷载的梁（如重级工作制吊车梁），腹板与上翼缘的连接焊缝常采用焊透的 T 形对接，此种焊缝与金属基本等强，不用计算。

例 5.4 如图 5.31 所示，某工作平台的主梁跨度为 12 m，在三分点处承受次梁传来的集中荷载标准值 $F_k = 190$ kN（此荷载的设计值 $F = 250$ kN），在梁端承受的集中力标准值 $\frac{F_k}{2} = 95$ kN（此荷载的设计值为 $\frac{F}{2} = 125$ kN），采用 Q235 钢，E43 焊条系列。试设计此等截面焊接工字形梁。

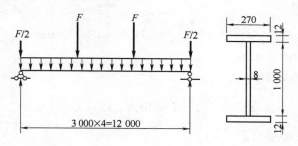

图 5.31　例 5.4 图

解：

1.初步选定截面尺寸（不考虑主梁自重）

跨中最大弯矩设计值：$M_{\max} = F \times 6 - F \times 2 = 4F = 4 \times 250 = 1\ 000$ kN·m

支座最大剪力设计值：$V_{\max} = F = 250$ kN

由附表 1.1 查得：$f = 215$ N/mm²，$f_V = 125$ N/mm²

（初选截面时，暂按第 1 组钢材选取，待验算时按实际钢板厚度查取）。

（1）所需截面模量
$$W_x = \frac{M_{\max}}{\gamma_x f} = \frac{1\ 000 \times 10^6}{1.05 \times 215} = 4.43 \times 10^6 \ \text{mm}^3 = 4.43 \times 10^3 \ \text{cm}^3$$

（2）确定腹板高度 h_0

本例题对梁的建筑高度无限制。查附表 2.1 得：

工作平台主梁　$[v] = l/400$，

梁的最小高度　$h_{\min} = 0.16 \frac{f l^2}{E[v]} = 0.16 \times \dfrac{215 \times 12\ 000^2}{206 \times 10^3 \times \dfrac{12\ 000}{400}} = 801.6$ mm

梁的经济高度　$h_e = 2 W_x^{0.4} = 2 \times (4.43 \times 10^6)^{0.4} = 911.1$ mm

或，$h_e = 7\sqrt[3]{W_x} - 300 = 7 \times \sqrt[3]{4.43 \times 10^6} - 300 = 850.0$ mm

参照以上数据，初步选定 $h_0 = 1\,000$ mm。

（3）确定腹板厚度 t_w

由经验公式可得：$t_w = \sqrt{h_0}/3.5 = \sqrt{1\,000}/3.5 = 9.0$ mm

同时，考虑到腹板厚度一般应大于 6 mm，所以初步选定 $t_w = 8.0$ mm。

（4）确定翼缘宽度 b 及厚度 t

$$A_f = bt = \frac{W_x}{h_0} - \frac{h_0 t_w}{6} = \frac{4.43 \times 10^6}{1\,000} - \frac{1\,000 \times 8}{6} = 3\,096.7 \text{ mm}^2$$

由 $b = \left(\frac{1}{3} \sim \frac{1}{5}\right) h_0 = \left(\frac{1}{3} \sim \frac{1}{5}\right) \times 1\,000 = (333.3 \sim 200)$ mm 及 $b \geqslant 180$ mm 的要求初步选定：$b = 270$ mm

则 $$t = \frac{A_f}{b} = \frac{3\,096.7}{270} = 11.5 \text{ mm，取 } 12 \text{ mm}$$

梁截面形式如图 5.31 所示。

翼缘板外伸宽度与厚度之比为：

$$b/t = \frac{(270 - 8)/2}{12} = 10.9 < 13\sqrt{235/f_y} = 13$$

满足局部稳定的要求。

此组合梁的跨度并不很大，为了施工方便，不沿梁长度改变截面。

2.截面验算

（1）确定截面几何特性及相关参数

$$A = 100 \times 0.8 + 2 \times 27 \times 1.2 = 144.8 \text{ cm}^2$$

$$I = \frac{0.8}{12} \times 100^3 + 2 \times 27 \times 1.2 \times 50.6^2 = 232\,579 \text{ cm}^4$$

$$W = \frac{I}{h/2} = \frac{232\,578}{51.2} = 4\,542.5 \text{ cm}^3$$

$$S = 27 \times 1.2 \times 50.6 + 50 \times 0.8 \times 25 = 2\,639.4 \text{ cm}^3$$

因腹板、翼缘厚度均小于 16 mm，由附表 1.1 第一组，可知钢材强度设计值与初选截面取值相同。

（2）内力计算

主梁自重荷载标准值（考虑设置加劲肋等因素，乘以 1.2 的增大系数。钢材的质量密度为 7 850 kg/m³，重量集度为 77 kN/m³）。

$$g_k = 1.2 \times 0.014\,48 \times 7\,850 \times 9.8 \times 10^{-3} = 1.337 \text{ kN/m}$$

跨中弯矩设计值：

$$M = 1\,000 + \frac{1.2 \times 1.337 \times 12^2}{8} = 1\,028.9 \text{ kN·m}$$

支座剪力设计值：

$$V = 250 + \frac{1}{2} \times 1.2 \times 1.337 \times 12 = 259.6 \text{ kN}$$

（3）抗弯强度验算（跨中截面，无截面削弱，$W_{nx} = W_x$）

$$\sigma = \frac{M}{\gamma_x W_n} = \frac{1\,028.9 \times 10^6}{1.05 \times 4\,542.5 \times 10^3} = 215.7 \text{ N/mm}^2 < f = 215 \text{ N/mm}^2$$

（4）抗剪强度验算（支座截面）

$$\tau = \frac{VS}{It_w} = \frac{259.6 \times 10^3 \times 2\,639.4 \times 10^3}{232\,578 \times 10^4 \times 8} = 36.8 \text{ N/mm}^2 < f_V = 125 \text{ N/mm}^2$$

（5）局部承压验算

因主梁支承处以及支承次梁处均设置支承加劲肋，故不需验算局部承压强度（即 $\sigma_c = 0$）

（6）整体稳定验算

次梁可视为主梁受压翼缘的侧向支承，因此主梁的自由长度为：$l_1 = 4$ m，则：

$$\frac{l_1}{b} = \frac{400}{27} = 14.8 < 16$$

查表5.4可知主梁无需进行整体稳定验算。

（7）刚度验算

主梁跨间有两个集中荷载，同时考虑自重产生的均布荷载，

$$v = \frac{23}{648} \cdot \frac{Fl^3}{EI} + \frac{5}{384} \cdot \frac{ql^4}{EI} = \frac{23}{648} \times \frac{190 \times 10^3 \times 12^3 \times 10^9}{206 \times 10^3 \times 232\,578 \times 10^4} + \frac{5}{384} \times \frac{1.337 \times 12^4 \times 10^{12}}{206 \times 10^3 \times 323\,578 \times 10^4}$$

$$= 24.32 + 0.75$$

$$= 25.07 \text{ mm} = \frac{l}{479} < [v] = \frac{l}{400}$$

所以，所设计的组合截面符合强度、刚度及整体稳定要求。

思考题与习题

5.1 一工作平台的梁格布置如图5.32所示，铺板为预制钢筋混凝土板，并与次梁焊牢，次梁与主梁采用齐平连接。若平台恒荷载的标准值（不包括次梁自重）为 3.00 kN/m²，活荷载的标准值为 20 kN/m²，钢材为 Q345 钢。试按热轧工字钢和 H 形钢两种形式，选择次梁截面。

5.2 选择一悬挂电动葫芦的简支轨道梁的截面，跨度为 6 m；电动葫芦的自重为 6 kN，起重能力为 50 kN（均为标准值）。钢材用 Q235—B 钢。（注：悬吊重和葫芦自重可作为集中荷载考虑。另外，考虑葫芦轮子对轨道梁下翼缘的磨损，梁截面模量和惯性矩应乘以折减系数 0.9。）

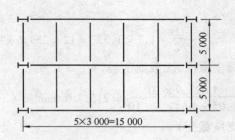

图 5.32 习题 5.1 图

5.3 某焊接工字形等截面简支梁,跨度为 15 m,在支座和跨中布置了侧向水平支承,具体尺寸和截面如图 5.33 所示。钢材为 Q345,均布恒荷载标准值为 12 kN/m,均布活荷载标准值为 30 kN/m,恒、活荷载都作用在上翼缘。试验算整体稳定性和局部稳定性,需要时再设计加劲肋。

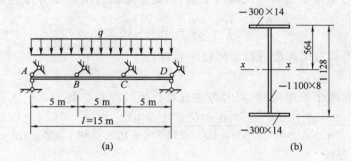

图 5.33 习题 5.3 图

5.4 试设计一焊接工字形组合截面梁。如图 5.34,跨度为 18 m,侧向水平支承点位于集中荷载作用处,承受静力荷载,作用于上翼缘。荷载如下:

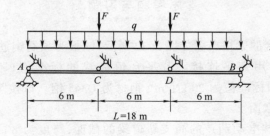

图 5.34 习题 5.4 图

集中荷载:恒荷载标准值 $F_{GK} = 160$ kN,活荷载标准值 $F_{QK} = 180$ kN;

均布荷载:恒荷载标准值 q_{GK} = 15 kN/m,活荷载标准值 q_{QK} = 20 kN/m。
上述荷载不含自重。钢材为 Q345 钢,E50 型焊条(手工焊)。要求梁高不能超过2 m,挠度 ≤ $l/400$,沿梁跨度改变翼缘,并设计加劲肋,按 1:10 比例绘制构造图。

5.5 在习题 5.1 设计的基础上,试选择梁格中的主梁截面,并设计次梁和主梁的连接(用齐平连接),按 1:10 比例尺绘制构造图。

6 拉弯和压弯构件

6.1 拉弯和压弯构件的应用及其破坏形式

　　承受偏心压力的构件以及在轴心力和横向力共同作用的构件通常称为拉弯构件或压弯构件。承受节间荷载的简支桁架下弦杆是拉弯构件的典型例子。压弯构件的应用更广泛,例如承受节间荷载的简支桁架上弦杆、单层厂房的框架柱、多层和高层框架的柱子等等都是常见的压弯构件。在计算和设计方面,压弯构件较拉弯构件复杂,本章主要讲述压弯构件,简单介绍拉弯构件。

　　压弯构件常采用单轴对称或双轴对称的截面。当弯矩只作用在构件的最大刚度平面内时称为单向压弯构件,在两个主平面内都有弯矩作用的构件称为双向压弯构件。工程结构中大多数压弯构件都可按单向压弯构件考虑。

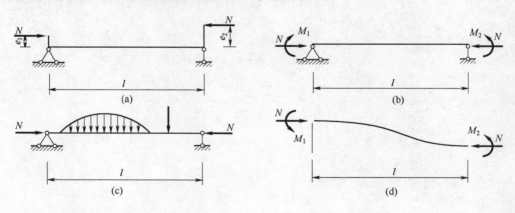

图 6.1　单向压弯构件

　　图 6.1 所示常见的 4 种单向压弯构件,(a)图所示为偏心受压构件;(b)图所示为同时作用有轴心压力和端弯矩的构件,端弯矩来自相邻构件给予的转动约束,若端弯矩和轴心压力按比例增加,则它也可看作是偏心受压构件,此时偏心矩 $e = M/N$,是一个常量;(c)图所示为同时承受横向荷载和轴心压力的构件。上述(a)、(b)和(c)图所示 3 种构件的端部都有支承,因而两端无垂直于杆轴的相对位移,杆端的剪力仅由弯矩引起。

无侧移框架的柱子属于这一类。(d)图所示的构件两端有垂直与杆轴的相对位移,杆端剪力由弯矩和轴心压力两者共同产生,有侧移框架的柱子就属于这一类。

图 6.2 所示为单向压弯构件常用的截面形式,当其所受弯矩有正、负两种可能且其大小又较接近时,宜采用双轴对称截面,否则宜用单轴对称截面,两者均应使弯矩作用于截面的最大刚度平面内。在实腹式构件中,弯矩作用平面内宜有较大的截面高度,使其在该方向上具有较大的刚度而能抵抗更大的弯矩。在格构式构件中,应使截面的实轴与弯矩作用平面一致,调整其两分肢的间距可使其具有抵抗更大弯矩的能力。

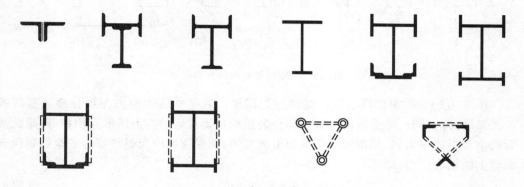

图 6.2　单向压弯构件的常见截面形式

压弯构件的破坏形式有:一是因为弯矩很大而发生的强度破坏,截面有较大削弱时也会发生强度破坏;另外还有弯矩作用平面内的失稳和弯矩作用平面外的失稳,也有可能发生局部失稳。

对单向压弯构件,根据其到达承载能力极限状态时的破坏形式,应计算其强度、弯矩作用平面内的稳定、弯矩作用平面外的稳定和组成板件的局部稳定。当为格构式构件时还应计算分肢的稳定。为了保证其正常使用,则应验算构件的长细比。对两端支承的压弯构件跨中有横向荷载时,还应验算其挠度。对拉弯构件,一般只需计算其强度和长细比,不需计算其稳定。但在拉弯构件所受弯矩较大而拉力较小时,由于作用已接近受弯构件,只需要验算其整体稳定;在拉力和弯矩作用下出现翼缘板受压时,也需验算翼缘板的局部稳定。

本章将主要介绍压弯构件的计算,并在最后几节中分别叙述框架柱计算长度的确定方法、梁柱的连接节点和压弯构件柱脚的设计。

6.2　拉弯和压弯构件的强度计算

拉弯构件和压弯构件的强度承载能力极限状态是最不利截面出现塑性铰。下面以图 6.3 所示矩形截面的单向压弯构件截面上出现塑性铰时,其轴力和弯矩的相关式为例作出说明。

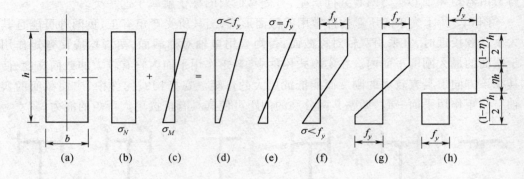

图 6.3 压弯构件截面的受力状态

图 6.3(h)为截面出现塑性铰时的应力图形。若把受压区应力图形分解成有斜线和无斜线的两部分,使受压区有斜线部分的面积与受拉区的应力图形面积相等,则此两者的全力组成一力偶,其值应等于截面上的弯矩,而受压区中无斜线部分的全力则代表截面上的轴心压力,即

$$N = f_y \eta h b = N_p \eta \tag{a}$$

$$M = f_y \frac{1-\eta}{2} bh \frac{1+\eta}{2} h = f_y \frac{bh^3}{4}(1-\eta^2) = M_p(1-\eta^2) \tag{b}$$

若把截面的全塑性弯矩和轴力记为:

轴力单独作用时最大承载力 $\qquad N_p = f_y bh$ $\qquad\qquad$ (c)

弯矩单独作用时最大承载力 $\qquad M_p = f_y bh^2/4$ $\qquad\qquad$ (d)

把(c)、(d)带入(a)、(b),将 η 消去可得

$$\left(\frac{N}{N_p}\right)^2 + \frac{M}{M_p} = 1 \tag{6.1}$$

式(6.1)表示构件矩形截面上出现塑性铰、即到达强度承载能力极限状态时轴力和弯矩的相关公式,其曲线为一抛物线,见图 6.4 中最上面一条曲线。

当双轴对称工字形截面绕其强轴 $x-x$ 轴弯曲时,根据塑性铰时的轴力 N 和弯矩 M 的相关式,其曲线随单个翼缘面积和腹板面积之比而变,从图 6.4 中,可见相关曲线都为位于所表示的直线以上。

$$\frac{N}{N_p} + \frac{M}{M_p} = 1 \tag{e}$$

如采用(e)式作为各类截面压弯构件出现塑性铰的相关式,结果将偏于安全。

我国规范 GB 50017 中,对非塑性设计时压弯构件的强度验算条件考虑到塑性变形在截面上的发展深度过大,将导致较大的变形,以及考虑截面上剪应力的不利影响,引进抗力分项系数,并把单向压弯构件的验算条件推广到双向压弯构件和拉弯构件,规范

中对弯矩作用在主平面内的拉弯构件和压弯构件规定按下式推算其强度:

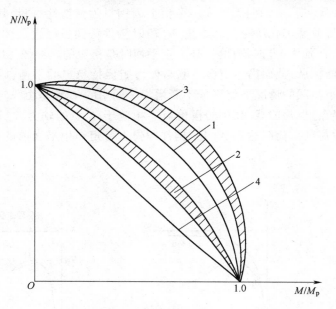

图 6.4 单向压弯构件 N/N_p 和 M/M_p

单向受弯 $$\frac{N}{A_n} \pm \frac{M_x}{\gamma_x W_{nx}} \leqslant f \qquad (6.2)$$

双向受弯 $$\frac{N}{A_n} \pm \frac{M_x}{\gamma_x W_{nx}} \pm \frac{M_y}{\gamma_y W_{ny}} \leqslant f \qquad (6.3)$$

式中,截面各几何特性采用净截面,以下角标 n 表示;截面绕 x 轴弯曲和绕 y 轴弯曲的截面塑性发展系数与受弯构件的取值相同。但还需指出不考虑塑性发展($\gamma = 1.0$)的情况:①对需计算疲劳的构件,规范中限制其在弹性阶段工作;②对绕虚轴(x 轴)弯曲的格构式构件,仅考虑边缘纤维屈服。③当压弯构件受压翼缘的自由外伸宽度与其厚度之比在之 $13\sqrt{\dfrac{235}{f_y}} \leqslant \dfrac{b_1}{t} \leqslant 15\sqrt{\dfrac{235}{f_y}}$ 间。

6.3 压弯构件平面内、外的稳定计算

6.3.1 单向压弯构件的失稳形式

图 6.5(a)表示一单向压弯构件,两端铰支,端弯矩 M 作用在构件截面的对称轴平面 yoz 内,M 和 N 按比例增加。如其侧向有足够的支承防止其发生弯矩作用平面外的位移,则构件受力后只在弯矩作用平面内发生弯曲变形。图 6.5(b)$N-v$ 曲线,v 为构件中点沿 y 轴方向的位移。开始时构件处于弹性工作阶段,$N-v$ 接近线性变化。当

荷载逐渐加大,曲线在 A 点开始偏离直线。若材料为无限弹性,则此曲线为 OAB,在 N 接近于欧拉荷载 N_{Ex} 时,v 趋向无限大。事实上因钢材为弹塑性材料,其 $N-v$ 曲线不可能为 OAB,而将遵循 $OACD$ 变化。曲线 AC 段时构件截面虽已进入弹塑性阶段,但 v 仍随着 N 的加大而加大,此时构件内、外力矩平衡时是稳定的。曲线 CD 段时的构件截面中,塑性区不断扩展,截面内力矩已不能与外力矩保持稳定的平衡,因而这阶段是不稳定的,并在减小荷载的情况下位移 v 不断增加。图中的 C 点是由稳定平衡过渡到不稳定平衡的临界点,也是曲线 ACD 的极值点。相应于 C 点的轴力 N_{ux} 称为极限荷载、破坏荷载或最大荷载。荷载达到 N_{ux} 后,构件即失去弯矩作用平面内的稳定(以下简称平面内失稳)。

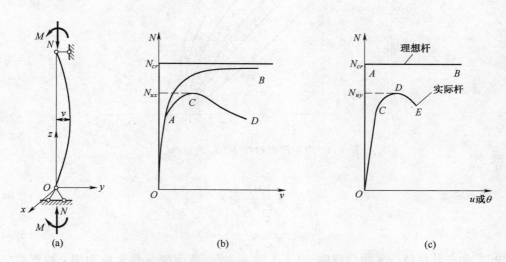

图 6.5　单向压弯构件的轴力—位移曲线

　　假如构件没有足够的侧向支承,对无初始缺陷的理想构件,当荷载较小时构件不产生沿 x 轴方向的平面位移 u 和扭转变形 θ,如图 6.5(c)中的 OA 线所示,若构件的平面内稳定性较强,则荷载可加到 N_{cr} 后发生侧扭屈曲而破坏。若考虑构件具有初始缺陷,则荷载一经施加,构件即产生较小的位移 u 和扭转变形 θ,如图 6.5(c)中的 OC 线所示。随着荷载的增大,变形 u 和 θ 逐渐加大,待到达某一荷载 N_{uy} 后,变形 u 和 θ 会突然很快增加,而荷载却反而降低,如图 6.5(c)中的 DE 线所示,构件发生侧扭屈曲而破坏(以后简称平面外失稳)。N_{uy} 是发生侧扭屈曲时的极限荷载。

　　根据上面的介绍,可见对单向压弯构件必须分别验算平面内稳定和平面外两种稳定性,前者为弯曲失稳,后者为弯扭失稳。双向压弯构件则只有弯扭失稳一种可能。

6.3.2 压弯构件在弯矩作用平面内整体稳定性计算

1.平面内压弯构件的弹性性能

对于图 6.6 所示，在两端作用有大小相等、方向相反的弯矩作用的等截面压弯构件，在轴心压力 N 和弯矩 M 的共同作用下，如取构件中点的挠度为 v_m，离端部距离为 x 处的挠度为 y，则此处的平衡方程为

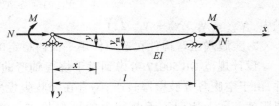

图 6.6 等端弯矩压弯构件

$$EI \frac{d^2 y}{dx^2} + Ny + M_x = 0 \qquad (a)$$

假定构件的挠度曲线为正弦曲线的半波，

$$y = v_m \sin \frac{2\pi}{l} \qquad (b)$$

将(b)式带入(a)求解，并令 $x = l/2$ 可以解得

$$v_m = \frac{M_x}{N_E(1 - N/N_{Ex})} \qquad (6.4)$$

则构件中央截面处的最大弯矩

$$M_{x\,max} = M + Nv_m = \frac{M_x}{1 - N/N_{Ex}} \qquad (6.5)$$

式中，$N_{Ex} = \pi^2 EI_x / l_{0x}^2$ 为欧拉临界力。

式(6.5)是专门针对等端弯矩作用的压弯构件来确定的。对于其他类型的压弯构件，也可以用类似的方法来确定最大弯矩。为方便应用，计算压弯构件整体稳定时，常把其他类型弯矩用等效弯矩转化为上述等端弯矩作用的压弯构件。这样对于这些构件仍可用式(6.5)来计算，只是其中的 M 项用等效弯矩 $\beta_{mx}M$ 来代替，β_{mx} 称为等效弯矩系数。

对于弹性压弯构件，如果以截面边缘纤维屈服作为压弯杆件在弯矩作用平面内稳定承载力的计算准则，那么考虑构件的缺陷，并将缺陷的影响等效成压力的偏心距 v_0，则截面最大应力应满足下列条件：

$$\sigma = \frac{N}{A} + \frac{M_x + Nv_0}{W_{1x}(1 - N/N_{Ex})} = f_y \qquad (c)$$

式中，v_0 为考虑构件初偏心和初弯曲等缺陷的等效偏心距。

如果 $M = 0$，则构件变为轴心压杆，则代入上式便有：

$$\sigma = \frac{Af_y\varphi_x}{A} + \frac{Af_y\varphi_x v_0}{W_{1x}(1 - Af_y\varphi_x / N_{Ex})} = f_y \qquad (d)$$

联立(c)、(d)两式，消去 v_0 则有：

$$\frac{N}{\varphi_x A} + \frac{\beta_{mx} M_x}{W_{1x}(1 - \varphi_x N/N_{Ex})} = f_y \tag{6.6}$$

取 N 和 M_x 为内力设计值,并对 f_y 和 N_{Ex} 考虑抗力分项系数,上式可以写为:

$$\frac{N}{\varphi_x A} + \frac{\beta_{mx} M_x}{W_{1x}(1 - \varphi_x N/N'_{Ex})} \leqslant f \tag{6.7}$$

式中,$N'_{Ex} = N_{Ex}/\gamma_R = N_{Ex}/1.1$

2.实腹式压弯构件在弯矩作用平面内稳定的实用计算公式

设计规范 GB 50017 考虑到对于绕虚轴弯曲的格构式压弯构件和冷弯薄壁型钢构件,由于空腹各分肢壁厚较小,不宜在分肢腹板上沿壁厚发展塑性变形,截面边缘纤维屈服就基本上达到了承载能力的极限状态。对于这类构件,平面内的稳定就可由式(6.7)计算。但是对于实腹式压弯构件,当边缘最大受压纤维屈服时尚有较大的承载能力,可以用数值方法进行计算。但由于要考虑残余应力和初弯曲等缺陷,加上不同截面形式和尺寸以及边界条件的影响,数值方法不能直接用于构件设计。

研究发现可以借用以边缘屈服为承载能力准则的公式,略加修改作为实用计算公式。修改时考虑到实腹式压弯构件平面内失稳时截面存在的塑性区,在式(6.7)右侧第二项的分母中引进截面塑性发展系数则有《钢结构设计规范》公式

$$\frac{N}{\varphi_x A} + \frac{\beta_{mx} M_x}{\gamma_{1x} W_{1x}(1 - 0.8 N/N'_{Ex})} \leqslant f \tag{6.8}$$

式中 W_{1x}——弯矩作用平面内对较大受压纤维的毛截面模量;

γ_{1x}——截面塑性发展系数;

M_x——计算构件范围内的最大弯矩设计值;

N'_{Ex}——其值为 $N_{Ex}/\gamma_R = N_{Ex}/1.1$;

β_{mx}——称为等效弯矩系数。

β_{mx} 按下列情况取值:

(1)悬臂构件和分析内力未考虑二阶效应的无支撑框架和弱支撑框架柱,取 $\beta_{mx} = 1.0$。

(2)无侧移框架柱和两端支承构件。

①无横向荷载作用时:$\beta_{mx} = 0.65 + 0.35 M_2/M_1$,但不小于 0.4,$M_1$、$M_2$ 为端弯矩,使构件产生同向曲率(无反弯点)时取同号,产生反向曲率(有反弯点)时取异号,$|M_1| \geqslant |M_2|$。

②构件兼受横向荷载和端弯矩作用时:使构件产生同向曲率,$\beta_{mx} = 1.0$;使构件产生反向曲率时,取 $\beta_{mx} = 0.85$。

③无端弯矩但有横向荷载作用时:当跨中有一个横向集中荷载作用时,$\beta_{mx} = 1 - 0.2 N/N_{Ex}$;其他荷载情况 $\beta_{mx} = 1.0$。

关于压弯构件平面内的稳定除用上述公式对构件受压翼缘进行计算外,对单轴对称截面压弯构件,当弯矩作用于对称轴平面内且使较大的翼缘受压时,构件破坏时截面

的塑性区可能仅出现在受拉翼缘,由于受拉塑性区的发展过大而导致构件破坏,对于这类构件还应作下列补充验算:

$$\left| \frac{N}{A} - \frac{\beta_{mx}M_x}{\gamma_{x2}W_{2x}(1 - 1.25N/N'_{Ex})} \right| \leq f \tag{6.9}$$

式中,γ_{x2}、W_{2x}分别是对较小翼缘或无翼缘端的截面塑性发展系数和毛截面模量。式中第二项分母中的 1.25 也是一个经验修正系数。

理论上式(6.9)是对所有单轴对称截面压弯构件都需应用的补充验算公式。但经分析,发现只对截面不对称性较大的 T 形截面和槽形截面,式(6.9)才可能控制计算结果。

6.3.3 实腹式单向压弯构件在弯矩作用平面外整体稳定性计算

在本节开始曾言及,当实腹式单向压弯构件在侧向没有足够的支承时,构件可能发生侧扭屈曲而破坏,其荷载—位移曲线如图 6.5(b)所示。由于考虑初始缺陷的侧扭屈曲弹塑性分析过于复杂,目前我国设计规范采用的计算公式是按理想的屈曲理论为依据的。

根据稳定理论,如图 6.5(a)所示承受均匀弯矩的压弯构件,当截面为双轴对称工字形截面,构件绕截面强轴弯曲,构件的弹性侧扭屈曲临界力 N_{cr} 可由下式解出:

$$(N_{Ey} - N)(N_v - N) - (e/i_0)^2 N^2 = 0 \tag{a}$$

式中,N_{Ey} 为绕截面弱轴弯曲的欧拉临界力,$N_{Ey} = n^2\pi^2 EI_y/l^2$;$N_v$ 为扭转屈曲临界力,

$$N_v = \frac{1}{i_0^2}\left(\frac{n\pi^2 EI_v}{l^2} + GI_t \right) \tag{b}$$

e 为偏心率,$e = M/N$;i_0 为极回转半径,$i_0 = \sqrt{(I_x + I_y)/A} = \sqrt{i_x^2 + i_y^2}$;$n$ 为构件屈曲时半波数,常取 $n = 1$;EI_v 和 GI_t 各为截面的翘曲刚度和扭转刚度。

在第 5 章中,已经分析了双轴对称截面的梁承受纯弯曲时的临界荷载 $M_{cr} = i_0\sqrt{N_{Ey}N_\omega}$,而本章的压弯构件,其破坏形式和理论与梁的弯扭屈曲类似,但应计入轴心压力的影响,同时考虑实际的荷载不一定都是均匀弯曲,所以还需引入侧扭屈曲时的等效弯矩系数 β_{tx},同时令 $M = Ne$,$N = \varphi_y A f_y$,$M_{cr} = \varphi_b W_x f_y$。带入(a)式,可以得到

$$(1 - N/N_{Ey}) + [M^2/M_{cr}^2(1 - N/N_v)] = 1 \tag{c}$$

《钢结构设计规范》中关于弯矩作用平面外的稳定性计算公式:

$$\frac{N}{\varphi_y A} + \eta \frac{\beta_{tx}M_x}{\varphi_b W_{1x}} \leq f \tag{6.10}$$

式中,φ_y 为弯矩作用平面外的轴心受压构件稳定系数,要注意当为单轴对称截面时,φ_y 值应按计入扭转效应的换算长细比 λ_{yz} 代替 λ_y 按 C 类截面查取;φ_b 为均匀弯曲时的受弯构件整体稳定系数:对工字形截面和 T 形截面可采用受弯构件整体稳定系数的近似

计算公式。η 是截面影响系数,闭口截面 $\eta=0.7$,其他截面 $\eta=1.0$。M_x 为所计算构件段范围内的最大弯矩设计值。

等效弯矩系数 β_{tx} 的取值:

(1)悬臂构件取 $\beta_{tx}=1.0$。

(2)对在弯矩作用平面外有支承的构件,应根据两相邻支承点间构件段内的荷载的内力情况确定。

①无横向荷载作用时:$\beta_{tx}=0.65+0.35M_2/M_1$,但不小于 0.4,$M_1$、$M_2$ 为端弯矩,使构件产生同向曲率(无反弯点)时取同号,产生反向曲率(有反弯点)时取异号,$|M_1|\geqslant|M_2|$。

②构件兼受横向荷载和端弯矩作用时:使构件产生同向曲率,$\beta_{tx}=1.0$;使构件产生反向曲率时取 $\beta_{tx}=0.85$。

③无端弯矩但有横向荷载作用时:$\beta_{tx}=1.0$。

式(6.10)虽然导自理想双轴对称截面的弹性侧扭屈曲,但理论分析和试验结果都证实该公式可用于弹塑性工作和单轴对称截面。理论分析证明:对在弹性阶段失稳的热轧或焊接工字形截面压弯构件,式(6.10)有较多的安全度,但在弹塑性范围,则理论分析与式(6.10)较为接近,说明式(6.10)完全可用。

6.3.4 实腹式压弯构件的设计

由于压弯构件的受力情况较轴心受压构件为复杂,计算中要求满足的条件也较多,通常需根据构造要求或设计经验初步选定截面尺寸而后进行各项验算,不满足要求时则作适当调整后重新计算,直到全部满足要求为止。

对 H 形(工字形)截面,下面将介绍试选截面尺寸的一个近似方法,可作参考。考虑到截面最终必须满足平面内和平面外的整体稳定条件[即前述式(6.8)和(6.10)],因而拟设法从这两个条件求得压弯构件的等效轴心压力,然后按此等效轴心压力作用下的轴心压杆试选截面。假设构件的长细比,求得所需截面面积 A,再根据近似回转半径求得所需截面的截面高度 h 和翼缘板宽度 b。由 A、h 和 b 即可试选截面。当这三者间出现不协调时,说明假定的长细比不合适,重新假定再做。这样,把压弯构件转化为轴心压杆来试选截面,容易得到满意的结果。

由式(6.8)可得等效轴心压力

$$N_{x,eq}=\varphi_x fA=N+\frac{\varphi_x A}{\gamma_x W_{1x}}\cdot\frac{\beta_{mx}M_x}{1-0.8N/N'_{Ex}}\approx N+\frac{\beta_{mx}M_x}{25(\text{cm})} \tag{6.11}$$

再由式(6.10)可得等效轴心压力为

$$N_{y,eq}=\varphi_y fA=N+\eta\frac{A}{W_{1x}}\cdot\frac{\beta_{tx}\varphi_y}{\varphi_b}M_x\approx N+\frac{\beta_{tx}M_x}{18(\text{cm})} \tag{6.12}$$

等效轴心压力式(6.11)和式(6.12)是两个近似公式,它提供了我们可以按轴心受压构件代替按压弯构件来初选工字形(H 形)截面尺寸一种近似方法。因此,选取截面尺寸的过程中不可避免地仍需反复修改截面尺寸,而不是"一蹴而就"。一般情况下选截面时宜使一块翼缘板的面积占总面积的 30% ~ 40%,尽量加大 b 和 h 以加大截面的刚度,但也应注意使板件满足局部稳定性要求。

最后,在设计压弯构件时还应注意设计规范中有关构造方面的要求。对实腹式柱,设计规范中规定当腹板的 $h_0/t_w > 80$ 时,应采用横向加劲肋对腹板予以加强。加劲肋成对配置于腹板两侧,其尺寸与板梁横向加劲肋的要求相同。横向加劲肋的间距不得大于 $3 h_0$。在大型实腹柱中,在受有较大水平力处和运送单元的端部应设置横隔,横隔间距不得大于柱截面较大宽度的 9 倍和 8 m。

例 6.1 设计图示压弯构件的焊接工字形截面的尺寸。翼缘板为焰切边,截面无削弱,钢材为 Q235—B。构件承受轴压力 $N = 1\ 000$ kN(标准值为 770 kN),构件长度中点有一侧向支承点并有横向荷载作用 $F = 250$ kN(标准值为 190 kN),均为静力荷载。

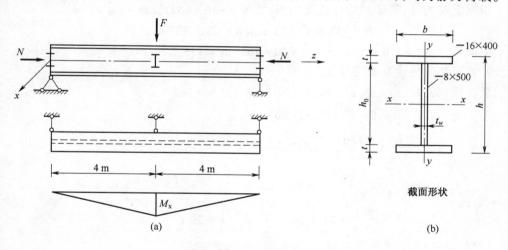

图 6.7 例 6.1 图

解:

1. 试选截面

(1)求等效轴心压力

$l_{0x} = 8$ m, $l_{0y} = 4$ m, $N = 1\ 000$ kN

最大弯矩设计值 $M_x = Fl/4 = 250 \times 8/4 = 500$ kN·m

构件在两相邻侧向支撑点间无横向荷载故;

$$\beta_{tx} = 0.65 + 0.35 M_2/M_1 = 0.65 + 0.35 \times 0/500 = 0.65$$

在竖向平面内,构件跨中有一集中荷载,$\beta_{mx} = 1.0$

$$N_{x,eq} = N + \beta_{mx}M_x/25 = 1\ 000 + 1 \times 500 \times 100/25 = 3\ 000 \text{ kN}$$

$$N_{y,eq} = N + \beta_{tx}M_x/18 = 1\ 000 + 0.65 \times 500 \times 100/18 = 2\ 806 \text{ kN}$$

(2)试选截面

设 $\lambda_x = 40$,由 b 类截面查得 $\varphi_x = 0.899$

设 $\lambda_y = 50$,由 b 类截面查得 $\varphi_y = 0.856$

Q235 钢, $f = 215 \text{ N/mm}^2$

需要的截面面积

$$A_x \geqslant N_{x,eq}/\varphi_x f = 3\,000 \times 10^3 \times 10^{-2}/0.899 \times 215 = 155.2 \text{ cm}^2$$

$$A_y \geqslant N_{y,eq}/\varphi_y f = 2\,806 \times 10^3 \times 10^{-2}/0.856 \times 215 = 152.5 \text{ cm}^2$$

由近似回转半径求截面的外围尺寸

$$h \geqslant i_x/0.43 = 800/40 \times 0.43 = 46.5 \text{ cm}$$

$$b \geqslant i_y/0.24 = 400/50 \times 0.24 = 33.3 \text{ cm}$$

根据上面的分析,试取构件截面如图:翼缘 $2-16 \times 400$,腹板 -8×500

$$H = 532 \text{ mm} > 465 \text{ mm}, b = 400 > 333 \text{ mm}$$

截面积 $A = 2 \times 1.6 \times 40 + 1 \times 0.8 \times 50 = 168 \text{ cm}^2 \approx 155.2 \text{ cm}^2$

2.截面几何特性及有关参数

惯性矩 $\quad I_x = (40 \times 53.2^3 - 39.2 \times 50^3)/12 = 93\,563 \text{ cm}^4$

$$I_y = 2 \times 1.6 \times 40^3/12 = 17\,067 \text{ cm}^4$$

$$W_{nx} = \frac{I_x}{h/2} = \frac{93\,563}{53.2/2} = 3\,517 \text{ cm}^2$$

$$i_x = \sqrt{\frac{I_h}{A}} = \sqrt{\frac{93\,563}{168}} = 23.6 \text{ cm}, i_y = \sqrt{\frac{I_y}{A}} = \sqrt{\frac{17\,067}{168}} = 10.1 \text{ cm}$$

$$\lambda_x = \frac{l_{0x}}{i_x} = \frac{800}{23.6} = 33.9, \lambda_y = \frac{l_{0y}}{i_y} = \frac{400}{10.1} = 39.6$$

根据 Q235 钢, b 类截面查得: $\varphi_x = 0.922, \varphi_y = 0.900$ 。

3.强度及稳定验算

(1)截面强度

$$N/A_n + M_x/(\gamma_x W_{nx}) \leqslant f$$

$$N/A_n + M_x/(\gamma_x W_{nx}) = \frac{1\,000 \times 10^3}{168 \times 10^2} + \frac{500 \times 10^6}{1.05 \times 3\,517 \times 10^3} = 59.5 + 135.4 = 194.9 \text{ N/mm}^2 < f$$

(2)弯矩作用平面内的稳定

$$\frac{N}{\varphi_x A} + \frac{\beta_{mx} M_x}{\gamma_x W_{1x}(1 - 0.8 \, N/N'_{Ex})} \leqslant f$$

$$\frac{N}{\varphi_x A} + \frac{\beta_{mx} M_x}{\gamma_x W_{1x}(1 - 0.8 \, N/N'_{Ex})} = \frac{1\,000 \times 10^3}{0.922 \times 168 \times 10^2} + \frac{500 \times 10^6}{1.05 \times 3\,517 \times 10^3 \times (1 - 0.8 \times 0.037)}$$

$$= 64.6 + 139.5 = 204.1 \text{ N/mm}^2 < f$$

(3)弯矩作用平面外的稳定

$$\frac{N}{\varphi_y A} + \frac{\beta_{tx} M_x}{\varphi_b W_{1x}} \leqslant f$$

$$\frac{N}{\varphi_y A} + \frac{\beta_{tx} M_x}{\varphi_b W_{1x}} = \frac{1\,000 \times 10^3}{0.900 \times 168 \times 10^2} + \frac{0.65 \times 500 \times 10^6}{1.0 \times 3\,517 \times 10^3} = 66.1 + 92.4 = 158.5 \text{ N/mm}^2 < f$$

(4)挠度 $\dfrac{v}{l} = \dfrac{F_k l^2}{48 EI_x} \times \dfrac{1}{1 - (N_k / N_{Ex})} = \dfrac{190 \times 10^3 \times 8\,000^2}{48 \times 206\,000 \times 93\,563 \times 10^3} \times \dfrac{1}{1 - 770/29\,722}$

$$= \frac{1}{761} \times \frac{1}{0.974} = \frac{1}{741}$$

经验算所选截面符合要求。

6.4 压弯构件的计算长度

在压弯构件稳定计算中,均需涉及构件的长细比,亦即用到构件的计算长度 l_0(l_{0x} 和 l_{0y})。计算长度 $l_0 = \mu l$,μ 称为计算长度系数。计算长度的概念来自轴心压杆的弹性屈曲,它的物理意义是把不同支承情况的轴心压杆等效为长度等于计算长度的两端铰支轴心压杆,它的几何意义则是代表构件弯曲屈曲后弹性曲线两反弯点间的长度。对压弯构件的框架柱,计算长度是向轴心压杆借用过来的。在框架柱的设计中,目前大多采用按未变形的框架计算简图作一阶弹性分析,在求得各柱中的内力(弯矩、轴心压力和剪力)后,将各柱看作一根单独压弯构件进行计算,此时,在求稳定系数 φ 和欧拉临界力 N_{cr} 时就需用到框架柱的计算长度,以考虑与该柱相连各构件所给予的约束影响。这种分析和设计方法,比较简单,称为计算长度法。如在框架分析中采用考虑变形影响的二阶分析,或采用考虑柱中轴力 P 对节点水平位移 Δ 的 $P - \Delta$ 效应的近似分析法求柱中的内力,在计算构件稳定性时就可直接采用构件的几何长度,而不是用计算长度。因此本节内容主要用于一阶弹性分析的框架计算中。

尽管单层或多层框架结构,实际上都是一个空间结构,但根据其荷载情况及传力路线,设计时常有可能把它看成许多相互连系的平面框架。平面框架柱在框架平面外的计算长度,常取等于阻止框架发生平面外位移的支承点间的距离。这些支承点包括柱的支座、纵向连系梁、单层厂房中的吊车梁、托架和纵向支撑等与平面框架的连接节点。一旦这些平面外的支承点位置确定,则框架柱的平面外计算长度也就确定。

6.4.1 单层框架等截面柱在框架平面内的计算长度

1.无侧移框架

框架柱在失稳时有两种形态或两种失稳模式。当框架各节点有侧向支承点,失稳时柱顶无侧移,这称为无侧移框架。当框架各节点处无侧向支承点,失稳时柱顶常发生侧移,称为有侧移框架。图 6.8 柱底为刚接的单跨对称框架失稳时的情况,这两种框架的区分就一目了然。无侧移框架的稳定性好于有侧移框架柱,因而两者必须严加区别。

对于图 6.8(b)所示无侧移框架的计算长度系数 μ，其值取决于柱底的支承情况以及梁对柱的约束程度。梁对柱的约束情况又取决于横梁线刚度与柱的线刚度之比 K_0，$K_0 = I_c \cdot H_c / (I_b \cdot l_b)$，称为相对刚度。

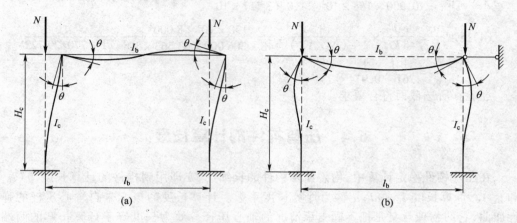

图 6.8 单层框架失稳形式

当柱与基础刚接时，如果线刚度的比值 K_0 大于 20，可认为横梁的线刚度为无限大，柱的计算长度与两端固定的独立柱相同，$H_0 = 0.5H$；当横梁与柱铰接时，可以认为 K_0 为零，$H_0 = 0.7H$。由于框架的稳定分析以确定框架柱的计算长度，比较繁琐，常需求复杂的超越方程(稳定方程)。为了便于设计人员应用，设计规范中常给出框架柱计算长度系数的表格，供设计人员直接查用。GB 50017 规范中给的表格见本书附录 5，计算长度系数 μ，与所计算柱相邻的两根横梁的线刚度之和与柱的线刚度的比值 K_1 有关

$$K_1 = (I_{b1}/l_{b1} + I_{b2}/l_{b2}) \cdot H_c / I_c \tag{a}$$

2. 有侧移框架

有侧移框架在失稳时的承载能力较低，图 6.8(a)所示单层有侧移框架失稳时，横梁两端的转角 θ 大小相等，方向相同，变形是反对称的。计算长度系数 μ 也可由《钢结构设计规范》(GB 50017—2003)规范中给的表格(见本书附表 5.1)计算出，当柱与基础刚接时，如果线刚度的比值 K_0 大于 20，可认为横梁的惯性矩为无限大，柱的计算长度与两端固定的独立柱相同，$H_0 = 1.0H$ 当横梁与柱铰接时，可以认为 K_0 为零，$H_0 = 2.0H$。

公式(a)对其计算同样适用。

6.4.2 多层框架等截面柱在框架平面内的计算长度

多层框架柱在失稳时同样有两种失稳模式，即无侧移失稳和有侧移失稳，它的计算长度系数确定，采用的假定与单层框架一致。计算长度系数与相连的各横梁的约束程度有关，而相交于每一节点的横梁对该节点柱的约束程度又取决于相交于该节点的横梁线刚度之和与柱线刚度之和的比值 K_1 和 K_2(下角标 1 和 2 分别表示所计算柱的上端节点和

下端节点）。GB 50017—2003 规范中给的表格见本书附表 5.1 和附表 5.2。在计算出 K_1 和 K_2 后，区分无侧移框架和有侧移框架，查表即可得到 μ 值。查表时要注意：

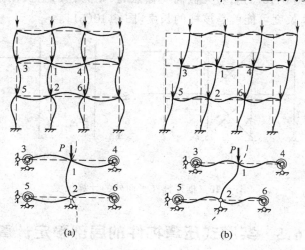

图 6.9　多层框架失稳形式

（1）当横梁与柱铰接时，应取该横梁的线刚度为零；

（2）对底层框架柱，当柱与基础铰接时，取 $K_2 = 0$（对平板支座，可取 $K_2 = 0.1$）；当柱与基础刚接时，取 $K_2 = 10$；

（3）对无侧移框架柱，μ 值变化在 $0.5 \sim 1.0$ 之间；对有侧移框架柱，μ 值恒大于 1.0。

（4）附表的值是在对框架作了一系列基本假定和简化措施后，由稳定分析得出的。这些假定和简化措施是：①只取框架的一部分作为计算模型，即只考虑所计算柱上下端与其连接的左右横梁对其约束作用；②材料为线弹性；横梁与柱为刚性连接；③框架只在节点处承受竖向荷载，即不考虑横梁上荷载引起的主弯矩对柱子失稳的影响；④框架中所有柱子同时失稳，即各柱同时到达其临界荷载；⑤当柱子失稳时，相交于同一节点的横梁对柱子提供的约束弯矩，按柱子线刚度之比分配给柱子；⑥在无侧移失稳时，横梁两端的转角大小相等方向相反，在有侧移失稳时，横梁两端的转角大小相等且方向也相同（均为顺时针或均为逆时针），所有构件均为等截面构件；⑦横梁中无较大的轴心压力。

了解这些假设后，对附表的正确应用是有帮助的。事实上，各框架柱的 μ 值不仅与 K_1 和 K_2 有关，而且还与框架的荷载情况有关。在实际工程设计中，大多数情况可符合上述假定而利用规范中所给表格直接查出 μ 值。但如果所设计的框架与上述基本假定差别很大或各柱的刚度参数差别较大时，对用上述表所求得的 μ 值应进行修正。

6.4.3　框架柱在框架平面外的计算长度

在框架平面外，柱与梁一般是铰接，并设有支撑，当框架在框架平面外失稳时，可以假定侧向支撑点是其变形曲线的反弯点。这样柱在框架平面外的计算长度等于侧向支撑点之间的距离[图 6.10(a)];若无侧向支撑点时,则为柱的全长,对于多层框架柱,在框架平面外的计算长度可能就是该柱的长度[图 6.10(b)]。

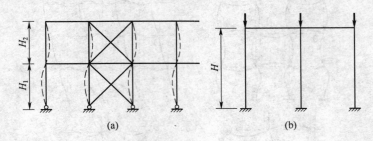

(a)   (b)

图 6.10　框架柱在平面外的计算长度

6.5　实腹式压弯构件的局部稳定计算

6.5.1　工字形截面和箱形截面的受压翼缘板

工字形截面(含 H 形)和箱形截面压弯构件的受压翼缘板,受力情况与相应梁的受压翼缘板相同,因此为保证其局部稳定性,所需的宽厚比限值可直接采用有关梁中的规定,即:

(1)工字形截面翼缘板自由外伸宽度 b_1 与其厚度 t 之比应符合

$$b_1/t \leqslant 13\sqrt{235/f_y} \tag{6.13}$$

当强度和稳定计算中取截面塑性发展系数 $\gamma_x = 1.0$ 时,上式中的限值 13 可改为 15。

(2)箱形截面受压翼缘板在两腹板间的无支承宽度 b_0 与其厚度 t 之比符合

$$b_0/t \leqslant 40\sqrt{235/f_y} \tag{6.14}$$

(3)T 形截面翼缘板自由外伸宽度 b_1 与其厚度 t 之比应符合

$$b_1/t \leqslant 13\sqrt{235/f_y} \tag{6.15}$$

6.5.2　工字形截面和箱形截面的腹板

我国规范中对工字形(含 H 形)截面压弯构件腹板的高厚比限值 h_0/t_w 是根据 4 边简支矩形板的稳定临界条件导出的。腹板在纵向承受不均匀压应力 σ,在四周承受均布剪应力 τ,如图 6.11 所示。在 σ 和 τ 的联合作用下腹板弹性屈曲临界状态的相关公式为

$$\sigma_{crx} = N_{crx}/t = \frac{K_e \pi^2 E t_w^2}{12(1-v^2)h_0^2} \tag{6.16}$$

但是压弯构件弯矩作用平面内的稳定控制,有时也会在截面出现部分塑性,这就要求我们要对上述公式中的弹性屈曲系数再次进行修正。用 K_p 弹塑性屈曲系数代替式中 K_e,它的数值确定比较复杂,不予讨论,它的数值主要与剪应力和正应力的比值 τ/σ_1、正应力梯度 $\alpha_0 = (\sigma_{max} - \sigma_{min})/\sigma_{max}$、塑性发展深度有关。《钢结构设计规范》规定按照 $\tau/\sigma_1 = 0.15\alpha_0$ 来确定。

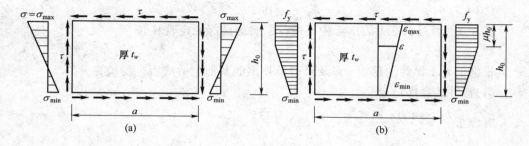

图 6.11　压弯杆件腹板弹塑性受力状态

考虑截面塑性发展深度为 1/4 截面高度,推导出下列保证实腹式压弯构件腹板局部稳定的条件:

$$0 \leqslant \alpha_0 \leqslant 1.6 \text{ 时},\qquad h_0/t_w \leqslant (16\alpha_0 + 0.5\lambda + 25)\sqrt{235/f_y} \tag{6.17}$$

$$1.6 < \alpha_0 \leqslant 2.0 \text{ 时},\qquad h_0/t_w \leqslant (48\alpha_0 + 0.5\lambda - 26.2)\sqrt{235/f_y} \tag{6.18}$$

式中,α_0 为截面上最大与最小应力相关的应力梯度 $\alpha_0 = (\sigma_{max} - \sigma_{min})/\sigma_{max}$,应力取压应力为正,拉应力为负;$\lambda$ 为弯矩作用平面内的长细比,其取值大于 30 小于 100。

对于宽度很大的实腹式柱的腹板可能比值会超过上述公式中的限制,此时可以考虑采用有效截面的方法再进行验算。同时也可以在腹板中央两侧设置加劲肋,以减小腹板的计算长度,防止构件的变形需设置横槅。

箱形截面压弯构件腹板高厚比限值的计算方法与工字形截面原则上并无区别。考虑到其腹板边缘的嵌固程度较工字形截面的为弱,且两块腹板的受力情况可能也不完全一致,为安全计,规范规定其腹板高厚比限值应按式(6.17)或(6.18)所得之值再乘以 0.8,但不小于 $40\sqrt{235/f_y}$。

H 形、工字形和箱形截面压弯构件的腹板,当其高厚比不能满足上述要求时,可采取下述方法之一来加强:①加大采用腹板厚度,但此法在腹板计算高度较大的构件中,会导致多费钢材;②在腹板两侧成对设置加劲肋,其外伸宽度不应小于 $10t_w$,厚度不应小于 $0.75t_w$,这时只需限制纵向加劲肋与受压较大翼缘间腹板高厚比满足式(6.17)和式(6.18)的要求即可,但设置纵向加劲肋将导致制造工作量的增加;③在计算构件的强度和稳定性时,利用腹板屈曲后强度的概念,对腹板中间部分略去不计(在计算构件的稳定系数时,由于稳定临界应力取决于构件的刚度,故仍采用腹板的全部截面);在构件腹板高度较大时,采用此法较为经济。

6.5.3　T形截面压弯构件的腹板

《钢结构设计规范》中规定 T 形截面腹板的高厚比不应超过下列数值：

弯矩使腹板自由边受压的压弯构件：

$\alpha_0 \leqslant 1.0$ 时，$\qquad\qquad h_0/t_w \leqslant 15\sqrt{235/f_y}$ $\qquad\qquad$ (6.19)

$1.0 < \alpha_0$ 时，$\qquad\qquad h_0/t_w \leqslant 18\sqrt{235/f_y}$ $\qquad\qquad$ (6.20)

例 6.2　请对例 6.1 的压弯构件进行截面的局部稳定验算。

解：

根据例 6.1 设计的截面，以及可以计算出的截面上的应力进行验算。

(1)板件的局部稳定

翼缘板 $\dfrac{b_1}{t} = \dfrac{(400-8)/2}{16} = 12.3 < 13\sqrt{\dfrac{235}{f_y}} = 13$ $\qquad$ 安全；

腹板 $\sigma_{\max} = \dfrac{N}{A} + \dfrac{M_x}{I_x}y = \dfrac{1\,000 \times 10^3}{168 \times 10^2} + \dfrac{500 \times 10^6}{93\,563 \times 10^4} \times 250 = 59.5 + 133.6 = 193.1\ \text{N/mm}^2$

$\qquad\quad \sigma_{\min} = \dfrac{N}{A} - \dfrac{M_x}{I_x}y = \dfrac{1\,000 \times 10^3}{168 \times 10^2} - \dfrac{500 \times 10^6}{93\,563 \times 10^4} \times 250 = 59.5 - 133.6 = -74.1\ \text{N/mm}^2$

$\qquad\quad \alpha_0 = \dfrac{\sigma_{\max} - \sigma_{\min}}{\sigma_{\max}} = \dfrac{193.1 - (-74.1)}{193.1} = 1.38 < 1.6$

(2)$\alpha_0 = 1.38 < 1.6$

则 $\quad \dfrac{h_0}{t_w} = \dfrac{500}{8} = 62.5 < (16\alpha_0 + 0.5\lambda + 25)\sqrt{\dfrac{235}{f_y}} = (16 \times 1.38 + 0.5 \times 33.9 + 25) = 64$

安全。

所以，可不设腹板的横向加劲肋。

6.6　格构式压弯构件的计算

格构式压弯构件常用于截面巨大的独立柱，而且以缀条式柱为多。

6.6.1　弯矩绕截面实轴作用的格构式压弯构件

当弯矩作用在和缀材相垂直的主平面内(实轴)时，构件绕实轴产生弯曲失稳，它的工作性能和实腹式压弯构件完全相同。但在计算平面外的稳定性时，应取换算长细比，并取稳定系数 $\varphi_b = 1.0$。

6.6.2　弯矩绕截面虚轴(记作 x 轴)作用的格构式压弯构件

当弯矩作用在与缀材平行的平面内，构件绕虚轴产生弯曲失稳。格构式压弯构件对虚轴的弯曲失稳采用以截面边缘纤维开始屈服作为设计准则

$$\frac{N}{\varphi_x A} + \frac{\beta_{mx} M}{W_{1x}(1 - \varphi_x N / N'_{Ex})} \leqslant f \tag{6.21}$$

式中,各种符号的物理意义同前。公式中的毛截面抵抗矩 W_{1x} 需区别对待,当距 x 轴最远的纤维属于肢件的腹板时,应取到压力较大的分肢腹板的距离;当距 x 轴最远的纤维属于肢件翼缘的外伸部分时,应取到压力较大的分肢轴线之间的距离。φ_x 和 N'_{Ex} 应由换算长细比确定。

6.6.3   单肢计算

格构式压弯构件两分肢受力不等,受压较大分肢上的平均应力大于整个截面的平均应力,因而还需对分肢进行稳定性验算。验算分肢稳定性时,分肢的轴心压力应按桁架或框架中的弦杆计算;对缀板连接的分肢,除轴心压力外还应考虑由剪力引起的弯矩。按图 6.12 所示的计算简图确定分肢的轴心压力(即所有的力对分肢的截面形心取矩)得:

分肢 1: $N_1 = M_x / a + N \cdot z_2 / a$ (6.22)

分肢 2: $N_2 = N - N_1$ (6.23)

分肢平面内的计算长度取节间长度,平面外的计算长度取侧向支承间的距离。

另外,如果弯矩作用在虚轴平面,由于分肢的稳定性能够通过计算得到保证,所以不必单独进行此时弯矩作用平面外的稳定计算。

6.6.4   缀材计算

缀材的计算方法基本与格构式轴压构件的缀材计算是一样的。但计算中的剪力应取实际剪力和轴压格构式截面缀材中的计算剪力 $V = Af \sqrt{f_y / 235} / 85$ 二者中的较大值。

6.6.5   格构式压弯构件的截面设计

格构式压弯构件大多用于单向压弯时,且使弯矩绕截面的虚轴作用。调整两分肢轴线的距离可增大抵抗弯矩的能力。压弯构件两分肢轴线间距离较大时,为增大构件的刚度,一般都应采用缀

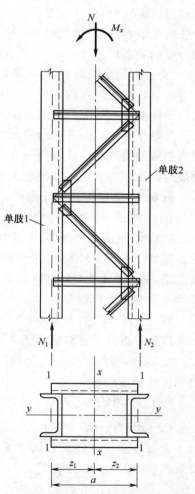

图 6.12   格构式压弯构件
单肢计算简图

条柱。以这种格构式压弯构件为例说明其截面设计的步骤如下,其他格构式压弯构件的设计均可参照进行。

(1)按构造要求或凭以往设计经验,确定构件两分肢轴线间或两分肢的距离 b。例如,取 $b = (1/15 \sim 1/22)H$,H 为构件的高度。当为有吊车的单层厂房阶梯柱的下部柱时,柱截面的宽度常根据厂房在柱列定位轴线间的跨度与吊车桥的标准跨度等尺寸确定。

(2)由构件所受轴心压力 N 和弯矩 M_x(x 为截面的虚轴)按求桁架弦杆内力一样求出两分肢所受轴心压力,然后按轴心受压构件确定两分肢的截面尺寸。

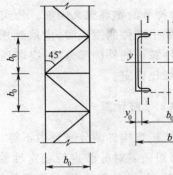

图 6.13 格构式单向压弯缀条柱

(3)进行缀条设计,包括选定缀条布置形式、确定缀条截面尺寸及其分肢的连接。

计算格构式压弯构件的缀材时,所用剪力应取构件中的实际最大剪力和轴压格构式截面缀材中的计算剪力二者中的较大值。

对整个格构式构件进行各项验算。不满足要求时,作适当修正,直到全部满足为止。与轴心受压格构式构件一样,在受有较大水平力处和运送单元的端部应设置横隔,横隔的间距不得大于柱截面较大宽度的 9 倍和 8 m。

例 6.3 一格构式压弯构件,上端自由,下端固定,长度 5 m,构件截面和缀条布置如图 6.14 缀条采用 ∟50 × 5,缀条倾角 45°,构件侧向上下端均为铰接,轴心压力设计值为 500 kN,弯矩绕虚轴作用,钢材采用 Q235,试计算构件所能承受的最大弯矩数值 M_x。

解:

1.先对虚轴计算确定 M_x

$A = 2 \times 48.5 = 97 \text{ cm}^2$,$I_{x1} = 280 \text{ cm}^4$

计算截面特性

$I_x = 2 \times (280 + 48.5 \times 20^2) = 39\ 360 \text{ cm}^4$

$i_x = \sqrt{39\ 360/97} = 20.14 \text{ cm}$

查表可知该柱绕虚轴的计算长度系数 $\mu = 2.1$。长细比 $\lambda_x = 2.1 \times 500/20.14 = 52.1$ 缀条的截面面积

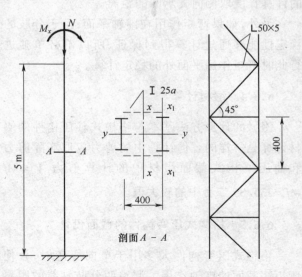

图 6.14 例 6.3 图

$A_1 = 4.8 \text{ cm}^2$,换算长细比 $\lambda_{0x} = (\lambda_x^2 + 27A/2A_1)^{1/2} = 54.7$ 属于 b 类截面,查表可得 $\varphi_x =$

$0.834, W_{1x} = I_x/y_0 = 39\,360/20 = 1\,968\ cm^3$

在弯矩作用平面内的稳定计算,等效弯矩系数 $\beta_{mx} = 1.0$

$$N_{Ex} = \pi^2 EI_x/(1.1 l_{0x}^2) = 5\,992\ kN$$

对虚轴的整体稳定

$$\frac{N}{\varphi_x A} + \frac{\beta_{mx} M_x}{\gamma_{1x} W_{1x}(1 - 0.8\ N/N'_{Ex})} \leqslant f$$

带入上述各系数值可以得到:

$61.8 + 0.51 M_x/(1 - 0.696) = 215 \qquad M_x = 279.5\ kN\cdot m$

2. 先按单肢计算确定 M_x

右肢的轴线压力最大

$$N_1 = M_x/a + N \cdot z_2/a = M_x \times 100/40 + 500/2 = 250 + 2.5\ M_x$$

$$i_{x1} = 2.4, l_{xl} = 40\ cm, \lambda_{x1} = 40/2.4 = 16.7$$

$$i_y = 10.18, l_{xl} = 500\ cm, \lambda_{y1} = 500/10.18 = 49.1$$

按 a 类截面查表得到 $\varphi_{y1} = 0.919$,

单肢稳定计算 $N_1/A_1 \varphi_{y1} = f$,带入相关数值可以得到 $M_x = 283.3\ kN\cdot m$,
经比较可以知道该构件能承受的弯矩设计值 $M_x = 279.5\ kN\cdot m$。

6.7 单层和多层框架的梁柱连接

6.7.1 单层和多层框架构件的拼接

在多层框架中,柱的安装单元长度常为 2～3 层柱高,在上层横梁上表面以上0.8～1.2 m 左右处设置柱与柱的工地拼接。

1. 等截面拉、压杆的拼接

等截面轴心受力构件的拼接有工厂拼接和工地拼接两种。工厂拼接可以采用直接对焊和有拼接板的焊接[图 6.15(a)、(b)]。如果焊缝质量达到一、二级都可以直接对焊,否则采用后者。在焊接时要使传力尽量直接、均匀,避免过分集中。工地拼接拉杆可以用拼接板加高强度螺栓或端板加高强度螺栓;压杆可以用焊接,焊接时上段要先做坡口,下段要有定位零件使之不能错位[图 6.15(c)、(d)]。

拉压杆的拼接宜按等强度原则来计算,即拼接材料和连接件都能传递断开截面的最大内力。压杆还要注意不要因连接变形降低构件刚度而造成易屈曲的弱点。除此以外还要保证构件的整体刚度,包括绕截面两个主轴的弯曲刚度和绕纵轴的扭转刚度。

2. 变截面柱拼接

变截面柱是指拼接的柱两部分的截面产生了变化,它分为微小变化和较大变化两种。

(1)截面微小变化

这一类柱的拼接一般可以采用直接对焊[图 6.16(a)],也可以上下焊于同一板件上,不过受拉时一般不采用这种连接方式。与等截面柱的拼接没有什么区别。

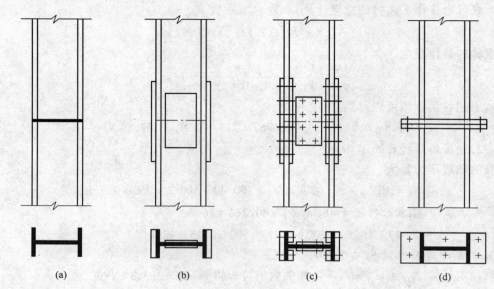

图 6.15 等截面拉压杆拼接

(2)截面较大变化

1)上下截面有一侧外表平齐:一般在上下段之间加设平板,但平板之下应该有加劲肋和上段的翼缘对齐[图 6.16(b)]。

2)上、下段中线一致,有两种做法:①中间加设平板,并在与上柱翼缘对齐的位置设两加劲肋,同时在下柱设水平加劲肋;②在上下柱之间加一段变截面段,并在上下端都设平板[图 6.16(c)]。

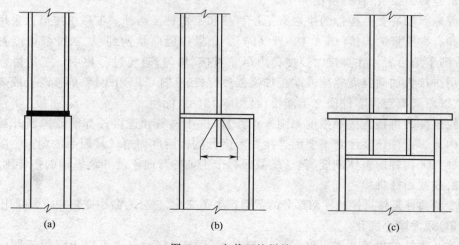

图 6.16 变截面柱拼接

3.梁的拼接

梁的拼接按施工条件可分为工厂拼接和工地拼接。工厂拼接为受到钢材规格或现有钢材尺寸限制而做的拼接;工地拼接是受运输和安装条件限制而做的拼接。

(1)工厂拼接

翼缘和腹板的工厂拼接位置最好是错开的,并应与加劲肋和连接次梁的位置错开,以避免应力集中。在工厂制造时,先将梁的翼缘板和腹板分别加长,然后再拼装成整体,可以减少梁的焊接应力。拼接通常采用对接焊缝,如果焊缝强度不足可以采用斜焊缝。但由于翼缘与腹板连接处,不易焊透,所以可采用拼接板,但板应放在弯矩较小处。

(2)工地拼接

工地拼接一般应使翼缘和腹板在同一截面或接近于同一截面处断开,便于运输应使翼缘与腹板在同一处切开,且边缘做在 V 形坡口,由于现场施工条件差,所以比较重要或受动荷的梁,其工地拼接宜采用高强度螺栓。在拼接处同时有弯矩和剪力作用,设计时必须使拼接板和高强度螺栓都具有足够的强度,并保证梁的整体稳定性。

对用于拼板的连接,通常应按照等强度原则进行设计,应使拼接板的净截面面积不小于翼缘板的净截面面积。翼缘板:$N = A_n f$;腹板受剪:$M_w = (I_w / I) M$。

6.7.2　梁与梁的连接

主梁与次梁的连接通常可以有以下的分类方式:叠接,将次梁搁在主梁上,用螺栓或焊缝连接(具有较大的高度要求);平接,次梁顶面与主梁相平或略高,低于主梁平面。铰接,并非绝对铰接,而是有一定弯矩作用;刚接,承受弯矩作用。

1.次梁为简支梁

(1)叠接:次梁放于主梁上,一般在主梁相应位置设置加劲肋,这种连接构造简单、安装方便,缺点是占用空间较大[图 6.17(b)]。

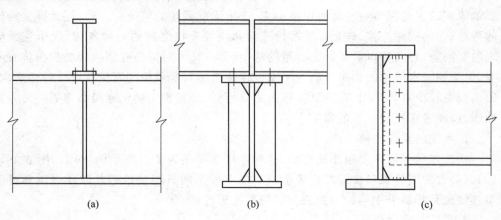

图 6.17　主次梁连接

(2)平接:这种连接方式一般只连接腹板而不连接翼缘。通常可以用角钢连接或者是连接板和加劲肋都可以,螺栓连接用的较多[图 6.17(c)]。

2.次梁为连续梁

(1)叠接:次梁连续,不在主梁上断开。当次梁需要拼接时,拼接位置可以设在弯矩较小的地方,主梁和次梁可以用焊缝或螺栓来固定位置。

(2)平接:这种连接的要领是将次梁支座压力传给主梁,次梁端弯矩则传给邻跨次梁,相互平衡[图 6.18]。

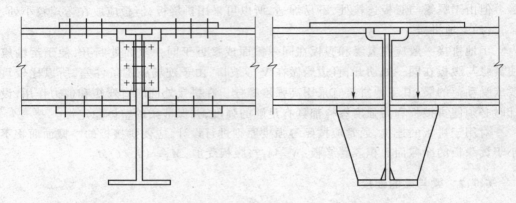

图 6.18   主次梁刚性连接

6.7.3   梁与柱的连接

多层框架中的柱通常是由下到上贯通,而梁则连于贯通柱的两侧。梁与柱的连接一般分成三类:①柔性连接也称简单连接,这种连接只承受梁端的竖向剪力并传给柱身,变形时梁与柱轴线间的夹角可自由改变,不受到约束;②刚性连接,这种连接使梁与柱轴线间的夹角在节点转动时保持不变,连接除受梁端的竖向剪力外,还承受梁端传来的弯矩;③半刚性连接,这是介乎柔性连接和刚性连接之间的一种连接,除承受梁端传来的竖向剪力外,可以承受一定数量的弯矩,节点转动时梁与柱轴线间的夹角将有所改变,但受到一定程度的约束。因为半刚性连接由于其能承担的弯矩在设计时很难确定,因而目前较少具体采用,在对其进行内力分析时,必须预先确定连接的弯矩—转角特性曲线,以便考虑连接变形的影响。

1.梁柱的柔性连接

柔性连接只能承受很小的弯矩,这种连接主要是为了起支承的作用。图 6.19(c)、(d)、(g)为常用的梁与柱柔性连接示例。图中采用两只连接角钢并以高强度螺栓摩擦型连接或角焊缝分别与梁的腹板和柱的翼缘板连接。

2.梁柱的刚性连接

梁柱的刚性连接,可以做成完全焊接、栓接或栓焊混合连接。刚性连接的计算通常是梁翼缘的连接传递所有弯矩而腹板传递剪力。图 6.19(a)、(b)为常用的梁柱刚性连接示例。高强度螺栓拼接所在截面的内力(弯矩和剪力)均较梁端者为小,因而拼接所用螺栓数量较在梁端用高强度螺栓连接时为少。

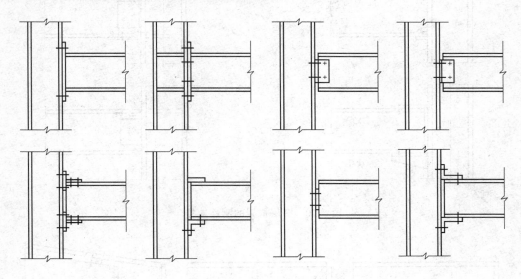

图 6.19　梁柱连接

3.梁柱的半刚性连接

图 6.19(e)、(f)、(h)是半刚性连接示例。(e)图梁的上、下翼缘处各用一个 T 形钢作为连接件,梁的腹板用两只角钢作为连接件,全部采用高强度螺栓摩擦型连接。图(f)中,梁端焊接一端板,端板用高强度螺栓与柱的翼缘相连接。这两种连接都比较简单和便于安装,但试验表明它对梁端的约束常达不到刚性连接的要求,因而只能作为半刚性连接。

不设加劲肋(左侧的两个图):此时可能的破坏形式是腹板在梁翼缘传来的压力作用下屈服以及翼缘在梁翼缘传来的拉力作用下弯曲而出现塑性铰或连接焊缝被拉开。并且梁翼缘传来的力还使腹板受剪。

4.多层框架的刚性连接

多层框架的刚性连接可以做成完全焊接的[图 6.20(a)],栓接的[图 6.20(b)]及栓焊混合连接[图 6.20(c)、(d)]。完全焊接时,梁翼缘用坡口焊缝连于柱翼缘。为保证焊透,施焊时梁翼缘下应设置小衬板,全焊透连接构造简单,但安装和焊接的精度和质量要求很高。

5.单层框架的刚性连接

单层单跨框架的梁柱都采用刚性连接。图 6.21 给出了几种形式的梁柱刚性连接加腋构造节点。

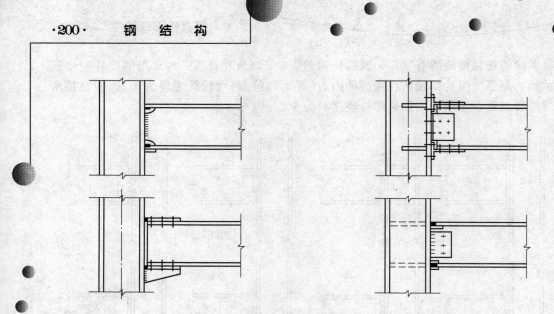

图 6.20　多层框架的刚性连接

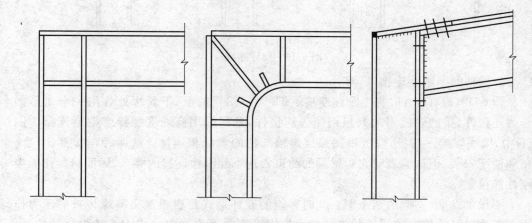

图 6.21　单层框架的刚性连接

6.8　偏心受压柱的柱脚设计

6.8.1　框架柱柱脚的型式和构造

框架柱柱脚大多需承受轴心压力、水平剪力和弯矩,因而需与基础刚接。少数框架柱柱脚也可能做成与基础铰接,其型式和构造与前面介绍的轴心受压柱柱脚无异,本节中不再作说明。刚接柱脚与基础的连接方式有 3 种:支承式、外包式、埋入式。下面主要介绍与基础刚接的支承式柱脚 。

图 6.22 所示为常用的分离式钢柱脚,用于格构式柱且两柱肢间距大于或等于

1.5 m时。分离式柱脚实质上是两个轴心受压柱的柱脚用连系构件连成整体,连系构件按构造设置。

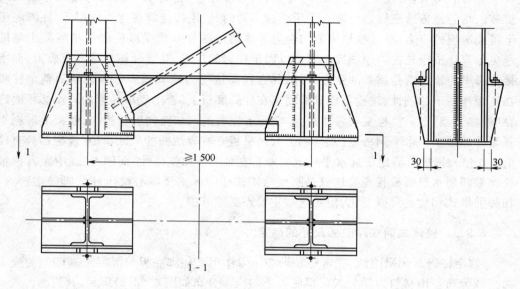

图 6.22 分离式柱脚

图 6.23 为整体式钢柱脚,主要用于实腹柱或格构柱当柱的分肢间距小于 1.5 m 时。图 6.23 所示柱脚的底板平面呈矩形。柱脚的主要组成部分与轴心受压柱柱脚一样,包括底板、靴梁、隔板、锚栓等。底板用来把柱中弯矩和轴压力等内力转化为底板下压应力,使之安全地传给支承柱脚的混凝土基础,因此底板必须有足够的底面积使混凝

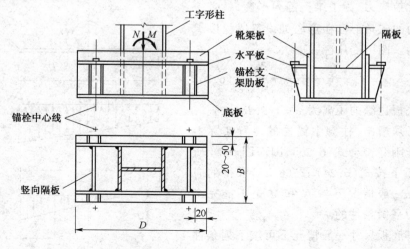

图 6.23 整体式柱脚

土基础顶面所受的最大应力小于混凝土的抗压强度设计值。为了增加底板的刚性和底板下受力的均匀性,柱身通过焊缝与靴梁、肋板等相连,把柱身中的内力向两旁或四周扩散以均匀地传给底板。与轴心受压柱脚不同的是,刚接柱脚在弯矩作用下,柱脚底板下可能出现拉应力,而这些拉应力的合力必须通过锚栓来承受以使底板与混凝土基础避免分离。轴压柱柱脚中锚栓主要用以固定柱脚的位置,其直径按构造要求确定,而刚接柱脚中的锚栓则是重要的受力部件,其直径需按受力计算确定。为了增加整个柱脚在弯矩作用下的刚性,锚栓不能直接固定在柱脚底板上(否则底板易弯曲),而必须固定在"锚栓支架"上。锚栓支架各由高为 400 mm 左右的两块竖向肋板组成,肋板上端刨平顶紧并焊接于一水平钢板上(或角钢上),水平板开有容纳锚栓的缺口(宽度为锚栓直径的 1.5 倍),锚栓就固定于此水平板上。为了增加刚性和整体性,而图 6.23 中左右两锚栓支架间用水平隔板相连。这就是刚接框架柱柱脚区别于轴心受压柱柱脚的主要点。柱脚的形式和构造可以变化,但对这些主要点必须掌握。

6.8.2 整体式钢柱脚底板尺寸的确定

假定柱脚有无限刚性,在弯矩和轴心压力作用下柱脚底板与混凝土基础间的应力为直线分布。由材料力学公式可得底板下的应力分布如图 6.24(a)所示,其值为

$$\sigma_{\max} = \frac{N}{BD} + \frac{6M}{BD^2} \qquad (6.24)$$

$$\sigma_{\min} = \frac{N}{BD} - \frac{6M}{BD^2} \qquad (6.25)$$

当应力分布如图 6.24(b)所示时,底板下出现拉应力。由于底板与基础表面间无法抵抗此拉应力,为了维持静力平衡,就必须在拉应力的三角形面积形心处设置锚栓以承受此拉力。图中受压区长度

$$x = \sigma_{\max} \cdot \frac{D}{\sigma_{\max} + |\sigma_{\min}|} \qquad (6.26)$$

锚栓至底板边缘的距离为 $c = 1/3(D - x)$。

但必须指出,柱脚中锚栓的位置实际上是不可能刚好符合式(6.26),因而图 6.24 所示的底板下按式(6.24)、式(6.25)求得的应力分布在一般情况下与 N 和 M 是不能完全满足静力平衡条件的。

柱脚底板尺寸一般情况下可按下列条件确定(以图 6.23)所示柱脚为例:

(1)根据柱截面翼缘板的宽度 b 确定底

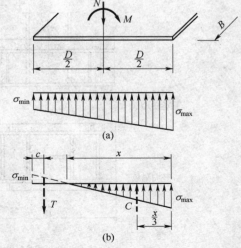

图 6.24 底板的应力分布

板宽度 B,即令

$$B = b + 2t_1 + 2a$$

式中,t_1 为靴梁厚度,初步可取为 $t_1 = 10$ mm,a 为底板伸出靴梁外表面的长度,一般可取 $a = 20 \sim 50$ mm

(2)使式(6.24)的 σ_{max} 小于等于基础混凝土的抗压强度设计值,由此解得底板长度 D。

底板尺寸 B 和 D 都应取 cm 的整数倍,并应使 $D \leqslant 2B$。如不符合此条件时,可重新设定 B 后再作计算。

柱底端的内力值 N 和 M,可由各种荷载组合下得出。用以确定底板尺寸 B 和 D 的荷载组合,应使 M 和 N 都较大。

6.8.3 柱脚底板的厚度

确定了柱脚底板的长和宽后,应进行靴梁、隔板、肋板等的布置和有关计算,这些都和轴心受压柱柱脚设计中已介绍的相似,这里不再多作说明。柱脚的靴梁、隔板和肋板等将柱脚底板平面分成若干区格,有 3 边、4 边支承或悬臂等,可按此求出各区格板所需的厚度,而后取最大值作为整个底板的厚度。底板厚度一般不宜大于 40 mm。区格板厚度的算法也与轴心受压柱柱脚中所介绍的相同,但此时底板下的应力并不均匀分布,可偏安全地取各区格底板下的最大压应力作为均布应力值进行各区格的计算。

6.8.4 锚栓的计算

当柱脚底板下应力分布如图 6.24(a)所示时,锚栓可按构造设置,柱子每边一般设两个直径为 22 mm 或 24 mm 的锚栓。在刚接柱脚中底板下的应力分布大部分如图 6.24(b)所示,因而必须按计算设置锚栓。锚栓的计算方法由于所取假定不同而有各种各样。计算锚栓的图一般都如图 6.24(b)所示,上面所说的假定不同是指对图中最大受压应力 σ_{max} 和受压区长度 x 的求法不同,因而得到了不同的锚栓拉力值 T。

这里,只详细介绍目前国内设计单位采用最多的一种算法。此法取:

$$\sigma_{min}^{max} = \frac{N}{BD} \pm \frac{6M}{BD^2}$$

$$x = \sigma_{max} \cdot \frac{D}{\sigma_{max} + |\sigma_{min}|}$$

参阅图 6.24(b),对受压区压应力合力 C 的作用点取力矩 $\sum M = 0$,可得锚栓中拉力 T 为

$$T = \frac{M - N(D/2 - x/3)}{D - c - x/3} \tag{6.27}$$

式中,c 为锚栓中心至底板边缘的距离。

求得 T 后,除以在柱身一侧的柱脚锚栓数 n 和锚栓的抗拉强度设计值 f_t^a,即可得到所需每一锚栓的有效面积

$$A_e = T/(nf_t^a) \tag{6.28}$$

应用式(6.27)求 T 时,对弯矩 M 和轴心压力 N 必须选用使 M 值为最大、N 值较小的荷载组合情况,因为只有这样才能求得最危险时的锚栓直径。

应用式(6.27)求锚栓内力,方法最为简单,但如前面已说过的,由式(6.26)和(6.27)求 x 而锚栓位置不在受拉应力图形的形心时,将不完全满足静力平衡条件。式(6.27)只是满足平衡条件 $\sum M = 0$,求得的 T 并不满足 $N + T = C$ 平衡条件,这是此法的不足之处。由于按式(6.27)求得的 T 一般略为偏大,用之不会引起不安全,但当求得的锚栓直径大于 60 mm 时,为了更精确的求解 T,一般建议改用钢筋混凝土受弯构件的弹性设计法求解。此时采用的应力图形仍如图 6.24(b) 所示,但不利用式(6.24)、式(6.25),除静力平衡条件 $\sum M = 0$ 和 $N + T = C$ 外,另加平面应变这一条件,由 3 个条件求解 3 个未知量,最后归结为一个一元三次方程求解 T 值。

求得锚栓内力 T 值后,除用以选定所用锚栓直径外,还应按 T 值计算锚栓支架的一双肋板,包括肋板的端部承压面积、肋板的受压及其与靴梁或柱身的连接等。

锚栓在基础中的埋设深度按由锚栓与混凝土间的黏结力传递 T 值确定一般取 $\geq 35d$,d 为锚栓的外部直径。当埋设深度受到限制而不足 $35d$ 时,则应在锚栓底部设置锚板式锚梁,使能传递锚栓中的全部内力。

柱脚底部所受水平剪力由底板与混凝土表面间的摩擦力承受,可取摩擦系数为 0.4 进行验算。当水平剪力大于摩擦力时,需在底板下部设置抗剪键。柱脚的锚栓一般不用以抵抗柱脚底部的水平剪力。

在厂房建筑中,柱脚如有部分在地面以下,则对地面以下的部分应采用强度等级较低的混凝土包裹,保护层厚度不小于 50 mm,并应将包裹的混凝土高出地面约 150 mm。当柱底面在地面以上时,柱脚底面应高出地面不小于 100 mm。之所以作此规定,为的是防止柱身或柱脚与地面土壤接触部分因积水而使柱身和柱脚产生锈蚀。

思考题与习题

6.1 图 6.25 所示工字形钢截面,承受轴心压力设计值 1 800 kN,构件中央横向荷载的设计值 540 kN,在弯矩作用平面外有两个侧向支撑(三等分点处),钢材采用 Q235,翼缘为火焰切割,验算该构件在弯矩作用平面内和平面外的整体稳定。

6.2 一格构式压弯构件,两端铰接,计算长度 $l_{0x} = l_{0y} = 6$ m,构件截面和缀条布置如图 6.26 缀条采用∟70×4,缀条倾角 45°,轴压力设计值为 450 kN,弯矩绕虚轴作用,钢材采用 Q235,试计算构件所能承受的最大弯矩数值。

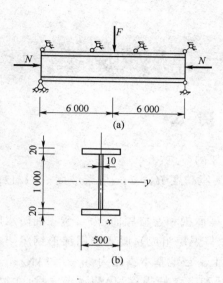

图 6.25 习题 6.1 图

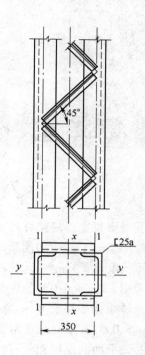

图 6.26 习题 6.2 图

7 课程设计例题——焊接钢屋架设计

7.1 设 计 资 料

根据下列资料选择屋架杆件截面和设计屋架的节点：

屋架跨度 $l = 24$ m，屋架间距 $b = 6$ m；屋架支座高度 $H_0 = 2$ m；屋架坡度 $i = 1/12$；屋架上弦节间长度 $d = 3$ m。

屋面采用 1.5 m×6.0 m 预应力钢筋混凝土屋面板和卷材屋面（由二毡三油防水层、2 cm 厚水泥砂浆找平层及 8 cm 厚的泡沫混凝土保温层组成），屋架选用梯形钢屋架，跨中高度 $H = 3.0$ m，屋架简支在钢筋混凝土柱顶上。当地基本雪压为 $S_0 = 0.7$ kN/m²。

屋架上弦平面利用屋面板（用埋固的小钢板和上弦杆焊住）代替水平支撑，在屋架下弦平面的端部及两侧面端面布置水平及竖直支撑。

钢材标号：Q235，焊条标号：E43 型，手工焊。

设计规范：《钢结构设计规范》（GB 50017—2003）；《建筑结构荷载规范》（GB 50009—2001）。

7.2 荷 载 计 算

恒载标准值计算：

防水层（二毡三油上铺小石子）0.35 kN/m² 沿屋面坡向分布。

找平层（2 cm 水泥砂浆）0.4 kN/m² 沿屋面坡向分布。

保温层（8 cm 泡沫混凝土）0.48 kN/m² 沿屋面坡向分布。

预应力混凝土屋面板（包括灌缝）1.04 kN/m² 沿屋面坡向分布。

屋架自重（包括支撑）按经验公式计算。

$q = 0.12 + 0.011L$（L 单位为 m）$= 0.12 + 0.011 \times 24 = 0.384$ kN/m² 沿水平投影面分布。

因屋面坡度很小，故以上各项可直接相加得：

恒载标准值：3.014 kN/m²。

恒载设计值：3.014×1.2（恒载分项系数）$= 3.62$ kN/m²。

活载标准值计算:屋面均布活荷载(不上人的屋面)0.7 kN/m² 沿水平投影面分布。

雪载:$S = \mu_r S_0$(因屋面与水平面的倾角 $\alpha = 4.76° < 15°$,故屋面积雪分布系数 $\mu_r = 1.0$)。$S = 1.0 \times 0.7 = 0.7$ kN/m² 沿水平投影面分布。

风载:因 $\alpha = 4.76° < 15°$,风载体型系数 $\mu_s =$ 对屋面为吸力(-0.6),故可不考虑风载影响。

活载设计值:0.7×1.4(活载分项系数)$= 0.98$ kN/m²。

在屋架内力计算时,节点荷载由屋面恒载和均布活载组合而成。已知屋架上弦节间水平长度为 3 m,屋架间距为 6 m。

设计屋架时应考虑以下三种荷载组合:

(1)全跨恒载 + 全跨活载

屋架上弦节点荷载:$P = (3.62 + 0.98) \times 3 \times 6 = 82.8$ kN。

(2)屋架及支撑自重 + 半跨屋面板 + 半跨活载(作用在左半跨)

$$P_左 = [(0.384 + 1.4) \times 1.2 + 0.7 \times 1.4] \times 3 \times 6 = 56.17 \text{ kN};$$

$$P_右 = 0.348 \times 1.2 \times 3 \times 6 = 8.29 \text{ kN}。$$

(3)全跨恒载 + 半跨活载(作用在左半跨)

$$P_左 = (3.62 + 0.98) \times 3 \times 6 = 82.8 \text{ kN};$$

$$P_右 = 3.62 \times 3 \times 6 = 65.16 \text{ kN}。$$

经过计算,这种荷载组合所产生的杆件内力对本屋架的杆件不起控制作用,故未列入。

7.3　内　力　计　算

图 7.1 为屋架计算简图,杆件内力用各杆件之间的三角关系求得(也可用由平面桁架程序上机计算)。

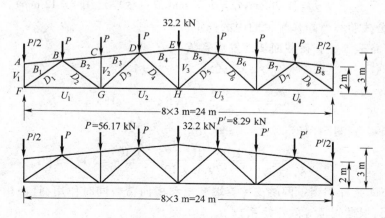

图 7.1　屋架计算简图

屋架上弦杆除了承受轴心压力外,尚承受节间集中荷载而产生的弯矩,其值为:

第一节间 $M = 0.8 M_0 = 0.8 \times \dfrac{41.4 \times 3}{4} = 24.84 \text{ kN·m}$;

中间节间 $M = 0.6 M_0 = 0.8 \times \dfrac{41.4 \times 3}{4} = 18.63 \text{ kN·m}$;

中间节点 $M = -0.6 M_0 = -18.63 \text{ kN·m}$。

屋架在上述第一种和第二种荷载组合作用下的计算简图如图 7.1 所示。在全跨恒载和全跨活载作用下,屋架弦杆、竖杆和靠近支座斜杆的内力均较大。在屋架及支撑自重和半跨屋面板与活载作用下,靠近跨中的斜杆内力可能发生变号,故要注意。计算结果列于表 7.1 中。表 7.1 中列入控制设计的杆件内力。

7.4 杆件截面选择

7.4.1 上弦杆截面选择

按受力最大的弦杆设计,沿跨度全长截面保持不变。

上弦杆 B_4 为压弯杆件: $N = -664.64 \text{ kN}$;

$$M_x = 18.63 \text{ kN·m}。$$

$L_x = 300 \text{ cm}$;$l_y = 150 \text{ cm}$(由于上弦杆和屋面板埋设小钢板并牢固焊接,可代替水平支撑,故上弦杆平面外的计算长度 $l_y = 150 \text{ cm}$)。

假设 λ 的步骤作用不大,可直接估计选出截面进行验算。

选用 $2 \llcorner 140 \times 14$,$A = 37.6 \times 2 = 75.2 \text{ cm}^2$;

$$W_{1x} = 173 \times 2 = 346 \text{ cm}^3;$$

$$W_{2x} = 68.8 \times 2 = 137.6 \text{ cm}^3;$$

$$I_x = 4.28 \text{ cm};i_y = 6.27 \text{ cm}(节点板厚选用 t = 12 \text{ mm})。$$

(1)按公式验算弯矩作用平面内的稳定性

由第 5 章表 5.1 查得截面塑性发展系数

$$\gamma_{1x} = 1.05; \qquad \gamma_{2x} = 1.2;$$

$$\lambda_x = \frac{l_x}{i_x} = \frac{300}{4.28} = 70.1 < [\lambda] = 150;$$

由附录 4 查得压杆稳定系数 $\varphi_x = 0.751$;

$$N_{Ex} = \frac{\pi^2 EA}{\lambda_x^2} = \frac{\pi^2 \times 2.06 \times 10^5 \times 75.2 \times 10^2}{70.1^2 \times 10^5} = 3\,111.3 \text{ kN}。$$

此处节间弦杆相当于两端支撑有端弯矩和横向荷载同时作用,且使构件产生反向曲率的情况,根据规范等效弯矩系数 $\beta_{mx} = 0.85$。

将以上数据代入下式,验算弯矩作用平面内的稳定性:

$$\frac{N}{\varphi_x A} + \frac{\beta_{mx} M_x}{r_x W_{1x}\left(1 - 0.8\dfrac{N}{N_{Ex}}\right)}$$

$$= \frac{664.64 \times 10^3}{0.751 \times 75.2 \times 10^2} + \frac{0.85 \times 1\ 863 \times 10^4}{1.05 \times 346 \times 10^3\left(1 - 0.8 \times \dfrac{664\ 640}{3\ 111.3 \times 10^3}\right)}$$

$$= 117.69 + 52.6 = 170.29 \text{ N/mm}^2 < f = 215 \text{ N/mm}^2 \text{。}$$

对于这种 T 形截面压弯杆件,还应验算截面另一侧,即

$$\left| \frac{N}{A} - \frac{\beta_{mx} M_x}{r_x W_{2x}\left(1 - 1.25\dfrac{N}{N_{Ex}}\right)} \right|$$

$$= \left| \frac{664.64 \times 10^3}{75.2 \times 10^2} - \frac{0.85 \times 1\ 863 \times 10^4}{1.05 \times 137.6 \times 10^3\left(1 - 1.25 \times \dfrac{664.64 \times 10^3}{3\ 111.3 \times 10^3}\right)} \right|$$

$$= 88.38 - 149.81$$

$$= 61.43 \text{ N/mm}^2 < f = 215 \text{ N/mm}^2 \text{。}$$

所以可保证弦杆弯矩作用平面内的稳定性。

(2)按下式验算弯矩作用平面外的稳定性

$$\lambda_y = \frac{l_y}{i_y} = \frac{150}{6.27} = 23.9 < [\lambda] = 150;$$

由附录 4 查得 $\varphi_y = 0.957$;

对于双角钢 T 形截面的整体稳定性系数 Φ_b:

$$\varphi_b = 1 - 0.001\ 7\lambda_y\sqrt{\frac{f_y}{235}} = 1 - 0.001\ 7 \times 23.9\sqrt{\frac{235}{235}} = 0.96 \text{。}$$

将以上数据代入下式,验算弯矩作用平面外的稳定性

$$\frac{N}{\varphi_y A} + \frac{\beta_{1x} M_x}{\varphi_b W_{1x}} = \frac{664.64 \times 10^3}{0.957 \times 75.2 \times 10^2} + \frac{0.85 \times 1\ 863 \times 10^4}{0.96 \times 346 \times 10^3}$$

$$= 92.35 + 47.7 = 140.05 \text{ N/mm}^2 < f = 215 \text{ N/mm}^2,$$

所以可保证弦杆弯矩作用平面外的稳定性。

(3)强度验算

由于上弦杆两端的弯矩比较大,同时 W_{2x}(图 7.2)较小。因此,尚需按下式验算节点负弯矩截面无翼缘一边的强度:

$$\frac{N}{A} + \frac{M_x}{\gamma_{2x} W_{2x}} = \frac{664.64 \times 10^3}{75.2 \times 10^2} + \frac{1\ 863 \times 10^4}{1.2 \times 137.6 \times 10^3}$$

$$= 88.38 + 112.89$$

$$= 201.27 \text{ N/mm}^2 < f = 215 \text{ N/mm}^2 \text{。}$$

因 B_2、B_3 的弯矩值和 B_4 的相同,而轴心力均小于 B_4,为了简化制造工作,故可采

用与 B_4 相同的截面尺寸而不必验算。

上弦杆 B_1，$N = 0$，$M = 24.84$ kN·m；

$$\frac{M_x}{\gamma_{2x} W_{2x}} = \frac{2\,484 \times 10^4}{1.2 \times 137.6 \times 10^3} = 150.4 \text{ N/mm}^2 < f = 215 \text{ N/mm}^2。$$

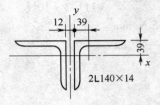

图 7.2 上弦杆截面

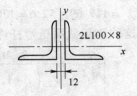

图 7.3 下弦杆截面

7.4.2 下弦杆截面选择

按轴心拉杆设计，沿全长截面不变，截面采用等肢角钢拼合（图 7.3）。
最大设计拉力：

$$N = 677.3 \text{ kN}, \quad L = 600 \text{ cm}, \quad l_y = 1\,200 \text{ cm};$$

需要 $\quad A = \dfrac{N}{f} = \dfrac{677.3 \times 10^3}{215 \times 10^2} = 31.51 \text{ cm}^2；$

选用 2∟100 × 8，$A = 2 \times 15.6 = 31.2$ cm^2，可满足要求，$i_x = 3.08$ cm。

$$\lambda_x = \frac{l_x}{i_x} = \frac{600}{3.08} = 194.8 < [\lambda] = 350,$$

由于此屋架不受动力作用，故可仅验算在竖直平面内的长细比。

7.4.3 腹杆截面选择

各腹杆截面选择过程从略，其结果列于表 7.1。

表 7.1 桁架杆件内力及截面选择表

杆件名称	编号	计算长度 l_x	计算长度 L_y	设计内力 N (kN)	设计内力 M (kN·m)	截面形式与尺寸(mm)	截面积 A(cm^2)	截面抵抗矩 W(cm^3)	回转半径 i_x(cm)	回转半径 i_y(cm)	长细比 λ_x	长细比 λ_y	稳定系数 φ_x	计算应力值
上弦	B_1	300	150	0	+ 24.84 − 18.63		75.2	133.4	4.28	6.27	70.10	23.90	—	+ 150.4
上弦	B_2	300	150	− 598.15	+ 18.63	⊥⊤140 × 14	75.2	360	4.28	6.27	70.10	23.90	0.751	—
上弦	B_3	300	150	− 598.15	− 18.63 + 18.63		75.2	360	4.28	6.27	70.10	23.90	0.751	—
上弦	B_4	300	150	− 664.64	− 18.63 + 18.63		75.2	360 133.4	4.28	6.27	70.10	23.90	0.751	− 201.27

续上表

杆件名称	件编号	计算长度		设计内力		截面形式与尺寸(mm)	截面积 $A(\text{cm}^2)$	截面抵抗矩 $W(\text{cm}^3)$	回转半径(cm)		长细比		稳定系数 φ_x	计算应力值
		l_x	L_y	N (kN)	M (kN·m)				i_x	i_y	λ_x	λ_y		
下弦	U_1	600	600	+386.68	—	⌐L100×8	31.2	—	3.08	—	194.8	—	—	+123.94
	U_2	600	1200	+677.3	—		31.2	—	3.08	—	194.8	—	—	+127
斜杆	D_1	375	375	−483.3	—	⌐L140×90×10	44.6	—	4.47	3.67	83.9	102.2	0.541	−200.3
	D_2	300	375	+262.48	—	⌐L63×6	14.58	—	1.93	—	155	—	—	+180
	D_3	328	410	−110.12	—	⌐L75×6	17.6	—	2.31	3.44	142	119	0.337	−185.7
	D_4	328	410	−61.1	—	⌐L75×6	17.6	—	2.31	3.44	142	119	0.337	−103
	D_5	328	410	−20.45 +45.19	—	⌐L75×6	17.6	—	2.31	3.44	142	119	—	—
竖杆	V_1	200	200	−41.4	—	⌐L63×6	14.6	—	1.93	3.00	104	67	0.529	−53.7
	V_2	200	250	−82.8	—	⌐L63×6	14.6	—	1.93	3.00	104	83.3	0.533	−106.6
	V_3	$L_0=270$		+27.6	—	⊥63×6	14.6	—					—	18.9

7.5 节点设计

腹杆 D_1 最大设计压力：$N = -483.3$ kN，中间节点板厚采用 $t = 12$ mm，支撑节点板厚度采用 $t = 14$ mm。焊条用 E43 型，角焊缝强度设计 $f_f^w = 160$ N/mm^2。

1.杆件与节点板的连接焊缝

斜杆 D_1：$N = -483.3$ kN，⌐L140×90×10 每个角钢需要的焊缝面积：

$$A_w = \frac{N}{2f_f^w} = \frac{483.3 \times 10^3}{2 \times 160 \times 10^2} = 15.1 \text{ cm}^2。$$

当采用长肢拼合，角钢肢背和肢尖所需的焊缝面积各为：

$$A'_w = 0.65\, A_w = 0.65 \times 15.1 = 9.82 \text{ cm}^2；$$

$$A''_w = 0.35\, A_w = 0.35 \times 15.1 = 5.28 \text{ cm}^2。$$

焊缝布置如下：

肢背焊缝取 $h'_f = 8$ mm，$l'_w = \dfrac{A'_w}{0.7\, h'_f} = \dfrac{9.82}{0.7 \times 0.8} = 17.5$ cm，采用 19 cm。

肢尖焊缝取 $h'_f = 6$ mm, $l'_w = \dfrac{A'_w}{0.7\,h'_f} = \dfrac{5.28}{0.7 \times 0.6} = 12.6$ cm,采用 14 cm。

除端斜杆外,其它杆件均为等肢角钢,肢背和肢尖的焊缝面积各按 0.7 和 0.3 分配。计算结果综合如表 7.2。

表 7.2 桁架杆件端部焊缝计算表

杆 件		设计内力 （kN）	角钢尺寸	每个角钢所需的焊缝面积(cm²)			采用的焊缝尺寸（mm）			
名 称	编号			A_w	A'_w	A''_w	h'_f	l'_w	h'_f	l'_w
斜杆	D_1	− 483.3	˥Γ 140 × 90 × 10	15.1	9.82	5.28	8	190	6	140
	D_2	+ 262.48	˥Γ 63 × 6	8.2	5.7	2.5	6	150	6	70
	D_3	− 110.12	˥Γ 75 × 6	3.44	2.4	1.04	6	80	6	80
	D_4	− 61.1	˥Γ 75 × 6	—	—	—	6	80	6	80
竖杆	V_1	− 41.4	˥Γ 63 × 6	—	—	—	6	70	6	70
	V_2	− 82.8	˥Γ 63 × 6	—	—	—	6	70	6	70
	V_3	+ 27.6	┷ 63 × 6	—	—	—	6	70	6	70
上弦	B_1	0	˥Γ 140 × 14	—	—	—	6	150	6	150
下弦	U_1	+ 386.68	┘L 100 × 8	12.0	8.46	3.54	8	170	6	100

2.弦杆与节点的连接焊接

(1)节点 B(图 7.4)

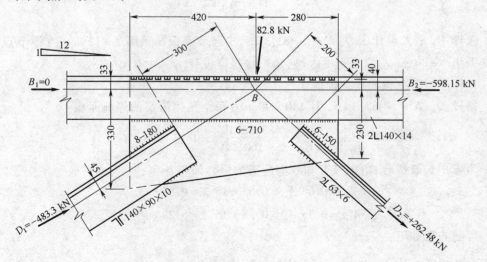

图 7.4 节点 B

弦杆肢背为塞焊接,节点板缩进角钢背 7 mm,节点板厚度 $t = 12$ mm。

塞焊缝强度验算:

设焊角尺寸 $h'_f = \dfrac{t}{2} = \dfrac{12}{2} = 6$ mm, $l_w = 710$ mm;

$$\tau = \frac{P}{2 \times 0.7 \times h'_f l_w} = \frac{82.8 \times 10^3}{2 \times 0.7 \times 6 \times 710} = 14 \text{ N/mm}^2 < 0.8 \times 160 = 128 \text{ N/mm}^2 。$$

弦杆肢尖角焊缝强度验算:

设焊角尺寸 $h_f = 6$ mm, $l_w = 710$ mm,

$$\Delta N = 598.15 \text{ kN},$$

$$M = \Delta N \times e = 598.15 \times 100 = 59\,815 \text{ kN·mm},$$

$$\tau_{0N} = \frac{\Delta N}{2 \times 0.7\, h_f l_w} = \frac{598.15 \times 10^3}{2 \times 0.7 \times 6 \times 710} = 100.3 \text{ N/mm}^2,$$

$$\tau_m = \frac{6M}{2 \times 0.7 h_f l_w^2} = \frac{6 \times 59\,815 \times 10^3}{2 \times 0.7 \times 6 \times 710^2} = 84.8 \text{ N/mm}^2,$$

$$\tau_f = \sqrt{\pi_{\Delta N}^2 + \left(\frac{\sigma_m}{1.22}\right)^2} = \sqrt{100.3^2 + \left(\frac{84.8}{1.22}\right)^2}$$
$$= 122.3 \text{ N/mm}^2 < 160 \text{ N/mm}^2,$$

满足强度要求。

(2)节点 E(屋脊节点)

拼接角钢采用与上弦相同截面∟140×14,需将拼接角钢略为弯折并切去肢背的棱角,再将竖直斜切,使其传力平顺(图7.5)。假设拼接角钢的4条角缝均匀受力,当 $h_f = 8$ mm 时,则拼接角钢一侧每条焊缝长度为

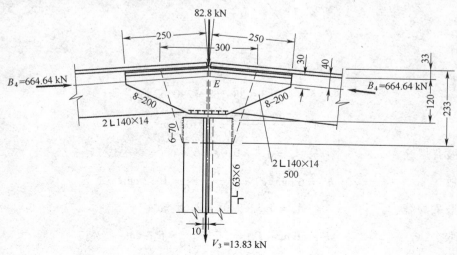

图 7.5 屋脊节点 E

$$l_w = \frac{664.64 \times 10^3}{4 \times 0.7 \times 0.8 \times 160 \times 10^2} = 18.5 \text{ cm},$$

拼接角钢全长取 50 cm。

上弦与节点板的连接焊缝,按上弦内力 664.64 kN 的 15% 与半个节点荷载 41.4 kN 的合力计算,但数值较小,故按构造布置。

竖杆 V_3 和节点板的连接构造,实有焊缝长度比需要长度大很多。

跨中屋脊节点和下弦中央节点处是否需要工地拼装焊缝,还是整跨制造运到工地安装,需视运输和吊装设备而定,在此未考虑工地焊缝问题。

(3)节点 G(图 7.6)

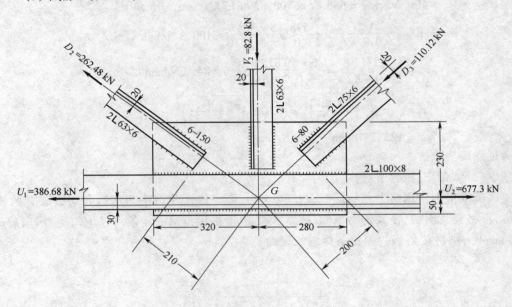

图 7.6 节点 G

$$\Delta N = 677.3 - 386.68 = 290.62 \text{ kN},$$

$$A_w = \frac{290.62 \times 10^3}{2 \times 160 \times 10^2} = 9.08 \text{ cm}^2,$$

肢背焊缝 $\qquad A_w = 0.7 \times 9.08 = 6.4 \text{ cm}^2,$

取 $\qquad h'_f = 6 \text{ mm}, l'_w = \frac{6.4}{0.7 \times 0.6} = 15.2 \text{ cm},$

肢尖焊缝 $\qquad A_w = 0.3 \times 9.08 = 2.68 \text{ cm}^2,$

取 $\qquad h'_f = 6 \text{ mm}, l'_w = \frac{2.68}{0.7 \times 0.6} = 6.4 \text{ cm}。$

(4)节点 H(下弦中央节点)

下弦与节点板的连接焊缝,按弦杆内力 677.3 kN 的 15% 计算,但数值不大,实际焊缝尺寸由节点构造尺寸决定。

下弦中央节点的拼接采用 2∟100×8 拼接角钢,接缝一侧每条焊缝长度(取 $h_f =$ 6 mm), $l_w = \dfrac{677.3 \times 10^3}{4 \times 0.7 \times 0.6 \times 160 \times 10^2} = 25.2$ cm,拼接角钢全长采用 52 cm,竖肢削去 $\Delta =$ 8 + 6 + 5 = 19 mm。需将角钢棱角削除,如图 7.7 所示:

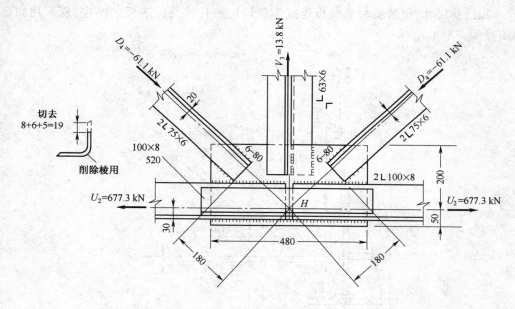

图 7.7　节点 H

3. 支座节点

屋架支承在钢筋混凝土柱上,支座反力 $R = 331.2$ kN。混凝土强度等级为 C20,其抗压强度设计值 $f_c = 9.5$ N/mm²。

为了将屋架集中的支座反力较均匀地传给混凝土柱顶,避免柱顶面被压坏,屋架支座节点的构造除要有节点板外,还要有平板式支座底板和加劲肋(图 7.8)。加劲肋的作用是分布支座处的压力和提高节点板的侧向刚度。

支座节点处端斜杆 D_1 和下弦杆 U_1 的轴线应交于通过支座中心的竖线上,加劲肋对称地布置在节点板两侧,而竖杆 V_1 内力很小,布置时对支座中心竖线略有偏心,影响不大。为了便于施焊,下弦杆与支座底板之间的距离不应小于下弦角钢伸出肢的宽度,也不小于 100 ~ 150 mm,现用 120 mm。

需要的支座底板面积:

$$A = \frac{R}{f_c} = \frac{331.2 \times 10^3}{9.5 \times 10^2} = 348 \text{ cm}^2。$$

考虑构造要求,采用底板平面尺寸 28 cm × 28 cm,锚固螺栓直径采用 $d = 20$ mm,底

板上锚孔直径用 50 mm,则底板净面积:

$$A_n = 28 \times 28 - 2 \times \frac{\pi \times 5^2}{4} = 745 \text{ cm}^2 > 348 \text{ cm}^2$$

底板的厚度按屋架反力作用下产生的弯矩计算,一般不小于 16 ~ 20 mm,现选用 $t = 20$ mm。

加劲肋尺寸,加劲肋和节点板连接焊缝均应按计算及构造要求决定,现采用如图 7.8 所示。

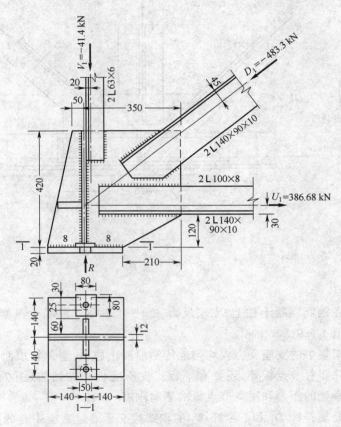

图 7.8　支座节点

最后,绘制屋架的施工图(只绘出主要部分),如图 7.9 及所附材料表(表 7.3)。

说明:①未注明的角焊缝厚度均为 6 mm;

②未注明长度的焊缝一律满焊;

③钢材采用 Q235·F;

④焊条采用 E43 型。

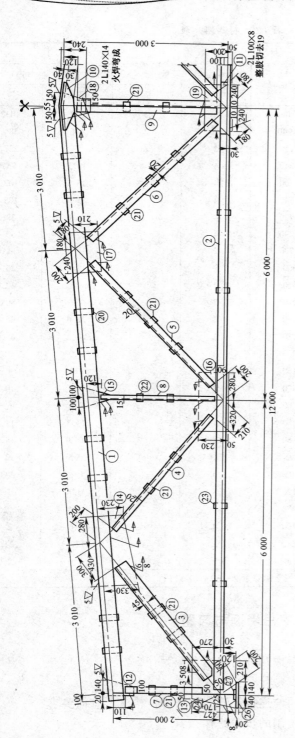

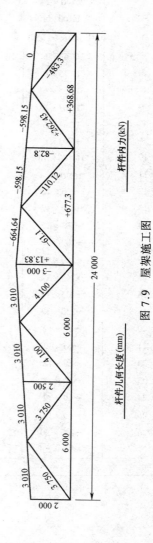

图 7.9 屋架施工图

表7.3 材 料 表

零件号	截面尺寸	长度(mm)	数 量		重 量 (kg)	
			正	反	每个	共计
1	∟140×14	12 140	2	2	358	1 432.5
2	∟100×8	11 940	2	2	146	584.0
3	⌐⌐140×90×10	3 250	2	2	57	227.5
4	⌐⌐63×6	3 340	4		18.5	74.0
5	⌐⌐75×6	3 700	4		25.5	102.0
6	⌐⌐75×6	3 740	4		25.8	103.0
7	⌐⌐63×6	1 720	4		9.8	39.2
8	⌐⌐63×6	2 290	4		13.1	52.4
9	⌐⌐63×6	2 780	2		15.8	31.6
10	⌐⌐140×14	500	2		12.7	25.4
11	⌐⌐100×8	520	2		6.3	12.6
12	—100×12	240	2		2.3	4.6
13	—420×12	490	2		22.6	45.2
14	—363×12	710	2		24.3	48.6
15	—200×12	210	2		4.0	8.0
16	—280×12	160	2		4.3	8.6
17	—243×12	420	2		9.6	19.2
18	—233×12	300	1		6.6	6.6
19	—250×12	480	1		11.3	11.3
20	—60×12	160	20		0.9	18.0
21	—60×12	95	23		0.5	12.3
22	—60×12	95	4		0.5	2.0
23	—60×12	120	8		0.7	5.6
24	—60×12	420	4		2.4	9.5
25	—60×12	100	4		0.6	2.4
26	—280×20	280	2		12.3	24.6
27	—80×20	80	2		1.0	2.0

屋架总重量 2 913 kg = 2.913 t

思考题与习题

7.1 钢屋架内力计算时应考虑几种荷载组合？为什么？

7.2 节点设计的步骤及要点是什么？

7.3 桁架杆件与节点板之间的连接焊缝如何计算？构造上有何要求？

7.4 试述桁架节点施工图绘制的步骤是什么？

附　录

附录1　钢材和连接的强度设计值

附表 1.1　钢材的强度设计值(N/mm²)

钢 材		抗拉、抗压和抗弯 f	抗 剪 f_V	端面承压(刨平顶紧) f_{ce}
牌 号	厚度 t 或直径 d(mm)			
Q235 钢	t(或 d)≤16	215	125	325
	16<t(或 d)≤40	205	120	
	40<t(或 d)≤60	200	115	
	60<t(或 d)≤100	190	110	
Q345 钢	t(或 d)≤16	310	180	400
	16<t(或 d)≤35	295	170	
	35<t(或 d)≤50	265	155	
	50<t(或 d)≤100	250	145	
Q390 钢	t(或 d)≤16	350	205	415
	16<t(或 d)≤35	335	190	
	35<t(或 d)≤50	315	180	
	50<t(或 d)≤100	295	170	
Q420 钢	t(或 d)≤16	380	220	440
	16<t(或 d)≤35	360	210	
	35<t(或 d)≤50	340	195	
	50<t(或 d)≤100	325	185	

注:表中厚度系指计算点的厚度,对轴心受力构件系指截面中较厚板件的厚度。

附表 1.2 焊缝的强度设计值(N/mm²)

焊接方法和焊条型号	构件钢材		对 接 焊 缝				角焊缝
	牌 号	厚度 t 和直径 d (mm)	抗压 f_c^w	焊缝质量为下列等级时,抗拉 f_t^w		抗剪 f_v^w	抗拉、抗压和抗剪 f_f^w
				一级、二级	三级		
自动焊、半自动焊和 E43 型焊条的手工焊	Q235 钢	$t(或 d) \leqslant 16$	215	215	185	125	160
		$16 < t(或 d) \leqslant 40$	205	205	175	120	
		$40 < t(或 d) \leqslant 60$	200	200	170	115	
		$60 < t(或 d) \leqslant 100$	190	190	160	110	
自动焊、半自动焊和 E50 型焊条的手工焊	Q345 钢	$t(或 d) \leqslant 16$	310	310	265	180	200
		$16 < t(或 d) \leqslant 35$	295	295	250	170	
		$35 < t(或 d) \leqslant 50$	265	265	225	155	
		$50 < t(或 d) \leqslant 100$	250	250	210	145	
自动焊、半自动焊和 E55 型焊条的手工焊	Q390 钢	$t(或 d) \leqslant 16$	350	350	300	205	220
		$16 < t(或 d) \leqslant 35$	335	335	285	190	
		$35 < t(或 d) \leqslant 50$	315	315	270	180	
		$50 < t(或 d) \leqslant 100$	295	295	250	170	
自动焊、半自动焊和 E55 型焊条的手工焊	Q420 钢	$t(或 d) \leqslant 16$	380	380	320	220	220
		$16 < t(或 d) \leqslant 35$	360	360	305	210	
		$35 < t(或 d) \leqslant 50$	340	340	290	195	
		$50 < t(或 d) \leqslant 100$	325	325	275	185	

注:①自动焊和半自动焊所采用的焊丝和焊剂,应保证其熔敷金属抗拉强度不低于相应手工焊焊条的值。

②焊缝质量等级应符合现行国家标准《钢结构工程施工质量验收规范》的规定。

③对接焊缝抗弯受压区强度设计值 f_c^w 取,抗弯受拉区强度设计值取 f_t^w。

附表 1.3　螺栓连接的强度设计值(N/mm²)

螺栓的钢材牌号(或性能等级)和构件的钢材牌号		普通螺栓					锚栓	承压型连接高强度螺栓		
		C 级螺栓			A 级、B 级螺栓					
		抗拉 f_t^b	抗剪 f_v^b	承压 f_c^b	抗拉 f_t^b	抗剪 f_v^b	承压 f_c^b	抗拉 f_t^b	抗拉 f_t^b	抗剪 f_v^b	承压 f_c^b
普通螺栓	4.6 级 4.8 级	170	140	—	—	—	—	—	—	—	—
	5.6 级	—	—	—	210	190	—	—	—	—	—
	8.8 级	—	—	—	400	320	—	—	—	—	—
锚　栓	Q235 钢	—	—	—	—	—	—	140	—	—	—
	Q345 钢	—	—	—	—	—	—	180	—	—	—
承压型连接高强度螺栓	8.8 级	—	—	—	—	—	—	—	400	250	—
	10.9 级	—	—	—	—	—	—	—	500	310	—
构　件	Q235 钢	—	—	305	—	—	405	—	—	—	470
	Q345 钢	—	—	385	—	—	510	—	—	—	590
	Q390 钢	—	—	400	—	—	530	—	—	—	615
	Q420 钢	—	—	425	—	—	560	—	—	—	655

注:①A 级螺栓用于 $d \leqslant 24$ mm 和 $l \leqslant 10d$(按较小值)的螺栓;B 级螺栓用于 $d > 24$ mm 或 $l > 150$ mm(按较小值)的螺栓,d 为公称直径,l 为螺杆公称长度。

②A、B 级螺栓孔的精度和孔壁表面精糙,C 级螺栓孔的允许偏差和孔壁表面粗糙,均应符合现行国家标准《钢结构工程施工质量验收规范》的要求。

附表 1.4　结构构件或连接设计强度的折减系数

项次	情　　　况	折减系数
1	单面连接的单角钢 (1)轴心受力计算强度和连接 (2)按轴心受压计算稳定性 　等边角钢 　短边相连的不等边角钢 　长边相连的不等边角钢	 0.85 $0.6 + 0.0015\lambda$,但不大于 1.0 $0.5 + 0.0025\lambda$,但不大于 1.0 0.70
2	跨度 $\geqslant 60$ m 桁架的受压弦杆和端部受压腹杆	0.95
3	无垫板的单面施焊对接焊缝	0.85
4	施工条件较差的高空安装焊缝和铆钉连接	0.90
5	沉头和半沉头铆钉连接	0.80

注:①λ 为长细比,对中间无连系的单角钢压杆,应按最小回转半径计算;当 $\lambda < 20$ 时,取 $\lambda = 20$。

②当几种情况同时存在时,其折减系数应连乘。

附录 2 受弯构件的容许挠度

附表 2.1 受弯构件的容许挠度

项次	构 件 类 别	挠度容放值	
		$[v_T]$	$[v_Q]$
1	吊车梁和吊车桁架(按自重和起重最大的一台吊车计算挠度) (1) 手动吊车和单梁吊车(含悬挂吊车) (2) 轻级工作制桥式吊车 (3) 中级工作制桥式吊车 (4) 重级工作制桥式吊车	$l/500$ $l/800$ $l/1\,000$ $l/1\,200$	
2	手动或电动葫芦的轨道梁	$l/400$	
3	有重轨(重量≥38 kg/m)轨道的工作平台梁 有轻轨(重量≤24 kg/m)轨道的工作平台梁	$l/600$ $l/400$	
4	楼(屋)盖梁或桁架,工作平台梁(第三项除外)和平台梁 (1) 主梁或桁架(包括设有悬挂起重设备的梁和桁架) (2) 抹灰顶棚的次梁 (3) 除(1)(2)外的其他梁 (4) 屋盖檩条 支承无积灰的瓦楞铁和石棉瓦者 支承压型金属板、有积灰的瓦楞铁和石棉瓦等屋面者 支承其他屋面材料者 (5)平台板	$l/400$ $l/250$ $l/250$ $l/150$ $l/200$ $l/200$ $l/150$	 $l/500$ $l/350$ $l/300$
5	墙梁构件 (1) 支柱 (2) 抗风桁架(作为连续支柱的支承时) (3) 砌体墙的横梁(水平方向) (4) 支承压型金属板、瓦楞铁和石棉瓦墙面的横梁(水平方向) (5) 带有玻璃窗的横梁(竖直和水平方向)	 $l/200$	$l/400$ $l/1\,000$ $l/300$ $l/200$ $l/200$

注:①l 为受弯构件的跨度(悬臂梁和伸臂梁为悬伸长度的 2 倍)。

　　②$[v_T]$为全部荷载标准值产生的挠度(如有起拱应减去拱度)的容许值;

　　　$[v_Q]$为可变荷载标准值产生的挠度的容许值。

附录 3　梁的整体稳定系数

附 3.1　焊接工字形等截面简支梁

焊接工字形等截面(附图 3.1)简支梁的整体稳定系数 φ_b 应按下式计算：

$$\varphi_b = \beta_b \frac{4\,320}{\lambda_y^2} \cdot \frac{Ah}{W_x}\left[\sqrt{1 + \left(\frac{\lambda_y t_1}{4.4h}\right)^2} + \eta_b\right]\frac{235}{f_y} \qquad 附(3.1)$$

式中，β_b 为梁整体稳定的等效弯矩系数，按附表 3.1 采用；$\lambda_y = l_1/i_y$，为梁在侧向支承点间对截面弱轴 y-y 的长细比；i_y 为梁毛截面对 y 轴的截面回转半径；A 为梁的毛截面面积；h、t_1 为梁截面的全高和受压翼缘厚度；η_b 为截面不对称影响系数；$\alpha_b = \dfrac{I_1}{I_1 + I_2}$ 为 I_1 和 I_2 分别为受压翼缘和受拉翼缘对 y 轴的惯性矩。

附表 3.1　工字形截面简支梁系数 β_b

项次	侧向支承	荷载		$\xi = \dfrac{l_1 t_1}{b_1 h}$		适用范围
				$\xi \leqslant 2.0$	$\xi > 2.0$	
1	跨中无侧向支承	均布荷载作用在	上翼缘	$0.69 + 0.13\xi$	0.95	附图 3.1(a)、(b) 的截面
2			下翼缘	$1.73 - 0.20\xi$	1.33	
3		集中荷载作用在	上翼缘	$0.73 + 0.18\xi$	1.09	
4			下翼缘	$2.23 - 0.28\xi$	1.67	
5	跨度中点有一个侧向支承点	均布荷载作用在	上翼缘	1.15		附图 3.1 中的所有截面
6			下翼缘	1.40		
7		集中荷载作用在截面高度上任意位置		1.75		
8	跨中点有不少于两个等距离侧向支承点	任意荷载作用在	上翼缘	1.20		
9			下翼缘	1.40		
10	梁端有弯矩，但跨中无荷载作为			$1.75 - 1.05\left(\dfrac{M_2}{M_1}\right)^2 + 0.3\left(\dfrac{M_2}{M_1}\right)^2$，但 $\leqslant 2.3$		

注：①$\xi = \dfrac{l_1 t_1}{b_1 h}$——参数，其中 b_1 和 l_1 见有关章节。

②M_1 和 M_2 为梁的端弯矩，使梁产生同向曲率时，M_1 和 M_2 取同号，产生反向曲率时，取异号 $|M_1| \geqslant |M_2|$。

③表中项次 3、4 和 7 的集中荷载是指一个或少数几个集中荷载位于跨中央附近的情况，对其他情况的集中荷载，应按表中项次 1、2、5、6 内的数值采用。

④表中项次 8、9 的 β_b，当集中荷载作用在侧向支承点处时，取 $\beta_b = 1.20$。

⑤荷载作用在上翼缘系指荷载作用点在翼缘表面，方向指向截面形心；荷载作用在下翼缘系指荷载作用点在下的翼缘表面，方向背向截面形心。

⑥对 $\alpha_b > 0.8$ 的加强压翼缘工字形截面，下列情况的 β_b 值应乘以相应的系数：

　　　　　　　项次 1　　　当 $\xi \leqslant 1.0$ 时　　　　　　0.95

　　　　　　　项次 3　　　当 $\xi \leqslant 0.5$ 时　　　　　　0.90

　　　　　　　　　　　　　当 $0.5 < \xi \leqslant 1.0$ 时　　　0.95

对双轴对称工字形截面[附图 3.1(a)]：$\eta_b = 0$

对单轴对称工字形截面[附图 3.1(b)、(c)]：加强受压翼缘，$\eta_b = 0.8(2\alpha_b - 1)$；加强受拉翼缘，$\eta_b = 2\alpha_b - 1$。

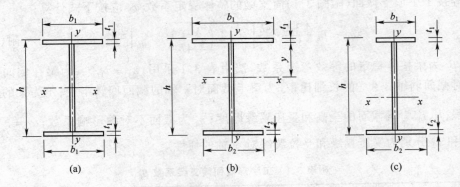

附图 3.1　焊接工字形截面

(a)双轴对称工字形截面；(b)加强受压翼缘的单轴对称工字形截面；

(c)加强受拉翼缘的单轴对称工字形截面

当按附式(3.1)算得 φ_b 值大于 0.60 时，应按下式计算的 φ'_b 代替 φ_b 值：

$$\varphi'_b = 1.07 - \frac{0.282}{\varphi_b} \leqslant 1.0 \qquad 附(3.2)$$

注意附式(3.1)亦适用于等截面铆接(或高强度螺栓连接)简支梁，其受压翼缘厚度 t_1 包括翼缘角钢厚度在内。

附 3.2　轧制 H 形钢简支梁

轧制 H 形钢简支梁整体稳定系数 φ_b 应按附式(3.1)计算，取 η_b 等于零，当所得的 φ_b 值大于 0.6 时，应按附式(3.2)算得相应的 φ'_b 代替 φ_b 值。

附 3.3　轧制普通工字钢简支梁

轧制普通工字钢简支梁整体系数 φ_b 应按附表 3.2 采用，当所得的 φ_b 值大于 0.60 时，应按附式(3.2)算得相应的 φ'_b 代替 φ_b 值。

附 3.4　轧制槽钢简支梁

轧制槽钢简支梁的整体稳定系数，不论荷载形式和荷载作用点在截面高度上的位置均可按下式计算：

$$\varphi_b = \frac{570bt}{l_1 h} \cdot \frac{235}{f_y} \qquad 附(3.3)$$

式中，h、b、t 分别为槽钢截面的高度、翼缘宽度和平均厚度。

按附式(3.3)算得的 φ_b 值大于 0.6 时，应按附式(3.2)算得相应的 φ'_b 代替 φ_b 值。

附表3.2　轧制普通工字钢简支梁的 φ_b

项次	荷 载 情 况			工字钢型号	自　由　长　度 l_1(m)								
					2	3	4	5	6	7	8	9	10
1	跨中无侧向支承点的梁	集中荷载作用于	上翼缘	10 ~ 20	2.00	1.30	0.99	0.80	0.68	0.58	0.53	0.48	0.43
				22 ~ 32	2.40	1.48	1.09	0.86	0.72	0.62	0.54	0.49	0.45
				36 ~ 63	2.80	1.60	1.07	0.83	0.68	0.56	0.50	0.45	0.40
2			下翼缘	10 ~ 20	3.10	1.95	1.34	1.01	0.82	0.69	0.63	0.57	0.52
				22 ~ 40	5.50	2.80	1.84	1.37	1.07	0.86	0.73	0.64	0.56
				45 ~ 63	7.30	3.60	2.30	1.62	1.20	0.96	0.80	0.69	0.60
3		均布荷载作用于	上翼缘	10 ~ 20	1.70	1.12	0.84	0.68	0.57	0.50	0.45	0.41	0.37
				22 ~ 40	2.10	1.30	0.93	0.73	0.60	0.51	0.45	0.40	0.36
				45 ~ 63	2.60	1.45	0.97	0.73	0.59	0.50	0.44	0.38	0.35
4			下翼缘	10 ~ 20	2.50	1.55	1.08	0.83	0.68	0.56	0.52	0.47	0.42
				22 ~ 40	4.00	2.20	1.45	1.10	0.85	0.70	0.60	0.52	0.46
				45 ~ 63	5.60	2.80	1.80	1.25	0.95	0.78	0.65	0.55	0.49
5	跨中有侧向支承点的梁(不论荷载作用点在截面高度上的位置)			10 ~ 20	2.20	1.39	1.01	0.79	0.66	0.57	0.52	0.47	0.42
				22 ~ 40	3.00	1.80	1.24	0.96	0.76	0.65	0.56	0.49	0.43
				45 ~ 63	4.00	2.20	1.38	1.01	0.80	0.66	0.56	0.49	0.43

注:①同附表3.1的注3、注5。

②表中的 φ_b 适用于 Q235 钢,对其他钢号,表中数值应乘以 $235/f_y$。

附3.5　双轴对称工字形等截面(含 H 形钢)悬臂梁

双轴对称工字形等截面(含 H 形钢)悬臂梁的整体稳定系数,可按附式(3.1)计算,但式中系数 β_b 应按附表3.3查得,$\lambda_y = l_1/i_y$(l_1 悬臂梁的悬伸长度)。当求得的 φ_b 值大于 0.6 时,应按附式(3.2)算得相应的 φ'_b 值代替 φ_b 值。

附表3.3　双轴对称工字形等截面(含 H 形钢)悬臂梁的系数 β_b

项次	荷 载 形 式		$\xi = \dfrac{l_1 t}{bh}$		
			$0.60 \leqslant \xi \leqslant 1.24$	$1.24 < \xi \leqslant 1.96$	$1.96 < \xi \leqslant 3.10$
1	自由端一个集中荷载作用在	上翼缘	$0.21 + 0.67\xi$	$0.72 + 0.26\xi$	$1.17 + 0.03\xi$
2		下翼缘	$2.94 - 0.65\xi$	$2.64 - 0.40\xi$	$2.15 - 0.15\xi$
3	均布荷载作用在上翼缘		$0.62 + 0.82\xi$	$1.25 + 0.31\xi$	$1.66 + 0.10\xi$

注:本表是按支承端为固定的情况确定的,当用于由邻跨延伸出来的伸臂梁时,应在构造上采用措施加强支承处的抗扭能力。

附录 4　轴心受压构件的稳定系数

附表 4.1　a 类截面轴心受压构件的稳定系数 φ

$\lambda\sqrt{\dfrac{f_y}{235}}$	0	1	2	3	4	5	6	7	8	9
0	1.000	1.000	1.000	1.000	0.999	0.999	0.998	0.998	0.997	0.996
10	0.995	0.994	0.993	0.992	0.991	0.989	0.988	0.986	0.985	0.983
20	0.981	0.979	0.977	0.976	0.974	0.972	0.970	0.968	0.966	0.964
30	0.963	0.961	0.959	0.957	0.955	0.952	0.950	0.948	0.946	0.944
40	0.941	0.939	0.937	0.934	0.932	0.929	0.927	0.924	0.921	0.919
50	0.916	0.913	0.910	0.907	0.904	0.900	0.897	0.894	0.890	0.886
60	0.883	0.879	0.875	0.871	0.867	0.863	0.858	0.854	0.849	0.844
70	0.839	0.834	0.829	0.824	0.818	0.813	0.807	0.801	0.795	0.789
80	0.783	0.776	0.770	0.763	0.757	0.750	0.743	0.736	0.728	0.721
90	0.714	0.706	0.699	0.691	0.684	0.676	0.668	0.661	0.653	0.645
100	0.638	0.630	0.622	0.615	0.607	0.600	0.592	0.585	0.577	0.570
110	0.563	0.555	0.548	0.541	0.534	0.527	0.520	0.514	0.507	0.500
120	0.494	0.488	0.481	0.475	0.469	0.463	0.457	0.451	0.445	0.440
130	0.434	0.429	0.423	0.418	0.412	0.407	0.402	0.397	0.392	0.387
140	0.383	0.378	0.373	0.369	0.364	0.360	0.356	0.351	0.347	0.343
150	0.339	0.335	0.331	0.327	0.323	0.320	0.316	0.312	0.309	0.305
160	0.302	0.298	0.295	0.292	0.289	0.285	0.282	0.279	0.276	0.273
170	0.270	0.267	0.264	0.262	0.259	0.256	0.253	0.251	0.248	0.246
180	0.243	0.241	0.238	0.236	0.233	0.231	0.229	0.226	0.224	0.222
190	0.220	0.218	0.215	0.213	0.211	0.209	0.207	0.205	0.203	0.201
200	0.199	0.198	0.196	0.194	0.192	0.190	0.189	0.187	0.185	0.183
210	0.182	0.180	0.179	0.177	0.175	0.174	0.172	0.171	0.169	0.168
220	0.166	0.165	0.164	0.162	0.161	0.159	0.158	0.157	0.155	0.154
230	0.153	0.152	0.150	0.149	0.148	0.147	0.146	0.144	0.143	0.142
240	0.141	0.140	0.139	0.138	0.136	0.135	0.134	0.133	0.132	0.131
250	0.130									

附表 4.2　b 类截面轴心受压构件的稳定系数 φ

$\lambda\sqrt{\dfrac{f_y}{235}}$	0	1	2	3	4	5	6	7	8	9
0	1.000	1.000	1.000	0.999	0.999	0.998	0.997	0.996	0.995	0.994
10	0.992	0.991	0.989	0.987	0.985	0.983	0.981	0.978	0.976	0.973
20	0.970	0.967	0.963	0.960	0.957	0.953	0.950	0.946	0.943	0.939
30	0.936	0.932	0.929	0.925	0.922	0.918	0.914	0.910	0.906	0.903
40	0.899	0.895	0.891	0.887	0.882	0.878	0.874	0.870	0.865	0.861
50	0.856	0.852	0.847	0.842	0.838	0.833	0.828	0.823	0.818	0.813
60	0.807	0.802	0.797	0.791	0.786	0.780	0.774	0.769	0.763	0.757
70	0.751	0.745	0.739	0.732	0.726	0.720	0.714	0.707	0.701	0.694
80	0.688	0.681	0.675	0.668	0.661	0.655	0.648	0.641	0.635	0.628
90	0.621	0.614	0.608	0.601	0.594	0.588	0.581	0.575	0.568	0.561
100	0.555	0.549	0.542	0.536	0.529	0.523	0.517	0.511	0.505	0.499
110	0.493	0.487	0.481	0.475	0.470	0.464	0.458	0.453	0.447	0.442
120	0.437	0.432	0.426	0.421	0.416	0.411	0.406	0.402	0.397	0.392
130	0.387	0.383	0.378	0.374	0.370	0.365	0.361	0.357	0.353	0.349
140	0.345	0.341	0.337	0.333	0.329	0.326	0.322	0.318	0.315	0.311
150	0.308	0.304	0.301	0.298	0.295	0.291	0.288	0.285	0.282	0.279
160	0.276	0.273	0.270	0.267	0.265	0.262	0.259	0.256	0.254	0.251
170	0.249	0.246	0.244	0.241	0.239	0.236	0.234	0.232	0.229	0.227
180	0.225	0.223	0.220	0.218	0.216	0.214	0.212	0.210	0.208	0.206
190	0.204	0.202	0.200	0.198	0.197	0.195	0.193	0.191	0.190	0.188
200	0.186	0.184	0.183	0.181	0.180	0.178	0.176	0.175	0.173	0.172
210	0.170	0.169	0.167	0.166	0.165	0.163	0.162	0.160	0.159	0.158
220	0.156	0.155	0.154	0.153	0.151	0.150	0.149	0.148	0.146	0.145
230	0.144	0.143	0.142	0.141	0.140	0.138	0.137	0.136	0.135	0.134
240	0.133	0.132	0.131	0.130	0.129	0.128	0.127	0.126	0.125	0.124
250	0.123									

附表 4.3 c 类截面轴心受压构件的稳定系数 φ

$\lambda\sqrt{\dfrac{f_y}{235}}$	0	1	2	3	4	5	6	7	8	9
0	1.000	1.000	1.000	0.999	0.999	0.998	0.997	0.996	0.995	0.993
10	0.992	0.990	0.988	0.986	0.983	0.981	0.978	0.976	0.973	0.970
20	0.966	0.959	0.953	0.947	0.940	0.934	0.928	0.921	0.915	0.909
30	0.902	0.896	0.890	0.884	0.877	0.871	0.865	0.858	0.852	0.846
40	0.839	0.833	0.826	0.820	0.814	0.807	0.801	0.794	0.788	0.781
50	0.775	0.768	0.762	0.755	0.748	0.742	0.735	0.729	0.722	0.715
60	0.709	0.702	0.695	0.689	0.682	0.676	0.669	0.662	0.656	0.649
70	0.643	0.636	0.629	0.623	0.616	0.610	0.604	0.597	0.591	0.584
80	0.578	0.572	0.566	0.559	0.553	0.547	0.541	0.535	0.529	0.523
90	0.517	0.511	0.505	0.500	0.494	0.488	0.483	0.477	0.472	0.467
100	0.463	0.458	0.454	0.449	0.445	0.441	0.436	0.432	0.428	0.423
110	0.419	0.415	0.411	0.407	0.403	0.399	0.395	0.391	0.387	0.383
120	0.379	0.375	0.371	0.367	0.364	0.360	0.356	0.353	0.349	0.346
130	0.342	0.339	0.335	0.332	0.328	0.325	0.322	0.319	0.315	0.312
140	0.309	0.306	0.303	0.300	0.297	0.294	0.291	0.288	0.285	0.282
150	0.280	0.277	0.274	0.271	0.269	0.266	0.264	0.261	0.258	0.256
160	0.254	0.251	0.249	0.246	0.244	0.242	0.239	0.237	0.235	0.233
170	0.230	0.228	0.226	0.224	0.222	0.220	0.218	0.216	0.214	0.212
180	0.210	0.208	0.206	0.205	0.203	0.201	0.199	0.197	0.196	0.194
190	0.192	0.190	0.189	0.187	0.186	0.184	0.182	0.181	0.179	0.178
200	0.176	0.175	0.173	0.172	0.170	0.169	0.168	0.166	0.165	0.163
210	0.162	0.161	0.159	0.158	0.157	0.156	0.154	0.153	0.152	0.151
220	0.150	0.148	0.147	0.146	0.145	0.144	0.143	0.142	0.140	0.139
230	0.138	0.137	0.136	0.135	0.134	0.133	0.132	0.131	0.130	0.129
240	0.128	0.127	0.126	0.125	0.124	0.124	0.123	0.122	0.121	0.120
250	0.119									

附表 4.4   *d* 类截面轴心受压构件的稳定系数 φ

$\lambda\sqrt{\dfrac{f_y}{235}}$	0	1	2	3	4	5	6	7	8	9
0	1.000	1.000	0.999	0.999	0.998	0.996	0.994	0.992	0.990	0.987
10	0.984	0.981	0.978	0.974	0.969	0.965	0.960	0.955	0.949	0.944
20	0.937	0.927	0.918	0.909	0.900	0.891	0.883	0.874	0.865	0.857
30	0.848	0.840	0.831	0.823	0.815	0.807	0.799	0.790	0.782	0.774
40	0.766	0.759	0.751	0.743	0.735	0.728	0.720	0.712	0.705	0.697
50	0.690	0.683	0.675	0.668	0.661	0.654	0.646	0.639	0.632	0.625
60	0.618	0.612	0.605	0.598	0.591	0.585	0.578	0.572	0.565	0.559
70	0.552	0.546	0.540	0.534	0.528	0.522	0.516	0.510	0.504	0.498
80	0.493	0.487	0.481	0.476	0.470	0.465	0.460	0.454	0.449	0.444
90	0.439	0.434	0.429	0.424	0.419	0.414	0.410	0.405	0.401	0.397
100	0.394	0.390	0.387	0.383	0.380	0.376	0.373	0.370	0.366	0.363
110	0.359	0.356	0.353	0.350	0.346	0.343	0.340	0.337	0.334	0.331
120	0.328	0.325	0.322	0.319	0.316	0.313	0.310	0.307	0.304	0.301
130	0.299	0.296	0.293	0.290	0.288	0.285	0.282	0.280	0.277	0.275
140	0.272	0.270	0.267	0.265	0.262	0.260	0.258	0.255	0.253	0.251
150	0.248	0.246	0.244	0.242	0.240	0.237	0.235	0.233	0.231	0.229
160	0.227	0.225	0.223	0.221	0.219	0.217	0.215	0.213	0.212	0.210
170	0.208	0.206	0.204	0.203	0.201	0.199	0.197	0.196	0.194	0.192
180	0.191	0.189	0.188	0.186	0.184	0.183	0.181	0.180	0.178	0.177
190	0.176	0.174	0.173	0.171	0.170	0.168	0.167	0.166	0.164	0.163
200	0.162									

附录5　柱的计算长度系数

附表5.1　有侧移框架柱的计算长度系数 μ

K_2 \\ K_1	0	0.05	0.1	0.2	0.3	0.4	0.5	1	2	3	4	5	≥10
0	∞	6.02	4.46	3.42	3.01	2.78	2.64	2.33	2.17	2.11	2.08	2.07	2.03
0.05	6.02	4.16	3.47	2.86	2.58	2.42	2.31	2.07	1.94	1.90	1.87	1.86	1.83
0.1	4.46	3.47	3.01	2.56	2.33	2.20	2.11	1.90	1.79	1.75	1.73	1.72	1.70
0.2	3.42	2.86	2.56	2.23	2.05	1.94	1.87	1.70	1.60	1.57	1.55	1.54	1.52
0.3	3.01	2.58	2.33	2.05	1.90	1.80	1.74	1.58	1.49	1.46	1.45	1.44	1.42
0.4	2.78	2.42	2.20	1.94	1.80	1.71	1.65	1.50	1.42	1.39	1.37	1.37	1.35
0.5	2.64	2.31	2.11	1.87	1.74	1.65	1.59	1.45	1.37	1.34	1.32	1.32	1.30
1	2.33	2.07	1.90	1.70	1.58	1.50	1.45	1.32	1.24	1.21	1.20	1.19	1.17
2	2.17	1.94	1.79	1.60	1.49	1.42	1.37	1.24	1.16	1.14	1.12	1.12	1.10
3	2.11	1.90	1.75	1.57	1.46	1.39	1.34	1.21	1.14	1.11	1.10	1.09	1.07
4	2.08	1.87	1.73	1.55	1.45	1.37	1.32	1.20	1.12	1.10	1.08	1.08	1.06
5	2.07	1.86	1.72	1.54	1.44	1.37	1.32	1.19	1.12	1.09	1.08	1.07	1.05
≥10	2.03	1.83	1.70	1.52	1.42	1.35	1.30	1.17	1.10	1.07	1.06	1.05	1.03

注：①表中的计算长度系数 μ 值按下式算得：$\left[36K_1K_2-\left(\frac{\pi}{\mu}\right)^2\right]\sin\frac{\pi}{\mu}+6(K_1+K_2)\frac{\pi}{\mu}\cdot\cos\frac{\pi}{\mu}=0$。

K_1、K_2 分别为相交于柱上端、柱下端的横梁线刚度之和与柱线刚度之和的比值。当横梁远端为铰接时，应将横梁线刚度乘以 0.5；当横梁远端为嵌固时，则应乘以 2/3。

②当横梁与柱铰接时，取横梁线刚度为零。

③对底层框架柱，当柱与基础铰接时，取 $K_2=0$（对平板支座可取 $K_2=0.1$）；当柱与基础刚接时，取 $K_2=10$。

附表5.2　无侧移框架柱的计算长度系数 μ

K_2 \\ K_1	0	0.05	0.1	0.2	0.3	0.4	0.5	1	2	3	4	5	≥10
0	1.000	0.990	0.981	0.964	0.949	0.935	0.922	0.875	0.820	0.791	0.773	0.760	0.732
0.05	0.990	0.981	0.971	0.955	0.940	0.926	0.914	0.867	0.814	0.784	0.766	0.754	0.726
0.1	0.981	0.971	0.962	0.946	0.931	0.918	0.906	0.860	0.807	0.778	0.760	0.748	0.721
0.2	0.964	0.955	0.946	0.930	0.916	0.903	0.891	0.846	0.795	0.767	0.749	0.737	0.711
0.3	0.949	0.940	0.931	0.916	0.902	0.889	0.878	0.834	0.784	0.756	0.739	0.728	0.701
0.4	0.935	0.926	0.918	0.903	0.889	0.877	0.866	0.823	0.774	0.747	0.730	0.719	0.693
0.5	0.922	0.914	0.906	0.891	0.878	0.866	0.855	0.813	0.765	0.738	0.721	0.710	0.685
1	0.875	0.867	0.860	0.846	0.834	0.823	0.813	0.774	0.729	0.704	0.688	0.677	0.654
2	0.820	0.814	0.807	0.795	0.784	0.774	0.765	0.729	0.686	0.663	0.648	0.638	0.615
3	0.791	0.784	0.778	0.767	0.756	0.747	0.738	0.704	0.663	0.640	0.625	0.616	0.593
4	0.773	0.766	0.760	0.749	0.739	0.730	0.721	0.688	0.648	0.625	0.611	0.601	0.580
5	0.760	0.754	0.748	0.737	0.728	0.719	0.710	0.677	0.638	0.616	0.601	0.592	0.570
≥10	0.732	0.726	0.721	0.711	0.701	0.693	0.685	0.654	0.615	0.593	0.580	0.570	0.549

注：①表中的计算长度系数 μ 值按下式算得：

$\left[\left(\frac{\pi}{\mu}\right)^2+2(K_1+K_2)-4K_1K_2\right]\frac{\pi}{\mu}\sin\frac{\pi}{\mu}-2\left[(K_1+K_2)\left(\frac{\pi}{\mu}\right)^2+4K_1K_2\right]\cos\frac{\pi}{\mu}+8K_1K_2=0$，$K_1$、$K_2$ 分别为相交于柱上端、柱下端的横梁线刚度之和与柱线刚度之和的比值。当横梁远端为铰接时，应将横梁线刚度乘以 1.5；当横梁远端为嵌固时，则应乘以 2.0。

②当横梁与柱铰接时，取横梁线刚度为零。

③对底层框架柱，当柱与基础铰接时，取 $K_2=0$（对平板支座可取 $K_2=0.1$）；当柱与基础刚接时，取 $K_2=10$。

附表 5.3 柱上端为自由的单阶柱下段的计算长度系数 μ

简 图	$\dfrac{K_1}{\eta_1}$	0.06	0.08	0.10	0.12	0.14	0.16	0.18	0.20	0.22	0.24	0.26	0.28	0.3	0.4	0.5	0.6	0.7	0.8
	0.2	2.00	2.01	2.01	2.01	2.01	2.01	2.01	2.02	2.02	2.02	2.02	2.02	2.02	2.03	2.04	2.05	2.06	2.07
	0.3	2.01	2.02	2.02	2.02	2.03	2.03	2.03	2.04	2.04	2.05	2.05	2.05	2.06	2.08	2.10	1.12	2.13	2.15
	0.4	2.02	2.03	2.04	2.04	2.05	2.06	2.07	2.07	2.08	2.09	2.09	2.10	2.11	2.14	2.18	2.21	2.25	2.28
	0.5	2.04	2.05	2.06	2.07	2.09	2.10	2.11	2.12	2.13	2.15	2.16	2.17	2.18	2.24	2.29	2.35	2.40	2.45
	0.6	2.06	2.08	2.10	2.12	2.14	2.16	2.18	2.19	2.21	2.23	2.25	2.26	2.28	2.36	2.44	2.52	2.59	2.66
	0.7	2.10	2.13	2.16	2.18	2.21	2.24	2.26	2.29	2.31	2.34	2.36	2.38	2.41	2.52	2.62	2.72	2.81	2.90
	0.8	2.15	2.20	2.24	2.27	2.31	2.34	2.38	2.41	2.44	2.47	2.50	2.53	2.56	2.70	2.82	2.94	3.06	3.16
	0.9	2.24	2.29	2.35	2.39	2.44	2.48	2.52	2.56	2.60	2.63	2.67	2.71	2.74	2.90	3.05	3.19	3.32	3.44
	1.0	2.36	2.43	2.48	2.54	2.59	2.64	2.69	2.73	2.77	2.82	2.86	2.90	2.94	3.12	3.29	3.45	3.59	3.74
	1.2	2.69	2.76	2.83	2.89	2.95	3.01	3.07	3.12	3.17	3.22	3.27	3.32	3.37	3.59	3.80	3.99	4.17	4.34
	1.4	3.07	3.14	3.22	3.29	3.36	3.42	3.48	3.55	3.61	3.66	3.72	3.78	3.84	4.09	4.33	4.56	4.77	4.97
	1.6	3.47	3.55	3.63	3.71	3.78	3.85	3.92	3.99	4.07	4.12	4.18	4.25	4.31	4.61	4.88	5.14	5.38	5.62
	1.8	3.88	3.97	4.05	4.13	4.21	4.29	4.37	4.44	4.52	4.59	4.66	4.73	4.80	5.13	5.44	5.73	6.00	6.26
	2.0	4.29	4.39	4.48	4.57	4.65	4.74	4.82	4.90	4.99	5.07	5.15	5.22	5.30	5.66	6.00	6.32	6.63	6.92
	2.2	4.71	4.81	4.91	5.00	5.10	5.19	5.28	5.37	5.46	5.54	5.63	5.71	5.80	6.19	6.57	6.92	7.26	7.58
	2.4	5.13	5.24	5.34	5.44	5.54	5.64	5.74	5.84	5.93	6.03	6.12	6.21	6.30	6.73	7.14	7.52	7.89	8.24
	2.6	5.55	5.66	5.77	5.88	5.99	6.10	6.20	6.31	6.41	6.51	6.61	6.71	6.80	7.27	7.71	8.13	8.52	8.90
	2.8	5.97	6.09	6.21	6.33	6.44	6.55	6.67	6.78	6.89	6.99	7.10	7.21	7.31	7.81	8.28	8.73	9.16	9.57
	3.0	6.39	6.52	6.64	6.77	6.89	7.01	7.13	7.25	7.37	7.48	7.59	7.71	7.82	8.35	8.86	9.34	9.80	10.24

$$K_1 = \frac{I_1}{I_2} \cdot \frac{H_2}{H_1}$$

$$\eta_1 = \frac{H_1}{H_2} \sqrt{\frac{N_1}{N_2} \cdot \frac{I_2}{I_1}}$$

N_1——上段柱的轴心力；

N_2——下段柱的轴心力。

注：表中的计算长系数 μ 值按下式算得：$\eta_1 K_1 \cdot \tan \dfrac{\pi}{\mu} \cdot \tan \dfrac{\pi \eta_1}{\mu} - 1 = 0$。

附表 5.4 柱上端可移动但不转动的单阶柱下段的计算长度系数 μ

简 图	$\dfrac{K_1}{\eta_1}$	0.06	0.08	0.10	0.12	0.14	0.16	0.18	0.20	0.22	0.24	0.26	0.28	0.3	0.4	0.5	0.6	0.7	0.8
	0.2	1.96	1.94	1.93	1.91	1.90	1.89	1.88	1.86	1.85	1.84	1.83	1.82	1.81	1.76	1.72	1.68	1.65	1.62
	0.3	1.96	1.94	1.93	1.92	1.91	1.89	1.88	1.87	1.86	1.85	1.84	1.83	1.82	1.77	1.73	1.70	1.66	1.63
	0.4	1.96	1.95	1.94	1.92	1.91	1.90	1.89	1.87	1.86	1.85	1.85	1.84	1.83	1.79	1.75	1.72	1.68	1.66
	0.5	1.96	1.95	1.94	1.93	1.92	1.91	1.90	1.89	1.88	1.87	1.86	1.85	1.85	1.81	1.77	1.74	1.71	1.69
	0.6	1.97	1.96	1.95	1.94	1.93	1.92	1.91	1.90	1.90	1.89	1.88	1.87	1.87	1.83	1.80	1.78	1.75	1.73
	0.7	1.97	1.97	1.96	1.95	1.94	1.94	1.93	1.92	1.92	1.91	1.90	1.90	1.89	1.86	1.84	1.82	1.80	1.78
	0.8	1.98	1.98	1.97	1.96	1.96	1.95	1.95	1.94	1.94	1.93	1.93	1.93	1.92	1.90	1.88	1.87	1.86	1.84
	0.9	1.99	1.99	1.98	1.98	1.98	1.97	1.97	1.97	1.97	1.96	1.96	1.96	1.96	1.95	1.94	1.93	1.92	1.92
	1.0	2.00	2.00	2.00	2.00	2.00	2.00	2.00	2.00	2.00	2.00	2.00	2.00	2.00	2.00	2.00	2.00	2.00	2.00
	1.2	2.03	2.04	2.04	2.05	2.06	2.07	2.07	2.08	2.08	2.09	2.10	2.10	2.11	2.13	2.15	2.17	2.18	2.20
	1.4	2.07	2.09	2.11	2.12	2.14	2.16	2.17	2.18	2.20	2.21	2.22	2.23	2.24	2.29	2.33	2.37	2.40	2.42
	1.6	2.13	2.16	2.19	2.22	2.24	2.27	2.29	2.31	2.34	2.36	2.37	2.39	2.41	2.48	2.54	2.59	2.63	2.67
	1.8	2.22	2.27	2.31	2.35	2.39	2.42	2.45	2.48	2.50	2.53	2.55	2.57	2.59	2.69	2.76	2.83	2.88	2.93
	2.0	2.35	2.41	2.46	2.50	2.55	2.59	2.62	2.66	2.69	2.72	2.75	2.77	2.80	2.91	3.00	3.08	3.14	3.20
	2.2	2.51	2.57	2.63	2.68	2.73	2.77	2.81	2.85	2.89	2.92	2.95	2.98	3.01	3.14	3.25	3.33	3.41	3.47
	2.4	2.68	2.75	2.81	2.87	2.92	2.97	3.01	3.05	3.09	3.13	3.17	3.20	3.24	3.38	3.50	3.59	3.68	3.75
	2.6	2.87	2.94	3.00	3.06	3.12	3.17	3.22	3.27	3.31	3.35	3.39	3.43	3.46	3.62	3.75	3.86	3.95	4.03
	2.8	3.06	3.14	3.20	3.27	3.33	3.38	3.43	3.48	3.53	3.58	3.62	3.66	3.70	3.87	4.01	4.13	4.23	4.32
	3.0	3.26	3.34	3.41	3.47	3.54	3.60	3.65	3.70	3.75	3.80	3.85	3.89	3.93	4.12	4.27	4.40	4.5	4.61

$$K_1 = \frac{I_1}{I_2} \cdot \frac{H_2}{H_1}$$

$$\eta_1 = \frac{H_1}{H_2} \sqrt{\frac{N_1}{N_2} \cdot \frac{I_2}{I_1}}$$

N_1——上段柱的轴心力；

N_2——下段柱的轴心力。

注：表中的计算长度系数 μ 值系可按下式算得：$\tan \dfrac{\pi \eta_1}{\mu} + \eta_1 K_1 \cdot \tan \dfrac{\pi}{\mu} = 0$。

附录 6 型 钢 表

附表 6.1 普通工字钢

符号:

h—高度;

b—翼缘宽度;

t_w—腹板厚;

t—翼缘平均厚;

I—惯性矩;

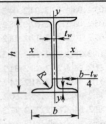

i—回转半径;

S—半截面的静力矩。

长度:

型号 10~18,长 5~19 m;

型号 20~63,长 6~19 m。

型号	尺 寸					截面积 (cm^2)	质量 (kg/m)	$x-x$轴				$y-y$轴		
	h	b	t_w	t	R			I_x (cm^4)	W_x (cm^3)	i_x (cm)	I_x/S_x (cm)	I_y (cm^4)	W_y (cm^3)	i_y (cm)
			(mm)											
10	100	68	4.5	7.6	6.5	14.3	11.2	245	49	4.14	8.69	33	9.6	1.51
12.6	126	74	5.0	8.4	7.0	18.1	14.2	488	77	5.19	11.0	47	12.7	1.61
14	140	80	5.5	9.1	7.5	21.5	16.9	712	102	5.75	12.2	64	16.1	1.73
16	160	88	6.0	9.9	8.0	26.1	20.5	1 127	141	6.57	13.9	93	21.1	1.89
18	180	94	6.5	10.7	8.5	30.7	24.1	1 699	185	7.37	15.4	123	26.2	2.00
20a	200	100	7.0	11.4	9.0	35.5	27.9	2 369	237	8.16	17.4	158	31.6	2.11
20b	200	102	9.0	11.4	9.0	39.5	31.1	2 502	250	7.95	17.1	169	33.1	2.07
22a	220	110	7.5	12.3	9.5	42.1	33.0	3 406	310	8.99	19.2	226	41.1	2.32
22b	220	112	9.5	12.3	9.5	46.5	36.5	3 583	326	8.78	18.9	240	42.9	2.27
25a	250	116	8.0	13.0	10.0	48.5	38.1	5 017	401	10.2	21.7	280	48.4	2.40
25b	250	118	10.0	13.0	10.0	53.5	42.0	5 278	422	9.93	21.4	297	50.4	2.36
28a	280	122	8.5	13.7	10.5	55.4	43.5	7 115	508	11.3	24.3	344	56.4	2.49
28b	280	124	10.5	13.7	10.5	61.0	47.9	7 481	534	11.1	24.0	364	58.7	2.44
32a	320	130	9.5	15.0	11.5	67.1	52.7	11 080	692	12.8	27.7	459	70.6	2.62
32b	320	132	11.5	15.0	11.5	73.5	57.7	11 626	727	12.6	27.3	484	73.3	2.57
32c	320	134	13.5	15.0	11.5	79.9	62.7	12 173	761	12.3	26.9	510	76.1	2.53
36a	360	136	10.0	15.8	12.0	76.4	60.0	15 796	878	14.4	31.0	555	81.6	2.69
36b	360	138	12.0	15.8	12.0	83.6	65.6	16 574	921	14.1	30.6	584	84.6	2.64
36c	360	140	14.0	15.8	12.0	90.8	71.3	17 351	964	13.8	30.2	614	87.7	2.60
40a	400	142	10.5	16.5	12.5	86.1	67.6	21 714	1 086	15.9	34.4	660	92.9	2.77
40b	400	144	12.5	16.5	12.5	94.1	73.8	22 781	1 139	15.6	33.9	693	96.2	2.71
40c	400	146	14.5	16.5	12.5	102	80.1	23 847	1 192	15.3	33.5	727	99.7	2.67
45a	450	150	11.5	18.0	13.5	102	80.4	32 241	1 433	17.7	38.5	855	114	2.89
45b	450	152	13.5	18.0	13.5	111	87.4	33 759	1 500	17.4	38.1	895	118	2.84
45c	450	154	15.5	18.0	13.5	120	94.5	35 278	1 568	17.1	37.6	938	122	2.79
50a	500	158	12.0	20	14	119	93.6	46 472	1 859	19.7	42.9	1 122	142	3.07
50b	500	160	14.0	20	14	129	101	48 556	1 942	19.4	42.3	1 171	146	3.01
50c	500	162	16.0	20	14	139	109	50 639	2 026	19.1	41.9	1 224	151	2.96
56a	560	166	12.5	21	14.5	135	106	65 576	2 342	22.0	47.9	1 366	165	3.18
56b	560	168	14.5	21	14.5	147	115	68 530	2 447	21.6	47.3	1 424	170	3.12
56c	560	170	16.5	21	14.5	158	124	71 430	2 551	21.3	46.8	1 485	175	3.07
63a	630	176	13.0	22	15	155	122	94 004	2 984	24.7	53.8	1 702	194	3.32
63b	630	178	15.0	22	15	167	131	98 171	3 117	24.2	53.2	1 771	199	3.25
63c	630	180	17.0	22	15	180	141	102 339	3 249	23.9	52.6	1 842	205	3.20

附表6.2　H形钢和T形钢

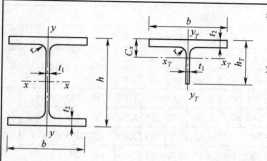

符号：h—H形钢截面高度；b—翼缘宽度；t_1—腹板厚度；t_2—翼缘厚度；W—截面模量；i—回转半径；S—半截面的静力矩；I—惯性矩。

对T形钢：截面高度 h_T，截面面积 A_T，质量 q_T，惯性矩 I_{yT} 等于相应 H 形钢的 1/2；

HW、HM、HN 分别代表宽翼缘、中翼缘、窄翼缘 H 形钢；

TW、TM、TN 分别代表各自 H 形钢剖分的 T 形钢。

类别	H形钢规格 ($h \times b \times t_1 \times t_2$)	截面积 A cm²	质量 q kg/m	I_x cm⁴	W_x cm³	i_x cm	I_y cm⁴	W_y cm³	i_y, i_{yT} cm	重心 C_x cm	I_{xT} cm⁴	i_{xT} cm	T形钢规格 ($h_T \times b \times t_1 \times t_2$)	类别
					x–x轴			y–y轴		H和T	xT–xT轴		T 形 钢	
HW	$100 \times 100 \times 6 \times 8$	21.90	17.2	383	76.5	4.18	134	26.7	2.47	1.00	16.1	1.21	$50 \times 100 \times 6 \times 8$	TW
	$125 \times 125 \times 6.5 \times 9$	30.31	23.8	847	136	5.29	294	47.0	3.11	1.19	35.0	1.52	$62.5 \times 125 \times 6.5 \times 9$	
	$150 \times 150 \times 7 \times 10$	40.55	31.9	1 660	221	6.39	564	75.1	3.73	1.37	66.4	1.81	$75 \times 150 \times 7 \times 10$	
	$175 \times 175 \times 7.5 \times 11$	51.43	40.3	2 900	331	7.50	984	112	4.37	1.55	115	2.11	$87.5 \times 175 \times 7.5 \times 11$	
	$200 \times 200 \times 8 \times 12$	64.28	50.5	4 770	477	8.61	1 600	160	4.99	1.73	185	2.40	$100 \times 200 \times 8 \times 12$	
	# $200 \times 204 \times 12 \times 12$	72.28	56.7	5 030	503	8.35	1 700	167	4.85	2.09	256	2.66	# $100 \times 204 \times 12 \times 12$	
	$250 \times 250 \times 9 \times 14$	92.18	72.4	10 800	867	10.8	3 650	292	6.29	2.08	412	2.99	$125 \times 250 \times 9 \times 14$	
	# $250 \times 255 \times 14 \times 14$	104.7	82.2	11 500	919	10.5	3 880	304	6.09	2.58	589	3.36	# $125 \times 255 \times 14 \times 14$	
	# $294 \times 302 \times 12 \times 12$	108.3	85.0	17 000	1 160	12.5	5 520	365	7.14	2.83	858	3.98	# $147 \times 302 \times 12 \times 12$	
	$300 \times 300 \times 10 \times 15$	120.4	94.5	20 500	1 370	13.1	6 760	450	7.49	2.47	798	3.64	$150 \times 300 \times 10 \times 15$	
	$300 \times 305 \times 15 \times 15$	135.4	106	21 600	1 440	12.6	7 100	466	7.24	3.02	1 110	4.05	$150 \times 305 \times 15 \times 15$	
	# $344 \times 348 \times 10 \times 16$	146.0	115	33 300	1 940	15.1	11 200	646	8.78	2.67	1 230	4.11	# $172 \times 348 \times 10 \times 16$	
	$350 \times 350 \times 12 \times 19$	173.9	137	40 300	2 300	15.2	13 600	776	8.84	2.86	1 520	4.18	$175 \times 350 \times 12 \times 19$	
	# $388 \times 402 \times 15 \times 15$	179.2	141	49 200	2 540	16.6	16 300	809	9.52	3.69	2 480	5.26	# $194 \times 402 \times 15 \times 15$	
	# $394 \times 398 \times 11 \times 18$	187.6	147	56 400	2 860	17.3	18 900	951	10.0	3.01	2 050	4.67	# $197 \times 398 \times 11 \times 18$	
	$400 \times 400 \times 13 \times 21$	219.5	172	66 900	3 340	17.5	22 400	1 120	10.1	3.21	2 480	4.75	$200 \times 400 \times 13 \times 21$	
	# $400 \times 408 \times 21 \times 21$	251.5	197	71 100	3 560	16.8	23 800	1 170	9.37	4.07	3 650	5.39	# $200 \times 408 \times 21 \times 21$	
	# $414 \times 405 \times 18 \times 28$	296.2	233	93 000	4 490	17.7	31 000	1 530	10.2	3.68	3 620	4.95	# $207 \times 405 \times 18 \times 28$	
	# $428 \times 407 \times 20 \times 35$	361.4	284	119 000	5 580	18.2	39 400	1 930	10.4	3.90	4 380	4.92	# $214 \times 407 \times 20 \times 35$	

续上表

类别	H形钢规格 (h × b × t₁ × t₂)	截面积 A (cm²)	质量 q (kg/m)	x−x轴			y−y轴			重心 C_x (cm)	x_T−x_T轴		T形钢规格 (h_T × b × t₁ × t₂)	类别
				I_x (cm⁴)	W_x (cm³)	i_x (cm)	I_y (cm⁴)	W_y (cm³)	i_y, i_{yT} (cm)		I_{xT} (cm⁴)	i_{xT} (cm)		
HM	148 × 100 × 6 × 9	27.25	21.4	1 040	140	6.17	151	30.2	2.35	1.55	51.7	1.95	74 × 100 × 6 × 9	TM
	194 × 150 × 6 × 9	39.76	31.2	2 740	283	8.30	508	67.7	3.57	1.78	125	2.50	97 × 150 × 6 × 9	
	244 × 175 × 7 × 11	56.24	44.1	6 120	502	10.4	985	113	4.18	2.27	289	3.20	122 × 175 × 7 × 11	
	294 × 200 × 8 × 12	73.03	57.3	11 400	779	12.5	1 600	160	4.69	2.82	572	3.96	147 × 200 × 8 × 12	
	340 × 250 × 9 × 14	101.5	79.7	21 700	1 280	14.6	3 650	292	6.00	3.09	1 020	4.48	170 × 250 × 9 × 14	
	390 × 300 × 10 × 16	136.7	107	38 900	2 000	16.9	7 210	481	7.26	3.40	1 730	5.03	195 × 300 × 10 × 16	
	440 × 300 × 11 × 18	157.4	124	56 100	2 550	18.9	8 110	541	7.18	4.05	2 680	5.84	220 × 300 × 11 × 18	
	482 × 300 × 11 × 15	146.4	115	60 800	2 520	20.4	6 770	451	6.80	4.90	3 420	6.83	241 × 300 × 11 × 15	
	488 × 300 × 11 × 18	164.4	129	71 400	2 930	20.8	8 120	541	7.03	4.65	3 620	6.64	244 × 300 × 11 × 18	
	582 × 300 × 12 × 17	174.5	137	103 000	3 530	24.3	7 670	511	6.63	6.39	6 360	8.54	291 × 300 × 12 × 17	
	588 × 300 × 12 × 20	192.5	151	118 000	4 020	24.8	9 020	601	6.85	6.08	6 710	8.35	294 × 300 × 12 × 20	
	# 594 × 302 × 14 × 23	222.4	175	137 000	4 620	24.9	10 600	701	6.90	6.33	7 920	8.44	# 297 × 302 × 14 × 23	
HN	100 × 50 × 5 × 7	12.16	9.54	192	38.5	3.98	14.9	5.96	1.11	1.27	11.9	1.40	50 × 50 × 5 × 7	TN
	125 × 60 × 6 × 8	17.01	13.3	417	66.8	4.95	29.3	9.75	1.31	1.63	27.5	1.80	62.5 × 60 × 6 × 8	
	150 × 75 × 5 × 7	18.16	14.3	679	90.6	6.12	49.6	13.2	1.65	1.78	42.7	2.17	75 × 75 × 5 × 7	
	175 × 90 × 5 × 8	23.21	18.2	1 220	140	7.26	97.6	21.7	2.05	1.92	70.7	2.47	87.5 × 90 × 5 × 8	
	198 × 99 × 4.5 × 7	23.59	18.5	1 610	163	8.27	114	23.0	2.20	2.13	94.0	2.82	99 × 99 × 4.5 × 7	
	200 × 100 × 5.5 × 8	27.57	21.7	1 880	188	8.25	134	26.8	2.21	2.27	115	2.88	100 × 100 × 5.5 × 8	
	248 × 124 × 5 × 8	32.89	25.8	3 560	287	10.4	255	41.1	2.78	2.62	208	3.56	124 × 124 × 5 × 8	
	250 × 125 × 6 × 9	37.87	29.7	4 080	326	10.4	294	47.0	2.79	2.78	249	3.62	125 × 125 × 6 × 9	
	298 × 149 × 5.5 × 8	41.55	32.6	6 460	433	12.4	443	59.4	3.26	3.22	395	4.36	149 × 149 × 5.5 × 8	
	300 × 150 × 6.5 × 9	47.53	37.3	7 350	490	12.4	508	67.7	3.27	3.38	465	4.42	150 × 150 × 6.5 × 9	
	346 × 174 × 6 × 9	53.19	41.8	11 200	649	14.5	792	91.0	3.86	3.68	681	5.06	173 × 174 × 6 × 9	
	350 × 175 × 7 × 11	63.66	50.0	13 700	782	14.7	985	113	3.93	3.74	816	5.06	175 × 175 × 7 × 11	
	# 400 × 150 × 8 × 13	71.12	55.8	18 800	942	16.3	734	97.9	3.21	—	—	—	—	
	396 × 199 × 7 × 11	72.16	56.7	20 000	1 010	16.7	1 450	145	4.48	4.17	1 190	5.76	198 × 199 × 7 × 11	
	400 × 200 × 8 × 13	84.12	66.0	23 700	1 190	16.8	1 740	174	4.54	4.23	1 400	5.76	200 × 200 × 8 × 13	
	# 450 × 150 × 9 × 14	83.41	65.5	27 100	1 200	18.0	793	106	3.08	—	—	—	—	
	446 × 199 × 8 × 12	84.95	66.7	29 000	1 300	18.5	1 580	159	4.31	5.07	1 880	6.65	223 × 199 × 8 × 12	
	450 × 200 × 9 × 14	97.41	76.5	33 700	1 500	18.6	1 870	187	4.38	5.13	2 160	6.66	225 × 200 × 9 × 14	

续上表

类别	H形钢规格 ($h \times b \times t_1 \times t_2$)	截面积 A	质量 q	$x-x$轴			$y-y$轴			重心 C_x	x_T-x_T轴		T形钢规格 ($h_T \times b \times t_1 \times t_2$)	类别
				I_x	W_x	i_x	I_y	W_y	i_y, i_{yT}		I_{xT}	i_{xT}		
		cm²	kg/m	cm⁴	cm³	cm	cm⁴	cm³	cm	cm	cm⁴	cm		
HN	#500×150×10×16	98.23	77.1	38 500	1 540	19.8	907	121	3.04	—	—	—	—	HN
	496×199×9×14	101.3	79.5	41 900	1 690	20.3	1 840	185	4.27	5.90	2 840	7.49	248×199×9×14	
	500×200×10×16	114.2	89.6	47 800	1 910	20.5	2 140	214	4.33	5.96	3 210	7.50	250×200×10×16	
	#506×201×11×19	131.3	103	56 500	2 230	20.8	2 580	257	4.43	5.95	3 670	7.48	#253×201×11×19	
	596×199×10×15	121.2	9 501	69 300	2 330	23.9	1 980	199	4.04	7.76	5 200	9.27	298×199×10×15	
	600×200×11×17	135.2	106	78 200	2 610	24.1	2 280	228	4.11	7.81	5 820	9.28	300×200×11×17	
	#606×201×12×20	153.3	120	91 000	3 000	24.4	2 720	271	4.21	7.76	6 580	9.26	#303×201×12×20	
	#692×300×13×20	211.5	166	172 000	4 980	28.6	9 020	602	6.53	—	—	—	—	
	700×300×13×24	235.5	185	201 000	5 760	29.3	10 800	722	6.78	—	—	—	—	

注："#"表示的规格为非常用规格。

附表6.3　普通槽钢

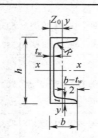

符号:同普通工字型钢,

但 W_y 为对应于翼缘肢尖的截面模量。

长度:型号 5~8,长 5~12 m;
　　　型号 10~18,长 5~19 m;
　　　型号 20~40,长 6~19 m。

型号	尺寸					截面积 (cm²)	质量 (kg/m)	$x-x$轴			$y-y$轴			y_1-y_1轴	Z_0
	h	b	t_w	t	R			I_x	W_x	i_x	I_y	W_y	i_y	I_{y_1}	
	(mm)							(cm⁴)	(cm³)	(cm)	(cm⁴)	(cm³)	(cm)	(cm⁴)	(cm)
5	50	37	4.5	7.0	7.0	6.92	5.44	26	10.4	1.94	8.3	3.5	1.10	20.9	1.35
6.3	63	40	4.8	7.5	7.5	8.45	6.63	51	16.3	2.46	11.9	4.6	1.19	28.3	1.39
8	80	43	5.0	8.0	8.0	10.24	8.04	101	25.3	3.14	16.6	5.8	1.27	37.4	1.42
10	100	48	5.3	8.5	8.5	12.74	10.00	198	39.7	3.94	25.6	7.8	1.41	54.9	1.52
12.6	126	53	5.5	9.0	9.0	15.69	12.31	389	61.7	4.98	38.0	10.3	1.56	77.8	1.59
14a	140	58	6.0	9.5	9.5	18.51	14.53	564	80.5	5.52	53.2	13.0	1.70	107.2	1.71
14b		60	8.0	9.5	9.5	21.31	16.73	609	87.1	5.35	61.2	14.1	1.69	120.6	1.67
16a	160	63	6.5	10.0	10.0	21.95	17.23	866	108.3	6.28	73.4	16.3	1.83	144.1	1.79
16b		65	8.5	10.0	10.0	25.15	19.75	935	116.8	6.10	83.4	17.6	1.82	160.8	1.75

续上表

型号	尺寸 h	b	t_w	t	R	截面积 (cm²)	质量 (kg/m)	x-x轴 I_x (cm⁴)	W_x (cm³)	i_x (cm)	y-y轴 I_y (cm⁴)	W_y (cm³)	i_y (cm)	y_1-y_1轴 I_{y_1} (cm⁴)	Z_0 (cm)
18a	180	68	7.0	10.5	10.5	25.69	20.17	1 273	141.4	7.04	98.6	20.0	1.96	189.7	1.88
18b		70	9.0	10.5	10.5	29.29	22.99	1 370	152.2	6.84	111.0	21.5	1.95	210.1	1.84
20a	200	73	7.0	11.5	11.5	28.83	22.63	1 780	178.0	7.86	128.0	24.2	2.1	244.0	2.01
20b		75	9.0	11.5	11.5	32.83	25.77	1 914	191.4	7.64	143.6	25.9	2.09	268.4	1.95
22a	220	77	7.0	11.5	11.5	31.84	24.99	2 394	217.6	8.67	157.8	28.2	2.23	298.2	2.10
22b		79	9.0	11.5	11.5	36.24	28.45	2 571	233.8	8.42	176.5	30.1	2.21	326.3	2.03
25a	250	78	7.0	12.0	12.0	34.91	27.40	3 359	268.7	9.81	175.9	30.7	2.24	324.8	2.07
25b		80	9.0	12.0	12.0	39.91	31.33	3 619	289.6	9.52	196.4	32.7	2.22	355.1	1.99
25c		82	11.0	12.0	12.0	44.91	35.25	3 880	310.4	9.30	215.9	34.6	2.19	388.6	1.96
28a	280	82	7.5	12.5	12.5	40.02	31.42	4 753	339.5	10.90	217.9	35.7	2.33	393.3	2.09
28b		84	9.5	12.5	12.5	45.62	35.81	5 118	365.6	10.95	241.5	37.9	2.30	428.5	2.02
28c		86	11.5	12.5	12.5	51.22	40.21	5 484	391.7	10.35	264.1	40.0	2.27	467.3	1.99
32a	320	88	8.0	14.0	14.0	48.50	38.07	7 511	469.4	12.44	304.7	46.4	2.51	547.5	2.24
32b		90	10.0	14.0	14.0	54.90	43.10	8 057	503.5	12.11	335.6	49.1	2.47	592.9	2.16
32c		92	12.0	14.0	14.0	61.30	48.12	8 603	537.7	11.85	365.0	51.6	2.44	642.7	2.13
36a	360	96	9.0	16.0	16.0	60.89	47.80	11 874	659.7	13.96	455.0	63.6	2.73	818.5	2.44
36b		98	11.0	16.0	16.0	68.09	53.45	12 652	702.9	13.63	496.7	66.9	2.70	880.5	2.37
36c		100	13.0	16.0	16.0	75.29	59.10	13 429	746.1	13.36	536.6	70.0	2.67	948.0	2.34
40a	400	100	10.5	18.0	18.0	75.04	458.91	17 578	878.9	15.30	592.0	78.8	2.81	1 057.9	2.49
40b		102	12.5	18.0	18.0	83.04	65.19	18 644	932.2	14.98	640.6	82.6	2.78	1 135.8	2.44
40c		104	14.5	18.0	18.0	91.04	71.47	19 711	985.6	14.71	687.8	86.2	2.75	1 220.3	2.42

附表 6.4 等边角钢

单角钢

双角钢

角钢型号	圆角 R	重心矩 Z_0	截面积 A	质量	惯性矩 I_x	截面模量 W_x^{max}	W_x^{min}	回转半径 i_x	i_{x_0}	i_{y_0}	i_y,当 a 为下列数值 6 mm	8 mm	10 mm	12 mm	14 mm
	mm	mm	cm²	kg/m	cm⁴	cm³	cm³	cm	cm	cm	cm	cm	cm	cm	cm
20× 3	3.5	6.0	1.13	0.89	0.40	0.66	0.29	0.59	0.75	0.39	1.08	1.17	1.25	1.34	1.43
4		6.4	1.46	1.15	0.50	0.78	0.36	0.58	0.73	0.38	1.11	1.19	1.28	1.37	1.46

续上表

角钢型号		圆角	重心矩	截面积	质量	惯性矩	截面模量		回转半径			i_y,当 a 为下列数值				
		R	Z_0	A		I_x	$W_{x,max}$	$W_{x,min}$	i_x	i_{x_0}	i_{y_0}	6 mm	8 mm	10 mm	12 mm	14 mm
		mm		cm²	kg/m	cm⁴	cm³		cm			cm				
25 ×	3	3.5	7.3	1.43	1.12	0.82	1.12	0.46	0.76	0.95	0.49	1.27	1.36	1.44	1.53	1.61
	4		7.6	1.86	1.46	1.03	1.34	0.59	0.74	0.93	0.48	1.30	1.37	1.47	1.55	1.64
30 ×	3	4.5	8.5	1.75	1.37	1.46	1.72	0.68	0.91	1.15	0.59	1.47	1.55	1.63	1.71	1.80
	4		8.9	2.28	1.79	1.84	2.08	0.87	0.90	1.13	0.58	1.49	1.57	1.65	1.74	1.82
36 ×	3	4.5	10.0	2.11	1.66	2.58	2.59	0.99	1.11	1.39	0.71	1.70	1.78	1.86	1.94	2.03
	4		10.4	2.76	2.16	3.29	3.18	1.28	1.09	1.38	0.70	1.73	1.80	1.89	1.97	2.05
	5		10.7	3.38	2.65	3.95	3.68	1.56	1.08	1.36	0.70	1.75	1.83	1.91	1.99	2.08
40 ×	3	5	10.9	2.36	1.85	3.59	3.28	1.23	1.23	1.55	0.79	1.86	1.94	2.01	2.09	2.18
	4		11.3	3.09	2.42	4.60	4.05	1.60	1.22	1.54	0.79	1.88	1.96	2.04	2.12	2.20
	5		11.7	3.79	2.98	5.53	4.72	1.96	1.21	1.52	0.78	1.90	1.98	2.06	2.14	2.23
45 ×	3	5	12.2	2.66	2.09	5.17	4.25	1.58	1.39	1.76	0.90	2.06	2.14	2.21	2.29	2.37
	4		12.6	3.49	2.74	6.65	5.29	2.05	1.38	1.74	0.89	20.8	2.16	2.24	2.32	2.40
	5		13.0	4.29	3.37	8.04	6.20	2.51	1.37	1.72	0.88	2.10	2.18	2.26	2.34	2.42
	6		13.3	5.08	3.99	9.33	6.99	2.95	1.36	1.71	0.88	2.12	2.20	2.28	2.36	2.44
50 ×	3	5.5	13.4	2.97	2.33	7.18	5.36	1.96	1.55	1.96	1.00	2.26	2.33	2.41	2.48	2.56
	4		13.8	3.90	3.06	9.26	6.70	2.56	1.54	1.94	0.99	2.28	2.36	2.43	2.51	2.59
	5		14.2	4.80	3.77	11.2	17.90	3.13	1.53	1.92	0.98	2.30	2.38	2.45	2.53	2.61
	6		14.6	5.69	4.46	13.05	8.95	3.68	1.51	1.91	0.98	2.32	2.40	2.48	2.56	2.64
56 ×	3	6	14.8	3.34	2.62	10.19	6.86	2.48	1.75	2.20	1.13	2.50	2.57	2.64	2.72	2.80
	4		15.3	4.39	3.45	13.18	8.63	3.24	1.73	2.18	1.11	2.52	2.59	2.67	2.74	2.82
	5		15.7	5.42	4.25	16.02	10.22	3.97	1.72	2.17	1.10	2.54	2.61	2.69	2.77	2.85
	8		16.8	8.37	6.57	23.63	14.06	6.03	1.68	2.11	1.09	2.60	2.67	2.75	2.83	2.91
63 ×	3	7	17.0	4.98	3.91	19.03	11.22	4.13	1.96	2.46	1.26	2.79	2.87	2.94	3.02	3.09
	5		17.4	6.14	4.82	23.17	13.33	5.08	1.94	2.45	1.25	2.82	2.89	2.96	3.04	3.12
	6		17.8	7.29	5.72	27.12	15.26	6.00	1.93	2.43	1.24	2.83	2.91	2.98	3.06	3.14
	8		18.5	9.51	7.47	34.45	18.59	7.75	1.90	2.39	1.23	2.87	2.95	3.03	3.10	3.18
	10		19.3	11.66	9.15	41.09	21.34	9.39	1.88	2.36	1.22	2.91	2.99	3.07	3.15	3.23
70 ×	4	8	18.6	5.57	4.37	26.39	14.16	5.14	2.18	2.74	1.40	3.07	3.14	3.21	3.29	3.36
	5		19.1	6.88	5.40	32.21	16.89	6.32	2.16	2.73	1.39	3.09	3.16	3.24	3.31	3.39
	6		19.5	8.16	6.41	37.77	19.39	7.48	2.15	2.71	1.38	3.11	3.18	3.26	3.33	3.41
	7		19.9	9.42	7.40	43.09	21.68	8.59	2.14	2.69	1.38	3.13	3.20	3.28	3.36	3.43
	8		20.3	10.67	8.37	48.17	23.79	9.68	2.13	2.68	1.37	3.15	3.22	3.30	3.38	3.46

单角钢　　双角钢

续上表

角钢型号		圆角 R	重心矩 Z_0	截面积 A	质量	惯性矩 I_x	截面模量		回转半径			i_y,当 a 为下列数值				
							$W_{x,max}$	$W_{x,min}$	i_x	i_{x_0}	i_{y_0}	6 mm	8 mm	10 mm	12 mm	14 mm
		mm		cm²	kg/m	cm⁴	cm³		cm			cm				
75×	5	9	20.3	7.41	5.82	39.96	19.73	7.30	2.32	2.92	1.50	3.29	3.36	3.43	3.50	3.58
	6		20.7	8.80	6.91	46.91	22.69	8.63	2.31	2.91	1.49	3.31	3.38	3.45	3.53	3.60
	7		21.1	10.16	7.98	53.57	25.42	9.93	2.30	2.89	1.48	3.33	3.40	3.47	3.55	3.63
	8		21.5	11.50	9.03	59.96	27.93	11.20	2.28	2.87	1.47	3.35	3.42	3.50	3.57	3.65
	10		22.2	14.13	11.09	71.98	32.40	13.64	2.26	2.84	1.46	3.38	3.46	3.54	3.61	3.69
80×	5	9	21.5	7.91	6.21	48.79	22.70	8.34	2.48	3.13	1.60	3.49	3.56	3.63	3.71	3.78
	6		21.9	9.40	7.38	57.35	26.16	9.87	2.47	3.11	1.59	3.51	3.58	3.65	3.73	3.80
	7		22.3	10.86	8.53	65.58	29.38	11.37	2.46	3.10	1.58	3.53	3.60	3.67	3.75	3.83
	8		22.7	12.30	9.66	73.50	32.36	12.83	2.44	3.08	1.57	3.55	3.62	3.70	3.77	3.85
	10		23.5	15.13	11.87	88.43	37.68	15.64	2.42	3.04	1.56	3.58	3.66	3.74	3.81	3.89
90×	6	10	24.4	10.64	8.35	82.77	33.99	12.61	2.79	3.51	1.80	3.91	3.98	4.05	4.12	4.20
	7		24.8	12.30	9.66	94.83	38.28	14.54	2.78	3.50	1.78	3.93	4.00	4.07	4.14	4.22
	8		25.2	13.94	10.95	106.5	42.30	16.42	2.76	3.48	1.78	3.95	4.02	4.09	4.17	4.24
	10		25.9	17.17	13.48	128.6	49.57	20.07	2.74	3.45	1.76	3.98	4.06	4.13	4.21	4.28
	12		26.7	20.31	15.94	149.2	55.93	23.57	2.71	3.41	1.75	4.02	4.09	4.17	4.25	4.32
100×	6	12	26.7	11.93	9.37	115.0	43.04	15.68	3.10	3.91	2.00	4.30	4.37	4.44	4.51	4.58
	7		27.1	13.80	10.83	131.9	48.57	18.10	3.09	3.89	1.99	4.32	4.39	4.46	4.53	4.61
	8		27.6	15.64	12.28	148.2	53.78	20.47	3.08	3.88	1.98	4.34	4.41	4.48	4.55	4.63
	10		28.4	19.26	15.12	179.5	63.29	25.06	3.05	3.84	1.96	4.38	4.45	4.52	4.60	4.67
	12		29.1	22.80	17.90	208.9	71.72	29.47	3.03	3.81	1.95	4.41	4.49	4.56	4.64	4.71
	14		29.9	26.26	20.61	236.5	79.19	33.73	3.00	3.77	1.94	4.45	4.53	4.60	4.68	4.75
	16		30.6	29.63	23.26	262.5	85.81	37.82	2.98	3.74	1.93	4.49	4.56	4.64	4.72	4.80
110×	7	12	29.6	15.20	11.93	177.2	59.78	22.05	3.41	4.30	2.20	4.72	4.79	4.86	4.94	5.01
	8		30.1	17.24	13.53	199.5	66.36	24.95	3.40	4.28	2.19	4.47	4.81	4.88	4.96	5.03
	10		30.9	21.26	16.69	242.2	78.48	30.60	3.38	4.25	2.17	4.78	4.85	4.92	5.00	5.07
	12		31.6	25.20	19.78	282.6	89.34	36.05	3.35	4.22	2.15	4.82	4.89	4.96	5.04	5.11
	14		32.4	29.06	22.81	320.7	99.07	41.31	3.32	4.18	2.14	4.85	4.93	5.00	5.08	5.15
125×	8	14	33.7	19.75	15.50	297.0	88.20	32.52	3.88	4.88	2.50	5.34	5.41	5.48	5.55	5.62
	10		34.5	24.37	19.13	361.7	104.8	39.97	3.85	4.85	2.48	5.38	5.45	5.52	5.59	5.66
	12		35.3	28.91	22.70	423.2	119.9	47.17	3.83	4.82	2.46	5.41	5.48	5.56	5.63	5.70
	14		36.1	33.37	26.19	481.7	133.6	54.16	3.80	4.78	2.45	5.45	5.52	5.59	5.67	5.74
140×	10	14	38.2	27.37	21.49	514.7	134.6	50.58	4.34	5.46	2.78	5.98	6.05	6.12	6.20	6.27
	12		39.0	32.51	25.52	603.7	154.6	59.80	4.31	5.43	2.77	6.02	6.09	6.16	6.23	6.31
	14		39.8	37.57	29.49	688.8	173.0	68.75	4.28	5.40	2.75	6.06	6.13	6.20	6.27	6.34
	16		40.6	42.54	33.39	770.2	189.9	77.46	4.26	5.36	2.74	6.09	6.16	6.23	6.31	6.38

续上表

角钢型号	圆角 R	重心矩 Z_0	截面积 A	质量	惯性矩 I_x	$W_{x,max}$	$W_{x,min}$	i_x	i_{x_0}	i_{y_0}	6 mm	8 mm	10 mm	12 mm	14 mm
		mm	cm²	kg/m	cm⁴	cm³		cm			cm				
160× 10	16	43.1	31.50	24.73	779.5	180.8	66.70	4.97	6.27	3.20	6.78	6.85	6.92	6.99	7.06
160× 12		43.9	37.44	29.39	916.6	208.6	78.98	4.95	6.24	3.18	6.82	6.89	6.96	7.03	7.10
160× 14		44.7	43.30	33.99	1 048	234.4	90.95	4.92	6.20	3.16	6.86	6.93	7.00	7.07	7.14
160× 16		45.5	49.07	38.52	1 175	258.3	102.6	4.89	6.17	3.14	6.89	6.96	7.03	7.10	7.18
180× 12	16	48.9	42.24	33.16	1 321	270.0	100.8	5.59	7.05	3.58	7.63	7.70	7.77	7.84	7.91
180× 14		49.7	48.90	38.38	1 514	304.6	116.3	5.57	7.02	3.57	7.67	7.74	7.81	7.88	7.95
180× 16		50.5	55.47	43.54	1 701	336.9	131.4	5.54	6.98	3.55	7.70	7.77	7.84	7.91	7.98
180× 18		51.3	61.95	48.63	1 881	367.1	146.1	5.51	6.94	3.53	7.73	7.80	7.87	7.95	8.02
200× 14	18	54.6	54.64	42.89	2 104	385.1	144.7	6.20	7.82	3.98	8.47	8.54	8.61	8.67	8.75
200× 16		55.4	62.01	48.68	2 366	427.0	163.7	6.18	7.79	3.96	8.50	8.57	8.64	8.71	8.78
200× 18		56.2	69.30	54.40	2 621	466.5	182.2	6.15	7.75	3.94	8.53	8.60	8.67	8.75	8.82
200× 20		56.9	76.50	60.06	2 867	503.6	200.4	6.12	7.72	3.93	8.57	8.64	8.71	8.78	8.85
200× 24		58.4	90.66	71.17	3 338	571.5	235.8	6.07	7.64	3.90	8.63	8.71	8.78	8.85	8.92

附表 6.5　不等边角钢

角钢型号 $B \times b \times t$	圆角 R	重心矩 Z_x	Z_y	截面积 A	质量	i_x	i_y	i_{y_0}	6 mm	8 mm	10 mm	12 mm	6 mm	8 mm	10 mm	12 mm
		mm		cm²	kg/m	cm			cm				cm			
25×16× 3	3.5	4.2	8.6	1.16	0.91	0.44	0.78	0.34	0.84	0.93	1.02	1.11	1.40	1.48	1.57	1.66
25×16× 4		4.6	9.0	1.50	1.18	0.43	0.77	0.34	0.87	0.96	1.05	1.14	1.42	1.51	1.60	1.68
32×20× 3	3.5	4.9	10.8	1.49	1.17	0.55	1.01	0.43	0.97	1.05	1.14	1.23	1.71	1.79	1.88	1.96
32×20× 4		5.3	11.2	1.94	1.52	0.54	1.00	0.43	0.99	1.08	1.16	1.25	1.74	1.82	1.90	1.99
40×25× 3	4	5.9	13.2	1.89	1.48	0.70	1.28	0.54	1.13	1.21	1.30	1.38	2.07	2.14	2.23	2.31
40×25× 4		6.3	13.7	2.47	1.94	0.69	1.26	0.54	1.16	1.24	1.32	1.41	2.09	2.17	2.25	2.34
45×28× 3	5	6.4	14.7	2.15	1.69	0.79	1.44	0.61	1.23	1.31	1.39	1.47	2.28	2.36	2.44	2.52
45×28× 4		6.8	15.1	2.81	2.20	0.78	1.43	0.60	1.25	1.33	1.41	1.50	2.31	2.39	2.47	2.55

续上表

角钢型号 B×b×t		圆角 R	重心矩		截面积 A	质量	回转半径			i_{y_1} 当 a 为下列数				i_{y_2} 当 a 为下列数			
			Z_x	Z_y			i_x	i_y	i_{y_0}	6 mm	8 mm	10 mm	12 mm	6 mm	8 mm	10 mm	12 mm
		mm			cm²	kg/m	cm			cm				cm			
50×32×	3	5.5	7.3	16.0	2.43	1.91	0.91	1.60	0.70	1.37	1.45	1.53	1.61	2.49	2.56	2.64	2.72
	4		7.7	16.5	3.18	2.49	0.90	1.59	0.69	1.40	1.47	1.55	1.64	2.51	2.59	2.67	2.75
56×36×	3	6	8.0	17.8	2.74	2.15	1.03	1.80	0.79	1.51	1.59	1.66	1.74	2.75	2.82	2.90	2.98
	4		8.5	18.2	3.59	2.82	1.02	1.79	0.78	1.53	1.61	1.69	1.77	2.77	2.85	2.93	3.01
	5		8.8	18.7	4.42	3.47	1.01	1.77	0.78	1.56	1.63	1.71	1.79	2.80	2.88	2.96	3.04
63×40×	4	7	9.2	20.4	4.06	3.19	1.14	2.02	0.88	1.66	1.74	1.81	1.89	3.09	3.16	3.24	3.32
	5		9.5	20.8	4.99	3.92	1.12	2.00	0.87	1.68	1.76	1.84	1.92	3.11	3.19	3.27	3.35
	6		9.9	21.2	5.91	4.64	1.11	1.99	0.86	1.71	1.78	1.86	1.94	3.13	3.21	3.29	3.37
	7		10.3	21.6	6.80	5.34	1.10	1.97	0.86	1.73	1.81	1.89	1.97	3.16	3.24	3.32	3.40
70×45×	4	7.5	10.2	22.3	4.55	3.57	1.29	2.25	0.99	1.84	1.91	1.99	2.07	3.39	3.46	3.54	3.62
	5		10.6	22.8	5.61	4.40	1.28	2.23	0.98	1.86	1.94	2.01	2.09	3.41	3.49	3.57	3.64
	6		11.0	23.2	6.64	5.22	1.26	2.22	0.97	1.88	1.96	2.04	2.11	3.44	3.51	3.59	3.67
	7		11.3	23.6	7.66	6.01	1.25	2.20	0.97	1.90	1.98	2.06	2.147	3.46	3.54	3.61	3.69
75×50×	5	8	11.7	24.0	6.13	4.81	1.43	2.39	1.09	2.06	2.13	2.20	2.28	3.60	3.68	3.76	3.83
	6		12.1	24.4	7.26	5.70	1.42	2.38	1.08	2.08	2.15	2.23	2.30	3.63	3.70	3.78	3.86
	8		12.9	25.2	9.47	7.43	1.40	2.35	1.07	2.12	2.19	2.27	2.35	3.67	3.75	3.83	3.91
	10		13.6	26.0	11.6	9.10	1.38	2.33	1.06	2.16	2.24	2.31	2.40	3.71	3.79	3.87	3.95
80×50×	5	8	11.4	26.0	6.38	5.00	1.42	2.57	1.10	2.02	2.09	2.17	2.24	3.88	3.95	4.03	4.10
	6		11.8	26.5	7.56	5.93	1.41	2.55	1.09	2.04	2.11	2.19	2.27	3.90	3.98	4.05	4.13
	7		12.1	26.9	8.72	6.85	1.39	2.54	1.08	2.06	2.13	2.21	2.29	3.92	4.00	4.08	4.16
	8		12.5	27.3	9.87	7.75	1.38	2.52	1.07	2.08	2.15	2.23	2.31	3.94	4.02	4.10	4.18
90×56×	5	9	12.5	29.1	7.21	5.66	1.59	2.90	1.23	2.22	2.29	2.36	2.44	4.32	4.39	4.47	4.55
	6		12.9	29.5	8.56	6.72	1.58	2.88	1.22	2.24	2.31	2.39	2.46	4.34	4.42	4.50	4.57
	7		13.3	30.0	9.88	7.76	1.57	2.87	1.22	2.26	2.33	2.41	2.49	4.37	4.44	4.52	4.60
	8		13.6	30.4	11.2	8.78	1.56	2.85	1.21	2.28	2.35	2.43	2.51	4.39	4.47	4.54	4.62
100×63×	6	10	14.3	32.4	9.62	7.55	1.79	3.21	1.38	2.49	2.56	2.63	2.71	4.77	4.85	4.92	5.00
	7		14.7	32.8	11.1	8.72	1.78	3.20	1.37	2.51	2.58	2.65	2.73	4.80	4.87	4.95	5.03
	8		15.0	33.2	12.6	9.88	1.77	3.18	1.37	2.53	2.60	2.67	2.75	4.82	4.90	4.97	5.05
	10		15.8	34.0	15.5	12.1	1.75	3.15	1.35	2.57	2.64	2.72	2.79	4.86	4.94	5.02	5.10

单角钢　双角钢

续上表

角钢型号 $B \times b \times t$		圆角 R	重心矩 Z_x	Z_y	截面积 A	质量	回转半径 i_x	i_y	i_{y_0}	i_{y_1}, 当 a 为下列数 6 mm	8 mm	10 mm	12 mm	i_{y_2}, 当 a 为下列数 6 mm	8 mm	10 mm	12 mm
			mm		cm²	kg/m	cm			cm				cm			
100×80×	6	10	19.7	29.5	10.6	8.35	2.40	3.17	1.73	3.31	3.38	3.45	3.52	4.54	4.62	4.69	4.76
	7		20.1	30.0	12.3	9.66	2.39	3.16	1.71	3.32	3.39	3.47	3.54	4.57	4.64	4.71	4.79
	8		20.5	30.4	13.9	10.9	2.37	3.15	1.71	3.34	3.41	3.49	3.56	4.59	4.66	4.73	4.81
	10		21.3	31.2	17.2	13.5	2.35	3.12	1.69	3.38	3.45	3.53	3.60	4.63	4.70	4.78	4.85
110×70×	6		15.7	35.3	10.6	8.35	2.01	3.54	1.54	2.74	2.81	2.88	2.96	5.21	5.29	5.36	5.44
	7		16.1	35.7	12.3	9.66	2.00	3.53	1.53	2.76	2.83	2.90	2.98	5.24	5.31	5.39	5.46
	8		16.5	36.2	13.9	10.9	1.98	3.51	1.53	2.78	2.85	2.92	3.00	5.26	5.34	5.41	5.49
	10		17.2	37.0	17.2	13.5	1.96	3.48	1.51	2.82	2.89	2.96	3.04	5.30	5.38	5.46	5.53
125×80×	7	11	18.0	40.1	14.1	11.1	2.30	4.02	1.76	3.13	3.18	3.25	3.33	5.90	5.97	6.04	6.12
	8		18.4	40.6	16.0	12.6	2.29	4.01	1.75	3.13	3.20	3.27	3.35	5.92	5.99	6.07	6.14
	10		19.2	41.4	19.7	15.5	2.26	3.98	1.74	3.17	3.24	3.31	3.39	5.96	6.04	6.11	6.19
	12		20.0	42.2	23.4	18.3	2.24	3.95	1.72	3.20	3.28	3.35	3.43	6.00	6.08	6.16	6.23
140×90×	8	12	20.4	45.0	18.0	14.2	2.59	4.50	1.98	3.49	3.56	3.63	3.70	6.58	6.65	6.73	6.80
	10		21.2	45.8	22.3	17.5	2.56	4.47	1.96	3.52	3.59	3.66	3.73	6.62	6.70	6.77	6.85
	12		21.9	46.6	26.4	20.7	2.54	4.44	1.95	3.56	3.63	3.70	3.77	6.66	6.74	6.81	6.89
	14		22.7	47.4	30.5	23.9	2.51	4.42	1.94	3.59	3.66	3.74	3.81	6.70	6.78	6.86	6.93
160×100×	10	13	22.8	52.4	25.3	19.9	2.85	5.14	2.19	3.84	3.91	3.98	4.05	7.55	7.63	7.70	7.78
	12		23.6	53.2	30.1	23.6	2.82	5.11	2.18	3.87	3.94	4.01	4.09	7.60	7.67	7.75	7.82
	14		24.3	54.0	34.7	27.2	2.80	5.08	2.16	3.91	3.98	4.05	4.12	7.64	7.71	7.79	7.86
	16		25.1	54.8	39.3	30.8	2.77	5.05	2.15	3.94	4.02	4.09	4.16	7.68	7.75	7.83	7.90
180×110×	10	14	24.4	58.9	28.4	22.3	3.13	5.81	2.42	4.16	4.23	4.30	4.36	8.49	8.56	8.63	8.71
	12		25.2	59.8	33.7	26.5	3.10	5.78	2.40	4.19	4.26	4.33	4.40	8.53	8.60	8.68	8.75
	14		25.9	60.6	39.0	30.6	3.08	5.75	2.39	4.23	4.30	4.37	4.44	8.57	8.64	8.72	8.84
	16		26.7	61.4	44.1	34.6	3.05	5.72	2.37	4.26	4.33	4.40	4.47	8.61	8.68	8.76	8.84
200×125×	12		28.3	65.4	37.9	29.8	3.57	6.44	2.75	4.75	4.82	4.88	4.95	9.39	9.47	9.54	9.62
	14		29.1	66.2	43.9	34.4	3.54	6.41	2.73	4.78	4.85	4.92	4.99	9.34	9.51	9.58	9.66
	16		29.9	67.0	49.7	39.0	3.52	6.38	2.71	4.81	4.88	4.95	5.02	9.47	9.55	9.62	9.70
	18		30.6	67.8	55.5	43.6	3.49	6.35	2.70	4.85	4.92	4.99	5.06	9.51	9.59	9.66	9.74

注:一个角钢的惯性矩 $I_x = Ai_x^2$, $I_y = Ai_y^2$;一个角钢的截面模量 $W_{x,\max} = I_x/Z_x$, $W_{x,\min} = I_y/(b-Z_y)$;$W_{y,\max} = I_y/Z_主$, $W_{y,\min} = I_y/(B-Z_y)$。

附表6.6 热轧无缝钢管

I—截面惯性矩；

W—截面模量；

i—截面回转半径。

尺寸(mm)		截面面积 A	每米重量	截面特性			尺寸(mm)		截面面积 A	每米重量	截面特性		
d	t			I	W	i	d	t			I	W	i
		cm²	kg/m	cm⁴	cm³	cm			cm²	kg/m	cm⁴	cm³	cm
32	2.5	2.32	1.82	2.54	1.59	1.05	57	3.0	5.09	4.00	18.61	6.53	1.91
	3.0	7.73	2.15	2.90	1.82	1.03		3.5	5.88	4.62	21.14	7.42	1.90
	3.5	3.13	2.46	3.23	2.02	1.02		4.0	6.66	5.23	23.52	8.25	1.88
	4.0	3.52	2.76	3.52	2.20	1.00		4.5	7.42	5.83	25.76	9.04	1.86
38	2.5	2.79	2.19	4.41	2.32	1.26		5.0	8.17	6.41	27.86	9.78	1.85
	3.0	3.30	2.59	5.09	2.68	1.24		5.5	8.90	6.99	29.84	10.47	1.83
	3.5	3.79	2.98	5.70	3.00	1.23		6.0	9.61	7.55	31.69	11.12	1.82
	4.0	4.27	3.35	6.26	3.29	1.21	60	3.0	5.37	4.22	21.88	7.29	2.02
42	2.5	3.10	2.44	6.07	2.89	1.40		3.5	6.21	4.88	24.88	8.29	2.00
	3.0	3.68	2.89	7.03	3.35	1.38		4.0	7.04	5.52	27.73	9.24	1.98
	3.5	4.23	3.32	7.91	3.77	1.37		4.5	7.85	6.16	30.41	10.14	1.97
	4.0	4.78	3.75	8.71	4.15	1.35		5.0	8.64	6.78	32.94	10.98	1.95
45	2.5	3.34	2.62	7.56	3.36	1.51		5.5	9.42	7.39	35.32	11.77	1.94
	3.0	3.96	3.11	8.77	3.90	1.49		6.0	10.18	7.99	37.56	12.52	1.92
	3.5	4.56	3.58	9.89	4.40	1.47	63.5	3.0	5.70	4.48	26.15	8.24	2.14
	4.0	5.15	4.04	10.93	4.86	1.46		3.5	6.60	5.18	29.79	9.38	2.12
50	2.5	3.73	2.93	10.55	4.22	1.68		4.0	7.48	5.87	33.24	10.47	2.11
	3.0	4.43	3.48	12.28	4.91	1.67		4.5	8.34	6.55	36.50	11.50	2.09
	3.5	5.11	4.01	13.90	5.56	1.65		5.0	9.19	7.21	39.60	12.47	2.08
	4.0	5.78	4.54	15.41	6.16	1.63		5.5	10.02	7.87	42.52	13.39	2.06
	4.5	6.43	5.05	16.81	6.72	1.62		6.0	10.84	8.51	45.28	14.26	2.04
	5.0	7.07	5.55	18.11	7.25	1.60	68	3.0	6.13	4.81	32.42	9.54	2.30
54	3.0	4.81	3.77	15.68	5.81	1.81		3.5	7.09	5.57	36.99	10.88	2.28
	3.5	5.55	4.36	17.79	6.59	1.79		4.0	8.04	6.31	41.34	12.16	2.27
	4.0	6.28	4.93	19.76	7.32	1.77		4.5	8.98	7.05	45.47	13.37	2.25
	4.5	7.00	5.49	21.61	8.00	1.76		5.0	9.90	7.77	49.41	14.53	2.23
	5.0	7.70	6.04	23.34	8.64	1.74		5.5	10.80	8.48	53.14	15.63	2.22
	5.5	8.38	6.58	24.96	9.24	1.73		6.0	11.69	9.17	56.68	16.67	2.20
	6.0	9.05	7.10	26.46	9.80	1.71							

续上表

尺寸(mm)		截面面积 A	每米重量	截面特性			尺寸(mm)		截面面积 A	每米重量	截面特性		
				I	W	i					I	W	i
d	t	cm²	kg/m	cm⁴	cm³	cm	d	t	cm²	kg/m	cm⁴	cm³	cm
70	3.0	6.31	4.96	35.50	10.41	2.37	89	6.0	15.65	12.28	135.43	30.34	2.94
	3.5	7.31	5.74	40.53	11.58	2.35		6.5	16.85	13.22	144.22	32.41	2.93
	4.0	8.29	6.51	45.33	12.96	2.34		7.0	18.03	14.16	152.67	34.31	2.91
	4.5	9.26	7.27	49.89	14.26	2.32	95	3.5	10.06	7.90	105.45	22.20	3.24
	5.0	10.21	8.01	54.24	15.50	2.30		4.0	11.44	8.98	118.60	24.97	3.22
	5.5	11.14	8.75	58.38	16.68	2.29		4.5	12.79	10.04	131.31	27.64	3.20
	6.0	12.06	9.47	62.31	17.80	2.27		5.0	14.14	11.10	143.58	30.23	3.19
73	3.0	6.60	5.18	40.48	11.09	2.48		5.5	15.46	12.14	155.43	32.72	3.17
	3.5	7.64	6.00	46.26	12.67	2.46		6.0	16.78	13.17	166.86	35.13	3.15
	4.0	8.67	6.81	51.78	14.19	2.44		6.5	18.07	14.19	177.89	37.45	3.14
	4.5	9.68	7.60	57.04	15.63	2.43		7.0	19.35	15.19	188.51	39.69	3.12
	5.0	10.68	8.38	62.07	17.01	2.41	102	3.5	10.83	8.50	131.52	25.79	3.48
	5.5	11.66	9.16	66.87	18.32	2.39		4.0	12.32	9.67	148.09	29.04	3.47
	6.0	12.63	9.91	71.43	19.57	2.38		4.5	13.78	10.82	164.14	32.18	3.45
76	3.0	6.88	5.40	45.91	12.08	2.58		5.0	15.24	11.96	179.68	35.23	3.43
	3.5	7.97	6.26	52.50	13.82	2.57		5.5	16.67	13.09	194.72	38.18	3.42
	4.0	9.05	7.10	58.81	15.48	2.55		6.0	18.10	14.21	209.28	41.03	3.40
	4.5	10.11	7.93	64.85	17.07	2.53		6.5	19.50	15.31	223.35	43.79	3.38
	5.0	11.15	8.75	70.62	18.59	2.52		7.0	20.89	16.40	236.96	46.46	3.37
	5.5	12.18	9.56	76.14	20.04	2.50	114	4.0	13.82	10.85	209.35	36.73	3.89
	6.0	13.19	10.36	81.41	21.42	2.48		4.5	15.48	12.15	232.41	40.77	3.87
83	3.5	8.74	6.86	69.19	16.67	2.81		5.0	17.12	13.44	254.81	44.70	3.86
	4.0	9.93	7.79	77.64	18.71	2.80		5.5	18.75	14.72	276.58	48.52	3.84
	4.5	11.10	8.71	85.76	20.67	2.78		6.0	20.36	15.98	297.73	52.23	3.82
	5.0	12.25	9.62	93.56	22.54	2.76		6.5	21.95	17.23	318.26	55.84	3.81
	5.5	13.39	10.51	101.04	24.35	2.75		7.0	23.53	18.47	338.19	59.33	3.79
	6.0	14.51	11.39	108.22	26.08	2.73		7.5	25.09	19.70	357.58	62.73	3.77
	6.5	15.62	12.26	115.10	27.74	2.71		8.0	26.64	20.91	376.30	66.02	3.76
	7.0	16.71	13.12	121.69	29.32	2.70	121	4.0	14.70	11.54	251.87	41.63	4.14
89	3.5	9.40	7.38	86.05	19.34	3.03		4.5	16.47	12.93	279.83	46.25	4.12
	4.0	10.68	8.38	96.68	21.73	3.01		5.0	18.22	14.30	307.05	50.75	4.11
	4.5	11.95	9.38	106.92	24.03	2.99		5.5	19.96	15.67	333.54	55.13	4.09
	5.0	13.19	10.36	116.79	26.24	2.98		6.0	21.68	17.02	359.32	59.39	4.07
	5.5	14.43	11.33	126.29	28.38	2.96		6.5	23.38	18.35	384.40	63.54	4.05
								7.0	25.07	19.68	408.80	67.57	4.04
								7.5	26.74	20.99	432.51	71.49	4.02
								8.0	28.40	22.29	455.57	75.30	4.01

续上表

尺寸(mm) d	t	截面面积 A cm²	每米重量 kg/m	I cm⁴	W cm³	i cm
127	4.0	15.46	12.13	292.61	46.08	4.35
	4.5	17.32	13.59	325.29	51.23	4.33
	5.0	19.16	15.04	357.14	56.24	4.32
	5.5	20.99	16.48	388.19	61.13	4.30
	6.0	22.81	17.90	418.44	65.90	4.28
	6.5	24.61	19.32	447.92	70.54	4.27
	7.0	26.39	20.72	476.63	75.06	4.25
	7.5	28.16	22.10	504.58	79.46	4.23
	8.0	29.91	23.48	531.80	83.75	4.22
133	4.0	16.21	12.73	337.53	50.76	4.56
	4.5	18.17	14.26	375.42	56.45	4.55
	5.0	20.11	15.78	412.40	62.02	4.53
	5.5	22.03	17.29	448.50	67.44	4.51
	6.0	23.94	18.79	483.72	72.74	4.50
	6.5	25.83	20.28	518.07	77.91	4.48
	7.0	27.71	21.75	551.58	82.94	4.46
	7.5	29.57	23.21	584.25	87.86	4.45
	8.0	31.42	24.66	616.11	92.65	4.43
140	4.5	19.16	15.04	440.12	62.87	4.79
	5.0	21.21	16.65	483.76	69.11	4.78
	5.5	23.24	18.24	526.40	75.20	4.76
	6.0	25.26	19.83	568.06	81.15	4.74
	6.5	27.26	21.40	608.76	86.97	4.73
	7.0	29.25	22.96	648.51	92.64	4.71
	7.5	31.22	24.51	687.32	98.19	4.69
	8.0	33.18	26.04	725.21	103.60	4.68
	9.0	37.04	29.08	798.29	114.04	4.64
	10	40.84	32.06	867.86	123.98	4.61
146	4.5	20.00	15.70	501.16	68.65	5.01
	5.0	22.15	17.39	551.10	75.49	4.99
	5.5	24.28	19.06	599.95	82.19	4.97
	6.0	26.39	20.72	647.73	88.73	4.95
	6.5	28.49	22.36	694.44	95.13	4.94
	7.0	30.57	24.00	740.12	101.39	4.92
	7.5	32.63	25.62	784.77	107.50	4.90
	8.0	34.68	27.23	828.41	113.48	4.89
	9.0	38.74	30.41	912.71	125.03	4.85
	10	42.73	33.54	993.16	136.05	4.82

尺寸(mm) d	t	截面面积 A cm²	每米重量 kg/m	I cm⁴	W cm³	i cm
152	4.5	20.85	16.37	567.61	74.69	5.22
	5.0	23.09	18.13	624.43	82.16	5.20
	5.5	25.31	19.87	680.06	89.48	5.18
	6.0	27.52	21.60	734.52	96.65	5.17
	6.5	29.71	23.32	787.82	103.66	5.15
	7.0	31.89	25.03	839.99	110.52	5.13
	7.5	34.05	26.73	891.03	117.24	5.12
	8.0	36.19	28.41	940.97	123.81	5.10
	9.0	40.43	31.74	1 037.59	136.53	5.07
	10	44.61	35.02	1 129.99	148.68	5.03
159	4.5	21.84	17.15	652.27	82.05	5.46
	5.0	24.19	18.99	717.88	90.30	5.45
	5.5	26.52	20.82	782.18	98.39	5.43
	6.0	28.84	22.64	845.19	106.31	5.41
	6.5	31.14	24.45	906.92	114.08	5.40
	7.0	33.43	26.24	967.41	121.69	5.38
	7.5	35.70	28.02	1 026.65	129.14	5.36
	8.0	37.95	29.79	1 084.67	136.44	5.35
	9.0	42.41	33.29	1 197.12	150.58	5.31
	10	46.81	36.75	1 304.88	164.14	5.28
168	4.5	23.11	18.14	772.96	92.02	5.78
	5.0	25.60	20.10	851.14	101.33	5.77
	5.5	28.08	22.04	927.85	110.46	5.75
	6.0	30.54	23.97	1 003.12	119.42	5.73
	6.5	32.98	25.89	1 076.95	128.21	5.71
	7.0	35.41	27.79	1 149.36	136.83	5.70
	7.5	37.82	29.69	1 220.38	145.28	5.68
	8.0	40.21	31.57	1290.01	153.57	5.66
	9.0	44.96	35.29	1 425.22	169.67	5.63
	10	49.64	38.97	1 555.13	185.13	5.60
180	5.0	27.49	21.58	1 053.17	117.02	6.19
	5.5	30.15	23.67	1 148.79	127.64	6.17
	6.0	32.80	25.75	1 242.72	138.08	6.16
	6.5	35.43	27.81	1 335.00	148.33	6.14
	7.0	38.04	29.87	1 425.63	158.40	6.12
	7.5	40.64	31.91	1 514.64	168.29	6.10
	8.0	43.23	33.93	1 602.04	178.00	6.09
	9.0	48.35	37.95	1 772.12	196.90	6.05

续上表

尺寸(mm)		截面面积 A	每米重量	截面特性		
d	t			I	W	i
		cm²	kg/m	cm⁴	cm³	cm
180	10	53.41	41.92	1 936.01	215.11	6.02
	12	63.33	49.72	2 245.84	249.54	5.95
194	5.0	29.69	23.31	1 326.54	136.76	6.68
	5.5	32.57	25.57	1 447.86	149.26	6.67
	6.0	35.44	27.82	1 567.21	161.57	6.65
	6.5	38.29	30.06	1 684.61	173.67	6.63
	7.0	41.12	32.28	1 800.08	185.57	6.62
	7.5	43.94	34.50	1 913.64	197.28	6.60
	8.0	46.75	36.70	2 025.31	208.79	6.58
	9.0	52.31	41.06	2 243.08	231.25	6.55
	10	57.81	45.38	2 453.55	252.94	6.51
	12	68.61	53.86	2 853.25	294.15	6.45
203	6.0	37.13	29.15	1 803.07	177.64	6.97
	6.5	40.13	31.50	1 938.81	191.02	6.95
	7.0	41.10	33.84	2 072.43	204.18	6.93
	7.5	46.06	36.16	2 203.94	217.14	6.92
	8.0	49.01	38.47	2 333.37	229.89	6.90
	9.0	54.85	43.06	2 586.08	254.79	6.87
	10	60.63	47.60	2 830.72	278.89	6.83
	12	72.01	56.52	3 296.49	324.78	6.77
	14	83.13	65.25	3 732.07	367.69	6.70
	16	94.00	73.79	4 138.78	407.76	6.64
219	6.0	40.15	31.52	2 278.74	208.10	7.53
	6.5	43.39	34.06	2 451.64	223.89	7.52
	7.0	46.62	36.60	2 622.04	239.46	7.50
	7.5	49.83	39.12	2 789.96	254.79	7.48
	8.0	53.03	41.63	2 955.43	269.90	7.47
	9.0	59.38	46.61	3 279.12	299.46	7.43
	10	65.66	51.54	3 593.29	328.15	7.40
	12	78.04	61.26	4 193.81	383.00	7.33
	14	90.16	70.78	4 758.50	434.57	7.26
	16	102.04	80.10	5 288.81	483.00	7.20
245	6.5	48.70	38.23	3 465.46	282.89	8.44
	7.0	52.34	41.08	3 709.06	302.78	8.42
	7.5	55.96	43.93	3 949.52	322.41	8.40
	8.0	59.56	46.76	4 186.87	341.79	8.38
	9.0	66.73	52.38	4 652.32	379.78	8.35
	10	73.83	57.95	5 105.63	416.79	8.32
	12	87.84	68.95	5 976.67	487.89	8.25
	14	101.60	79.76	6 801.68	555.24	8.18
	16	115.11	90.36	7 582.30	618.96	8.12
273	6.5	54.42	42.72	4 834.18	354.15	9.42
	7.0	58.50	45.92	5 177.30	379.29	9.41
	7.5	62.56	49.11	5 516.47	404.14	9.39
	8.0	66.60	52.28	5 851.71	428.70	9.37
	9.0	74.64	58.60	6 510.56	476.96	9.34
	10	82.62	64.86	7 154.09	524.11	9.31
	12	98.39	77.24	8 396.14	615.10	9.24
	14	113.91	89.42	9 579.75	701.81	9.17
	16	129.18	101.41	10 706.79	784.38	9.10
299	7.5	68.68	53.92	7 300.02	488.30	10.31
	8.0	73.14	57.41	7 747.42	518.22	10.29
	9.0	82.00	64.37	8 628.09	577.13	10.26
	10	90.79	71.27	9 490.15	634.79	10.22
	12	108.20	84.93	11 159.52	746.46	10.16
	14	125.35	98.40	12 757.61	853.35	10.09
	16	142.25	111.67	14 286.48	955.62	10.02
325	7.5	74.81	58.73	9 431.80	580.42	11.23
	8.0	79.67	62.54	10 013.92	616.24	11.21
	9.0	89.35	70.14	11 161.33	686.85	11.18
	10	98.96	77.68	12 286.52	756.09	11.14
	12	118.00	92.63	14 471.45	890.55	11.07
	14	136.78	107.38	16 570.98	1 019.75	11.01
	16	155.32	121.93	18 587.38	1 143.84	10.94
351	8.0	86.21	67.67	12 684.36	722.76	12.13
	9.0	96.70	75.91	14 147.55	806.13	12.10
	10	107.13	84.10	15 584.62	888.01	12.06
	12	127.80	100.32	18 381.63	1 047.39	11.99
	14	148.22	116.35	21 077.86	1 201.02	11.93
	16	168.39	132.19	23 675.75	1 349.05	11.86

附表 6.7　电焊钢管

I—截面惯性矩；
W—截面模量；
i—截面回转半径

尺寸(mm)		截面面积 A	每米重量	截面特性			尺寸(mm)		截面面积 A	每米重量	截面特性		
				I	W	i					I	W	i
d	t	cm²	kg/m	cm⁴	cm³	cm	d	t	cm²	kg/m	cm⁴	cm³	cm
32	2.0	1.88	1.48	2.13	1.33	1.06		2.0	4.27	3.35	24.72	7.06	2.41
	2.5	2.32	1.82	2.54	1.59	1.05		2.5	5.30	4.16	30.23	8.64	2.39
38	2.0	2.26	1.78	3.68	1.93	1.27	70	3.0	6.31	4.96	35.50	10.14	2.37
	2.5	2.79	2.19	4.41	2.32	1.26		3.5	7.31	5.74	40.53	11.58	2.35
40	2.0	2.39	1.87	4.32	2.16	1.35		4.5	9.26	7.27	49.89	14.26	2.32
	2.5	2.95	2.31	5.20	2.60	1.33		2.0	4.65	3.65	31.85	8.38	2.62
42	2.0	2.51	1.97	5.04	2.40	1.42		2.5	5.77	4.53	39.03	10.27	2.60
	2.5	3.10	2.44	6.07	2.89	1.40	76	3.0	6.88s	5.40	45.91	12.08	2.58
45	2.0	2.70	2.12	6.26	2.78	1.52		3.5	7.97	6.26	52.50	13.82	2.57
	2.5	3.34	2.62	7.56	3.36	1.51		4.0	9.05	7.10	58.81	15.48	2.55
	3.0	3.96	3.11	8.77	3.90	1.49		4.5	10.11	7.93	64.85	17.07	2.53
51	2.0	3.08	2.42	9.26	3.63	1.73		2.0	5.09	4.00	41.76	10.06	2.86
	2.5	3.81	2.99	11.23	4.40	1.72		2.5	6.32	4.96	51.26	12.35	2.85
	3.0	4.52	3.55	13.08	5.13	1.70	83	3.0	5.91	5.92	60.40	14.56	2.83
	3.5	5.22	4.10	14.81	5.81	1.68		3.5	8.74	6.86	69.19	16.67	2.81
53	2.0	3.20	2.52	10.43	3.94	1.80		4.0	9.93	7.79	77.64	18.71	2.80
	2.5	3.97	3.11	12.67	4.78	1.79		4.5	11.10	8.71	85.76	20.67	2.78
	3.0	4.71	3.70	14.78	5.58	1.77		2.0	5.47	4.29	51.75	11.63	3.08
	3.5	5.44	4.27	16.75	6.32	1.75		2.5	6.79	5.33	63.59	14.29	3.06
57	2.0	3.46	2.71	13.08	4.59	1.95	89	3.0	8.11	6.36	75.02	16.86	3.04
	2.5	4.28	3.36	15.93	5.59	1.93		3.5	9.40	7.38	86.05	19.34	3.03
	3.0	5.09	4.00	18.61	6.53	1.91		4.0	10.68	8.38	96.68	21.73	3.01
	3.5	5.88	4.62	21.14	7.42	1.90		4.5	11.95	9.38	106.92	24.03	2.99
60	2.0	3.64	2.86	15.34	5.11	2.05		2.0	5.84	4.59	63.20	13.31	3.29
	2.5	4.52	3.55	18.70	6.23	2.03		2.5	7.26	5.70	77.76	16.37	3.27
	3.0	5.37	4.22	21.88	7.29	2.02	95	3.0	8.67	6.81	91.83	19.33	3.25
	3.5	6.21	4.88	24.88	8.29	2.00		3.5	10.06	7.90	105.45	22.20	3.24
63.5	2.0	3.86	3.03	18.29	5.76	2.18		2.0	6.28	4.93	78.57	15.41	3.54
	2.5	4.79	3.76	22.32	7.03	2.16		2.5	7.81	6.13	96.77	18.97	3.52
	3.0	5.70	4.48	26.15	8.24	2.14	102	3.0	9.33	7.32	114.42	22.43	3.50
	3.5	6.60	5.18	29.79	9.38	2.12		3.5	10.83	8.50	131.52	25.79	3.48

续上表

尺寸(mm)		截面面积 A	每米重量	截面特性			尺寸(mm)		截面面积 A	每米重量	截面特性		
d	t			I	W	i	d	t			I	W	i
		cm²	kg/m	cm⁴	cm³	cm			cm²	kg/m	cm⁴	cm³	cm
102	4.0	12.32	9.67	148.09	29.04	3.47	127	4.5	17.32	13.59	325.29	51.23	4.33
	4.5	13.78	10.82	164.14	32.18	3.45		5.0	19.16	15.04	357.14	56.24	4.32
	5.0	15.24	11.96	179.68	35.23	3.43							
108	3.0	9.90	7.77	136.49	25.28	3.71	133	3.5	14.24	11.18	298.71	44.92	4.58
	3.5	11.49	9.02	157.02	29.08	3.70		4.0	16.21	12.73	337.53	50.76	4.56
	4.0	13.07	10.26	176.95	32.77	3.68		4.5	18.17	14.26	375.42	56.45	4.55
								5.0	20.11	15.78	412.40	62.02	4.53
114	3.0	10.46	8.21	161.24	28.29	3.93							
	3.5	12.15	9.54	185.63	32.57	3.91	140	3.5	15.01	11.78	349.79	49.97	4.83
	4.0	13.82	10.85	209.35	36.73	6.89		4.0	17.09	13.42	395.47	56.50	4.81
	4.5	15.48	12.15	232.41	40.77	3.87		4.5	19.16	15.04	440.12	62.87	4.79
	5.0	17.12	13.44	254.81	44.70	3.86		5.0	21.21	16.65	483.76	69.11	4.78
121	3.0	11.12	8.73	193.69	32.01	4.17		5.5	23.24	18.24	526.40	75.20	4.76
	3.5	12.92	10.14	223.17	36.89	4.16							
	4.0	14.70	11.54	251.87	41.63	4.14	152	3.5	16.33	12.82	450.35	59.26	5.25
								4.0	18.60	14.60	509.59	67.05	5.23
127	3.0	11.69	9.17	224.75	35.39	4.39		4.5	20.85	16.37	567.61	74.69	5.22
	3.5	13.58	10.66	259.11	40.80	4.37		5.0	23.09	18.13	624.43	82.16	5.20
	4.0	15.46	12.13	292.61	46.08	4.35		5.5	25.31	19.87	680.06	89.48	5.18

附录7　螺栓和锚栓规格

附表7.1　螺栓螺纹处的有效截面面积

公称直径	12	14	16	18	20	22	24	27	30
螺栓有效截面面积 A_e(cm²)	0.84	1.15	1.57	1.92	2.45	3.03	3.53	4.59	5.61
公称直径	33	36	39	42	45	48	52	56	60
螺栓有效截面面积 A_e(cm²)	6.94	8.17	9.76	11.2	13.1	14.7	17.6	20.3	23.6
公称直径	64	68	72	76	80	85	90	95	100
螺栓有效截面面积 A_e(cm²)	26.8	30.6	34.6	38.9	43.4	49.5	55.9	62.7	70.0

附表7.2　锚栓规格

型　　式		Ⅰ				Ⅱ				Ⅲ		
锚栓直径 d(mm)		20	24	30	36	42	48	56	64	72	80	90
锚栓有效截面面积(cm²)		2.45	3.53	5.61	8.17	11.2	14.7	20.3	26.8	34.6	43.4	55.9
锚栓设计拉力(kN)(Q235 钢)		34.3	49.4	78.5	114.1	156.9	206.2	284.2	375.2	484.4	608.2	782.7
Ⅲ型锚栓	锚板宽度 c(mm)	—	—	—	—	140	200	200	240	280	350	400
	锚板厚度 t(mm)	—	—	—	—	20	20	20	25	30	40	40

参 考 文 献

[1] 魏明钟.钢结构.武汉:武汉理工大学出版社,2002.

[2]《钢结构设计规范》(GB 50017—2003).北京:中国计划出版社,2003.

[3]《建筑结构可靠度设计统一标准》(GB 50068—2001).北京:中国建筑工业出版社,2001.

[4]《建筑结构荷载规范》(GB 50009—2001).北京:中国建筑工业出版社,2001.

[5]《钢结构工程施工质量验收规范》(GB 50205—2001).北京:中国计划出版社,2001.

[6]《冷弯薄壁型钢结构技术规范》(GB 50018—2002).北京:中国计划出版社,2001.

[7] 陈绍藩.钢结构设计原理.2 版.北京:科学出版社,1988.

[8] 魏明钟.钢结构设计规范与应用.北京:中国建筑工业出版社,2004.

[9] 卢铁鹰.钢结构.重庆:西南师范大学出版社,1993.

[10] 王国周,瞿履谦.钢结构原理与设计.北京:清华大学出版社,1993.

[11] 夏志斌,姚谏.钢结构.杭州:浙江大学出版社,1998.

[12]《水利水电工程钢闸门设计规范》(SL 74—95).北京:中国水利水电出版社,1995.